前沿电子信息专业教材系列

镍与纳米镍功能材料

张亚非 著

上海交通大学出版社
SHANGHAI JIAO TONG UNIVERSITY PRESS

内容提要

本书较为全面系统地介绍了镍的多种用途和独特功能,重点介绍了镍纳米功能材料具有奇特的物理性质和化学性质。本书系作者结合自己在镍及纳米镍功能材料领域的大量研究结果并参考相关文献资料后撰著而成,综合叙述了关于镍及纳米镍功能材料的理论和应用进展。

本书可以供从事纳米技术与材料研究的工程技术人员阅读参考,也可作为高等院校相关专业研究生的教学参考书。

图书在版编目(CIP)数据

镍与纳米镍功能材料/ 张亚非著. —上海: 上海
交通大学出版社,2019
ISBN 978 - 7 - 313 - 21850 - 6

Ⅰ.①镍… Ⅱ.①张… Ⅲ.①镍-纳米材料-研究
Ⅳ.①TB383

中国版本图书馆 CIP 数据核字(2019)第 189612 号

镍与纳米镍功能材料

著　　者:	张亚非		
出版发行:	上海交通大学出版社	地　　址:	上海市番禺路 951 号
邮政编码:	200030	电　　话:	021 - 64071208
印　　制:	上海天地海设计印刷有限公司	经　　销:	全国新华书店
开　　本:	787 mm×1092 mm　1/16	印　　张:	11.75
字　　数:	264 千字		
版　　次:	2019 年 9 月第 1 版	印　　次:	2019 年 9 月第 1 次印刷
书　　号:	ISBN 978 - 7 - 313 - 21850 - 6/ TB		
定　　价:	58.00 元		

前　言

　　镍元素在世界物质文明进程中占据非常重要的地位,人类使用镍的时间可以追溯到古埃及、古中国和古巴比伦时期。公元前 300 年左右,我国就出现了含镍成分的兵器及合金器皿。20 世纪以来,随着人们对镍研究的不断深入,发现了它的多种用途及其在改善钢性能方面所具有的独特功能,从而诞生了现代镍工业。镍的用途广泛,在军事、航空航天、机械制造和催化应用等领域扮演功能材料的角色,是现代科技和产业至关重要的战略物资。此外,镍是一种典型的铁磁性元素,是许多磁性材料的主要组成成分,在地球中的含量仅次于硅、氧、铁、镁,列第 5 位。

　　镍纳米功能材料具有奇特的物理性质和化学性质,如高效光催化剂和电催化、超高强度、高发光效率、热电阻系数增强等特性。在光学、电子学、环境、医学等领域有着广泛的应用前景,为电子器件的微型化提供了材料基础,已成为新一代纳米系统重要的"基石"。同时金属镍纳米材料因其晶粒尺寸处于纳米级,晶体中位于晶界和表面的原子占了相当大的比例,所以从力学性能到电、磁、光学性质都与体相金属材料不同;金属镍纳米材料具有独特的表面特性、吸附特性和铁磁性等,被广泛用于航空、环保、化工、电子、能源、电子遥控、原子能工业和超声工艺等领域。

　　目前我国国内关于镍和纳米镍材料的书籍基本处于空白的状态,国内可供借鉴、参考的高质量的文献和资料也极难查找,而国外可供借鉴的文献也不多。因此,作者对于镍与纳米镍功能材料的基础特性介绍全部是基于大量的科研实验所得出的,本书的出版将填补国内相关领域的一些空白。本书对于从事镍与镍材料领域的一线研究人员具有非常高的可阅读性。作者结合自己在镍及纳米镍功能材料领域的大量研究成果,力求对最前沿的镍及纳米镍功能材料的理论和应用进程进行论述。

　　本书相关的研究工作得到了国家自然科学基金项目的支持;在撰写过程中也得到了多位专家学者的大力支持和帮助,在此一并表示衷心感谢!

张亚非

2019 年 7 月 5 日

目　录

第1章 概 述

1.1 镍的发现

镍在世界物质文明发展中起到了十分重要的作用。虽然人类发现镍的时间并不长,但使用镍的时间可一直追溯到古埃及、古中国和古巴比伦时期。可以说,镍是既"古老"又"年轻"的金属。早期由于陨石包含着铁和镍,古埃及、中国和巴比伦人都曾用含镍量很高的陨铁制作器物,它们被作为上好的铁器使用。公元前300年左右,我国就出现了含镍成分的兵器及合金器皿。西汉时期的中国已掌握了制取白铜的方法,云南人生产的白铜中含镍很高,他们将白铜制作成器物销于国内外,被欧洲人称为"中国银"。直到现在,波斯语、阿拉伯语中还把白铜称作"中国石"。镍在欧洲被发现后,德国人首先把它掺入铜中,制成所谓的日耳曼银,或称德国银,也就是我国的白铜。

镍元素是瑞典化学家 Alex Fredrik Cronstedt 在1751年发现的。在当时,德国有一种质重而表面呈红棕色并带有绿颜色斑点的矿石,常用来制造青色玻璃。该矿石因与钴矿石一样,使工人们长期受累,故被采矿工称作"尼客尔铜"(Kupfernickel),尼客尔一词意为"骗人的小鬼",因此,所谓"尼客尔铜"也可以理解为"假铜"或"魔鬼的铜"。现在,尼客尔铜被人们称作镍的砷化物矿,即红砷镍矿。由于尼客尔铜溶解在酸中呈绿色,与一般铜盐溶液的颜色无异。1694年,希尔耐曾发表著作认为尼客尔铜是钴或砷与铜的混合物,之后被证明这种说法是错误的。Alex Fredrik Cronstedt 在多次实验后发现尼客尔铜中并没有铜的成分。1751年的一天,他将铁块投进该酸溶液中,按他的设想,铁会很快将铜从溶液中置换出来。然而令他意外的是,过了很久仍然没有想象中的现象出现。难道矿石表面的绿色物质不是铜?它会是一种新物质吗?此后,Alex Fredrik Cronstedt 又将绿色物质置于木炭上燃烧,发现该物质变成了黑色的块渣,再加入三分黑溶剂,得到了一种粗状金属,表面呈淡黄色,切面则呈现出银白色的光彩,其形态由小薄片组成,质硬而脆,微微受到磁石的吸引。将其溶于硝酸、王水和盐酸中,可以得到绿色的溶液。这些性质显示,该物质与当时已经发现的所有金属都不相同,是一种新的金属。Alex Fredrik Cronstedt 将这种金属命名为"镍",并将他的研究成果发表在斯德哥尔摩的《院刊》上。论文发表之后得到了很多当时学者的认可,但法国的萨季和蒙耐却持不同意见,认为所谓的镍不过是砷、钴、铁和铜的混合物。由此,托伯恩·伯格门通过各种复杂的试验后得到了纯度较高的镍,于1775年宣布其研究成果,认为以上四种物质的混合物与镍的性质迥异,证实了镍作为新金属存在的科学性。直到19世纪末,由于镍的产量有限,镍还被人们视为贵金属,用于制作首饰。20 世纪以来,随着人们对镍的研究不断深入,发现了它的多种用途及其在改善钢性能方面所具有的独特功能,由此诞生了现代镍工业并迅速发展。

1.2 镍的性质及用途

镍是一种化学元素,英文名是 Nickel,来源于德文 Kupfernickel。化学符号为 Ni,原子序数为 28,属第四周期系Ⅷ族。镍有多种同位素,表 1.2.1 给出了几种同位素的丰度、半衰期和衰变模式等。镍是具有铁磁性的金属元素,是许多磁性材料的主要组成成分,作为铁系元素的一种,其在地球中的含量仅次于硅、氧、铁、镁,居第 5 位。其中地核中含镍最高,是天然的镍铁合金。地壳中镍的丰度为 $1.6×10^{-2}$%,其中铁镁质岩石含镍高于硅铝质岩石,例如橄榄岩含镍为花岗岩的 1 000 倍,辉长岩含镍量为花岗岩的 80 倍。镍的同位素如表 1.2.1 所示。

表 1.2.1 镍 的 同 位 素

镍的同位素	56Ni	58Ni	59Ni	60Ni	61Ni	62Ni	63Ni	64Ni
丰度/%	人造	68.08	人造	26.23	1.14	3.63	人造	0.93
半衰期	6.077 天	稳定	76 000 年	稳定	稳定	稳定	100.1 年	稳定
衰变模式	电子捕获	—	电子捕获	—	—	—	β 衰变	—
衰变能量/MeV	2.136	—	1.072	—	—	—	2.137	—
衰变产物	56Co	—	59Co	—	—	—	64Cu	—

镍金属呈银白色,具有良好的机械强度和延展性,耐高温、难熔,并具有很好的化学稳定性,在空气中不易氧化等特征,能够高度磨光和抗腐蚀,溶于硝酸后,呈绿色,是一种十分重要的有色金属原料。

镍的居里点为 357.6℃。低温时,镍仍具有良好的强度和延展性。和铂、钯一样,钝化时,镍能吸收大量的氢,粒度越小,吸收量越大。其物理性质见表 1.2.2。

表 1.2.2 镍的物理性质

密度 (20℃)	熔点 (20℃)	沸点 (20℃)	平均比热 (0～100℃)	熔化热 kJ/mol	汽化热 kJ/mol	热导率 (0～10℃)	电阻率 (20℃)
8.9 g/cm³	1 455	2 915	452 J(kg·K)	17.71	374.3	88.5 W/(m·K)	6.9 uΩ·cm

镍属面心立方体晶型,每个晶胞含有 4 个金属原子。其原子量为 58.69,原子体积为 6.59 cm³/mol,原子半径为 0.162 nm。固体热容系数为 0.456 06 J/(g·℃),熔体为 0.698 73 J/(g·℃),线胀系数为 $1.28×10^{-5}$(20℃),弹性极限($E×10^{-3}$)21～23,抗拉强度为 392.26～441.3 MPa。

镍的密度（g/cm³）：铸镍 8.8，电镍 8.9，镍丸 8.4，1 500℃熔体 7.76，化学纯致密镍 9.04；单位体积的镍能吸收其 4.15 倍的氢气，1.15 倍的一氧化碳。镍退火后延伸率为 40%～50%，布氏硬度为 80～90 N/mm²；其铸造收缩率为 2.2%。

镍属铁族元素，在周期表上与铜毗邻，其成键特性对提取冶金和成矿作用巨大，主要表现为矿物的紧密结合或伴生，造成冶金工艺的复杂化和困难。铁族元素及铜的成键特性如表 1.2.3 所示。

表 1.2.3　成 键 特 性

项　　目		Fe	Co	Ni	Cu
外层电子		$3d^6 4s^2$	$3d^7 4s^2$	$3d^8 4s^2$	$3d^{10} 4s^1$
原子半径/nm		0.117	0.116	0.115	0.117
氧化价	最高	+6	+5	+4	+2
	最低	−2	−1	0	+1
	常见	2.3	2	2	2.1

镍在水溶液介质中亦较稳定，如电解镍片在约 100℃的 3 mol/L H_2SO_4 中溶解速度仅为 10.67 g/(m²·h)，表 1.2.4 列出了温度为 100℃时，镍粒在不同粒度和不同 H_2SO_4 浓度下的溶速。

表 1.2.4　镍 粒 的 溶 速

条　件	100℃，3 mol·L^{-1} H_2SO_4			100℃，0.8～2.5 mm		
	3～8 mm	0.8～2.5 mm	<0.8 mm	1 mol·L^{-1}	2 mol·L^{-1}	3 mol·L^{-1}
时间/h	8.0	3.0	3.0	47	8.0	3.0
溶解度/ g·L^{-1}	81.34	121.76	149.45	46.1	85.27	128.4
溶解率/%	16.3	24.55	29.7	9.99	23.45	24.35
溶解速度/ g·h^{-1}·kg^{-1}	21.2	81.2	99.0	21.3	38.4	81.2

镍的化学性质比铁稳定。其氧化态主要为 Ni^{2+}，其他还有 Ni^-、Ni、Ni^+、Ni^{3+}、Ni^{4+} 和 Ni^{6+}，重要的镍盐为硫酸镍（$NiSO_4·6H_2O$）和氯化镍（$NiCl_2·6H_2O$），$NiSO_4$ 能与碱金属硫酸盐形成矾。简单化合物中以 +2 价为最稳定，能形成配位化合物，+3 价镍盐为氧化剂。镍的氧化物有 NiO 和 Ni_2O_3。氢氧化镍（$Ni(OH)_2$）为强碱，微溶于水，易溶于酸。镍不溶于水，常温下在潮湿空气中表面形成致密的氧化膜，能阻止本体金属继续氧化，实验表明纯度为 99% 的镍，20 年内不会发生锈痕。此外，镍还具有很强的抗蚀性，能耐氟、碱、盐水和很多有机物质的腐蚀，尤其是对苛性碱的抗蚀能力强，在 50% 的沸腾 NaOH 溶液中镍每年的腐蚀速度不超过 25 μm，可用于制造货币、陶瓷制品、特种化学器皿、电子线路、玻璃着色以及镍化合物等。在稀酸中镍会缓慢溶解，释放出氢气同时产生绿色的正二价镍离子，浓硝酸能

使其表面钝化而具有抗蚀性。细镍丝可燃,加热时与卤素反应。镍可以在纯氧中燃烧,发出耀眼白光。同样的,镍也可以在氯气和氟气中燃烧。对氧化剂溶液包括硝酸在内,均不发生反应。镍是一个中等强度的还原剂。常压下,镍能与一氧化碳反应,形成剧毒的四羰基镍($Ni(CO)_4$),加热后它又会分解成金属镍和一氧化碳。

镍的用途很广,在军事、航天航空及钢铁、机械制造方面起着功能材料的作用,是一个国家不可缺少的重要战略物资。被用来制造不锈钢、高镍合金钢和合金结构钢,广泛用于飞机、雷达、导弹、坦克、舰艇、宇宙飞船、原子反应堆等各种军工制造业。在民用工业中,镍常制成结构钢、耐酸钢、耐热钢等,大量用于各种机械制造业。镍还可作陶瓷颜料和防腐镀层,镍钴合金是一种永磁材料,广泛用于电子遥控、原子能工业和超声工艺等领域,在化学工业中,镍常用作氢化催化剂(如兰尼镍)。

目前世界上 10% 的镍用于电镀,镀镍的物品美观、干净、又不易锈蚀。67% 的镍用于不锈钢和其他抗腐蚀合金,约为镍消耗量的 2/3;12% 用于高镍合金;3% 用于铸造业;2% 用于铜镍为主的合金;6% 用于其他。在钢中加入镍,可以提高机械强度。如钢中含镍量从 2.94% 增加到 7.04% 时,抗拉强度便由 $52.2\ kg/cm^2$ 增加到 $72.8\ kg/cm^3$。镍钢用来制造机器中承受较大压力、承受冲击和往复负荷部分的零件,如涡轮叶片、曲轴、连杆等。含镍 36%、含碳 0.3%~0.5% 的镍钢,它的膨胀系数非常小,几乎不热胀冷缩,用来制造多种精密机械,高精度量规等。含镍 46%、含碳 0.15% 的高镍钢,称为"类铂",因为它的膨胀系数与铂、玻璃相似,这种高镍钢可熔焊到玻璃中。在灯泡生产上很重要,可用作铂丝的代用品。一些精密的透镜框,也用这种类铂钢制作,透镜不会因热胀冷缩而从框中掉下来。由 67.5% 镍、16% 铁、15% 铬、1.5% 锰组成的合金,具有很大的电阻,用来制造各种变阻器与电热器。含镍成分较高的铜镍合金,不易腐蚀。下面简单介绍镍在 7 个具体领域里的应用。

(1) 耐热合金:镍与铁、钴、铬、锰等能形成固溶体合金,具有高熔点,耐海水侵蚀及高温氧化,断裂强度大,易机械加工等优点,可用于制作燃气涡轮机。

(2) 磁性材料:镍具有最大的磁导率($>600\ \mu m$),是最佳软磁材料。而将镍与铝、钴制成的合金,磁性就变得更强了。这种合金受到电磁铁吸引时,不仅自己会被吸过去,而且在它下面吊了比它重 60 倍的东西,也不会掉下来。因此,可以用来制造电磁起重机。

此外,镍还能与很多金属一起得到性能优异的磁性材料。如坡莫 Ni-Fe 及 Fe-Ni-Si 合金是典型高导磁材料,而 Al-Ni-Fe-Co 合金,还可作永磁(硬)性材料。又如 Co-Ni-P 合金是高密度磁性记录材料的薄膜基体,其机械强度大、韧性高及易加工等。Co-Ni 合金膜记录磁带日益广泛应用于信息工程。Fe-Ni-Co 合金是一种非晶态磁材料,应用于磁头及变压器。

(3) 电子及电气材料:镍可制作各种传感器。锰康铜($58Cu_{41}NiMn$)或康铜($60Cu_{40}Ni$)可制作应变器的电阻,NiO 或镍可用作还原气氛中的传感器或光盘存储器,$Ni(OH)_x$ 用作光电显示材料;镍则易于发射电流,广泛用作电子管阴极。此外镍还广泛用于可充电的高能电池,如 Ni-Cd、Zn-Ni、Fe-Ni 及 $Ni-H_2$ 电池等。

(4) 催化:应用于有机物的氢化、氢解、异构化、HC 类的重整及脱硫等过程,还应用于气相氧化剂(AN、丙烯醛等)的催化。由于镍较铂族金属便宜且不易毒化,故常代替其作为催化剂。在重整的过程中,铂族金属却无法替代镍。

(5) 储氢金属:$LaNi_5$、$LaCo_5$ 及 $CeCo_5$ 等均是良好的储氢材料,特点是低温可吸附大量的氢,稍升温降压又可释出,其结构与稀土储氢材料 $CaCu_5$ 相似,其中 $LaNi_5$ 较便宜。在 $LaNi_5$ 的六方晶体胞中含有 1 个 $LaNi_5$,晶胞体积为 9.0×10^{-23} cm^3。晶胞中有 3 个八面体空隙、6 个四面体空隙,被吸附的氢以原子状态存在于这些空隙中,若空隙全被氢原子占据,则组成 $LaNi_5H_9$,若只有一半被占据,则为 $LaNi_5H_{45}$,此时合金密度为 8.3×10^{-2} $g \cdot cm^{-3}$,比标准状态下氢的密度(8.9×10^{-5} $g \cdot cm^{-3}$)约大一千倍,可见在低压(大于 4×10^5 kPa)下储运氢气安全又经济。

(6) 形态记忆合金:如钛镍系合金具有"记忆"的本领,而且记忆力很强,经过相当长的时间,重复上千万次都准确无误。它的"记忆"本领就是记住它原来的形状,所以人们称它为"形状记忆合金"。原来这种合金有一个特性转变温度,在转变温度之上,它具有一种组织结构,而在转变温度之下,它又有另一种组织结构。结构不同,性能也就不同。钛镍合金在加热及冷却循环中,具有双向性反复记忆原形特性,加之耐热蚀性强,故广泛用于喷气机的油压控制,以及各种油管连接器及海底油田的油管接头、电缆连接器等。此外,在家电方面也获得广泛应用,如微波炉加热器中的循环振动结构,电流过热感测器,烘衣机、电烤箱及医疗器械等中的热风装置开关等。

(7) 颜料及染料:由 TiO_2、NiO 及 Sb_2O_3 的混合料在 800℃ 煅烧而成的黄橙色颜料,是由于镍可任意地在阳离子节点上取代钛,形成缺陷晶体结构而引起发色作用,其中锑酸镍的形成,可使颜色由黄向橙黄转变。这种颜料覆盖力强,着色力差,故不易被其他物料污染;又由于具有金红石或尖晶石结构,故化学性能很稳定,能抗酸碱,耐光照,耐热达 400℃。

镍、钴铝酸盐固熔体组成的蓝色颜料,亦具有尖晶石结构;其组成为 $NiAl_2O_4$ 15%~20%,余为 $CoAlO_4$。由 NiO 逐渐取代 $ZnO - SnO_2$ 组成的蓝色颜料中的 ZnO,可使色彩逐渐由蓝向绿转变,最终可得到光泽很好的绿色颜料。由 $Ni_2(PO_4)$ 及 NiP_2O_7 组成的磷酸镍颜料具有鲜黄色彩,如其中镍含量增加,则色彩渐变为暗黄绿色。镍的联胺甲醛络合物则呈鲜艳的黄绿色,是特别适用于毛呢织品的染料。

1.2.1 镍的制备

镍的制备方法可分为以下几种:

(1) 电解法。将富集的硫化物矿焙烧成氧化物,用炭还原成粗镍,再经电解得纯金属镍。

(2) 羰基化法。将镍的硫化物矿与一氧化碳作用生成四羰基镍,加热后分解,得到纯度很高的金属镍。

(3) 氢气还原法。用氢气还原氧化镍,可得金属镍。

(4) 在鼓风炉中混入氧置换硫,加热镍矿可得到镍的氧化物。而此种氧化物再和与铁反应过的酸液进行作用就能得到镍金属。

(5) 矿石经煅烧成氧化物后,再用水煤气或炭还原得到镍。

1.2.2 镍的化合物

1) 镍(Ⅱ)的化合物

(1) 氧化镍：$NiC_2O_4 \Longrightarrow NiO + CO + CO_2$。

(2) 氢氧化镍：$Ni^{2+} + 2OH^- \Longrightarrow Ni(OH)_2$。

(3) 硫酸镍：$2Ni + 2H_2SO_4 + 2HNO_3 \Longrightarrow 2NiSO_4 + NO_2 + NO + 3H_2O$。

$NiO + H_2SO_4 \Longrightarrow NiSO_4 + H_2O \quad NiCO_3 + H_2SO_4 \Longrightarrow NiSO_4 + CO_2 + H_2O$。

(4) 卤化镍：$NiF_2 \quad NiCl_2 \quad NiBr_2 \quad NiI_2$。

2) 镍(Ⅲ)的化合物

(1) 氧化高镍。

$4NiO + O_2 \Longrightarrow 2Ni_2O_3$

$2Ni(OH)_2 + Br_2 + 2OH^- \Longrightarrow Ni_2O_3 + 2Br^- + 3H_2O$

$2Ni_2O_3 + 4H_2SO_4 \Longrightarrow 4NiSO_4 + O_2 + 4H_2O$

$Ni_2O_3 + 6HCl \Longrightarrow 2NiCl_2 + Cl_2 + 3H_2O$

(2) 氢氧化高镍。

$4NiCO_3 + O_2 \Longrightarrow 2Ni_2O_3 + 4CO_2$

$2Ni^{2+} + 6OH^- + Br_2 \Longrightarrow 2Ni(OH)_3 + 2Br^-$

$2Ni(OH)_2 + NaClO + H_2O \Longrightarrow 2Ni(OH)_3 + NaCl$

$2Ni(OH)_3 + 6HCl \Longrightarrow 2NiCl_2 + Cl_2 + 6H_2O$

3) 镍的配位化合物(简称配合物)

(1) 氨配位化合物：$[Ni(NH_3)_6]^{2+}$。

(2) 氰配位化合物：$[Ni(CN)_4]^{2-}$。

(3) 螯合物：$[Ni(en)_3]^{2+}$。

(4) 羰基配位化合物。

　(a) $Ni(CO)_4$。

　(b) $(C_2H_5)_2Ni$。

镍的盐类大都是绿色的,镍的氢氧化物 $Ni(OH)_2$ 为棕黑色,属于强碱。镍的氧化物有 NiO 和 Ni_2O_3,氧化镍呈灰黑色,常用于制造铁镍碱性蓄电池。二价镍离子常用丁二酮肟来鉴定,在氨性溶液中,镍离子(Ni^{2+})能与丁二酮肟(Dimethylglyoxime)生成鲜红色沉淀($Ni(dmgH)_2$),三价镍盐为氧化剂。

镍在日常生活用品中也占有十分重要的地位,服装服饰中的金属配饰,如纽扣、拉链、铆钉、金属耳环、项链、戒指等都是由镍的合金制成的。有些人对镍会产生过敏性反应,如果长期接触含镍的饰品,就会对皮肤产生严重的刺激。因此,镍的释放一直受到 EC 的限制。对长期接触皮肤的镀金或非镀金产品,其每周排放的数量不超过 $0.5~\mu g/cm^2$。而穿环用的金属底部组件如耳环杆,其每周排放量不能超过 $0.2~\mu g/cm^2$。含镍丰富的食物有巧克力、果仁、干豆和谷类。膳食中的镍经肠道铁运转系统通过肠黏膜,吸收与运转过程尚不清楚,镍的吸收约 $3\%\sim10\%$,奶、咖啡、茶、橘子汁、维生素 C 等使吸收率下降。在铁缺乏或怀孕和哺乳时吸收率可增加。吸收入血的镍通过血清中主要配体白蛋白运送到全身。镍也与血清中的 L-组氨酸和 α-巨球蛋白相结合。吸收入血的镍 60％ 由尿排出，汗液中镍的含量较高，胆汁也可排出不少的镍。在某些环境中存在羰基镍，它是无色透明液体，沸点 43℃，可以蒸气形式由呼吸系统迅速吸入，皮肤也可少量吸收，羰基镍进入体内后约 1/3 在 6 h 内由呼气排出，其余通过肺泡吸收入血，最后由尿排出。羰基镍吸入后 24 h 体内仅留 17％，6 天内全部排出。

在较高等动物与人的体内，镍的生化功能尚未了解。但体外实验、动物实验和临床观察提供了有价值的结果。

（1）体外实验显示了镍硫胺素焦磷酸（辅羧酶）、磷酸吡哆醛、卟啉、蛋白质和肽的亲和力，并证明镍也与 RNA 和 DNA 结合。

（2）镍缺乏时肝内 6 种脱氢酶减少，包括葡萄糖-6-磷酸脱氢酶、乳酸脱氢酶、异柠檬酸脱氢酶、苹果酸脱氢酶和谷氨酸脱氢酶。这些酶参与生成 NADH、无氧糖酵解、三羧循环和由氨基酸释放氮。而且镍缺乏时显示肝细胞和线粒体结构有变化，特别是内网质不规整，线粒体氧化功能降低。

（3）贫血病人血镍含量减少，而且铁吸收减少，镍有刺激造血功能的作用，人和动物补充镍后红细胞、血红素及白细胞增加。

由于膳食中每日摄入镍 70～260 μg/d，人的需要量是根据动物实验结果推算的，可能需要量为 25～35 μg/d。每天摄入可溶性镍 250 mg 会引起中毒。有些人比较敏感，摄入 600 μg 即可引起中毒。依据动物实验，慢性超量摄取或超量暴露，可导致心肌、脑、肺、肝和肾退行性变。动物实验显示缺乏镍会出现生长缓慢，生殖能力减弱等现象。

1.3　镍矿资源

1.3.1　世界镍资源分布

已知镍在地球中含量约为 3％，仅次于铁、氧、硅、镁居于第 5 位，但其在地壳中的含量仅 0.008％，居已知元素的第 24 位。镍的原生矿物为橄榄石和硫化镍矿，前者经过风化富集成硅酸镁镍矿、镍蛇纹石红土矿，统称为氧化镍矿；此外，还有极少量的砷化镍矿以及储存于深海底部的含镍锰结核。目前世界上开采的镍矿有硫化矿和氧化矿。硫化矿中最主要的镍矿物为镍黄铁矿[$(Ni,Fe)_9S_8$]和含镍磁硫铁矿[$(Ni,Fe)_xS_y$]，通常伴生有黄铜矿($CuFeS_2$)。此外硫化镍矿物常伴生不同数量的钴、金、银和铂族金属。氧化矿中的镍矿物主要为含水镍镁硅酸盐[$(Ni,Mg)SiO_3 \cdot nH_2O$]，一般都含有钴，但几乎不含铜和铂族金属。

全球已探明的镍矿储量约 230 亿吨，平均含矿量为 0.97％，镍总量大约为 2.2 亿吨，其中硫化镍矿储量约 105 亿吨，平均等级为 0.58％，镍含量约为 6 200 万吨，约占镍矿总资源量的 28％；红土镍矿约为 126 亿吨，平均等级为 1.28％，镍矿含量约为 1.6 亿吨，约占镍矿总资源量的 72％。红土镍矿分为两大类，即高温冶金和水冶。约有 40 亿吨红土镍矿适于高温冶炼,平均纯度为 1.55%,含量约为 6 200 万吨,约占红土镍矿总数的 38%;约有 86 亿吨的红土镍矿适于水冶,平均纯度为 1.15%,含量约为 9 900 万吨,占红土镍矿总数的 62%。全球镍矿储量分布如表 1.3.1 所示。

表 1.3.1 已证实的镍矿储量分布(不包括中国)

矿　床	洲　别	地　区　国　家
红土矿(60.6%)	美洲(11.3%)	北美洲
		中美洲
		南美洲
	大洋洲及亚洲(43.6%)	新喀里多尼亚
		菲律宾及印尼
	欧洲(5.7%)	俄罗斯及其他

2004 年全球镍矿总产量为 128 万吨,电子镍矿产量为 127 万吨,约有 60% 的镍矿产量来源于硫化镍矿石,25% 源自高温冶炼的红土镍矿石,剩余 15% 为水冶红土镍矿石。

古巴的镍资源十分丰富,储量为 1 800 万吨,居世界第一。镍矿床主要分布在该国奥尔金省北部约 150 km 长的山区,那里有极丰富的红土矿层。矿层中不但含镍,同时钴、铬、铝、锰、铁的含量也较高。目前,古巴主要开采镍钴矿,其特点是含量均匀而且品位较高,富矿含镍 1.3%,一般矿石含镍也达 1%;另外矿层靠近地面,具有露天开采的优越条件。古巴是世界上最大的镍生产国和出口国之一,其他矿产镍矿主要产自俄罗斯、加拿大、澳大利亚、印度尼西亚、新喀里多尼亚等国家和地区。日本是电子镍矿的最大出产国,同时也是矿产镍矿的最大进口国和电子镍矿的最大消费国,印度尼西亚和新喀里多尼亚都是镍矿出口大国。

1.3.2　国内镍资源分布

我国已探明的镍矿点有 100 余处,储量为 800 万吨,储量基础为 1 000 万吨,其中硫化镍矿占总储量的 87%,氧化镍矿占 13%,在世界上占第 9 位,分布于 18 个省(区)。其中以甘肃省为主,保有储量占全国的 61.9%,新疆、吉林、四川等省(区)次之。甘肃金川镍矿规模仅次于加拿大的萨德伯里镍矿,为世界第二大镍矿。金川镍矿则由于镍金属储量集中,有价稀贵元素多等特点,成为世界同类矿床中罕见的、高品级的硫化镍矿床。镍矿矿床类型主要为岩浆熔离矿床和风化壳硅酸盐镍矿床两个大类。前者分岩浆就地熔离矿床与岩浆深部熔离贯入矿床两个亚类;后者以云南墨江镍矿为代表。甘肃白家嘴子镍矿即属深部熔离复式贯入矿床一类。从成矿时代分析,从前寒武纪到新生代皆有镍矿产出。岩浆型镍矿主要产于前寒武纪和晚古生代,早古生代、中生代也有镍矿产出。风化壳型镍矿则形成于新生代。

2004 年,我国分别生产了 6.33 万吨矿产镍和 7.5 万吨电子镍,其中甘肃金川集团有限公司(简称金川公司)生产了 6.5 万吨电子镍,约占总数的 87%,吉林吉恩镍业股份有限公司(简称吉恩公司)出产 5 000 吨电子镍,其他镍矿公司生产了 5 000 吨电子镍。

1.3.3　镍矿消耗水平

镍的消耗相对比较单一,主要集中在不锈钢、合金钢、电镀、电池、催化、军工等领域,其中不锈钢行业耗镍量最大,约占整个镍消耗的 60%~70%。

自 2008 年到 2011 年,世界镍消耗量从 129.8 万吨增加至 156.2 万吨,年均递增 6.4%,世界镍消耗的 67% 集中在亚洲。从 2005 年开始中国取代日本成为世界镍消耗第一大国,2008—2011 年以来中国的镍消耗量逐年递增。

从消耗结构看,2011 年不锈钢行业镍消耗量占世界镍消耗量的 65%,有色合金行业占 11%,其次分别是电镀 9%、电池 5%,详见图 1.3.1。2011 年中国原生镍产量达到 44.4 万吨,实际消耗量近 60 万吨,表观消耗量为 69.1 万吨。

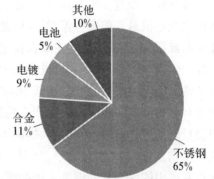

图 1.3.1　2011 年全球镍消耗结构

全球镍矿供求基本处于动态平衡状态,2004 年全球镍矿产量约为 128 万吨。2004 年主要镍矿需求方为日本,需求量约为 18.6 万吨;美国约为 15 万吨,中国大陆为 14 万吨,韩国 12 万吨,德国 11 万吨,中国台湾约 10 万吨。日本是电子镍矿的最大消耗国。全球镍矿的生产增长指数约为 3.3%,产量将达到 1 300 万吨,而需求增长指数约为 4.1%,消耗总量将上升至 1 310 万吨。镍矿需求量 2005 年约有 1.6 万吨。镍矿主要消耗在冶金业,约占需求总量的 80%,其中不锈钢产业消耗 65%,其余为电镀和电池制造及航天材料等。过去 20 年间不锈钢产业发展迅速。1980 年全球不锈钢总产量为 643.5 万吨,到 2004 年已增长到 2 300 万吨,预计 2020 年全球最大不锈钢生产商的年产量将上升到 1 000 万吨。中国的不锈钢产业突飞猛进,2001 年我国不锈钢产量为 75 万吨左右,到 2003 年不锈钢产量增至 136 万吨,而 2004 年已上升到 236 万吨。随着非钢行业的不断发展,2001 年耗镍量约 3 万吨,其中电镀及镍网行业耗镍最大,约为 2 万吨,电池行业 5 000 吨,催化行业 1 500 吨,军工行业 2 000 吨,其他行业 1 500 吨,使全国镍的消耗量达到 7.5 万吨左右,消耗量迅猛增长。

我国镍的消耗按市场细分原则和区域划分成五大市场区域:① 以上海为中心的华东市场,包括江、浙、沪、皖三省一市。在此区域内有全国主要的金属期货交易所和长江、华通两个现货市场。目前该区域内年消耗镍 3 万吨左右。宝钢集团所属上钢一厂、三厂、五厂共计有 150 万吨的不锈钢产能陆续形成,镍的潜在消耗惊人。150 万吨产能估计含镍不锈钢为 100~120 万吨,理论推算耗镍量为 8~10 万吨,考虑其使用废钢因素,不锈钢增加的产能至少要消耗 5 万吨原镍,再加上电镀、合金、镍网、铸造等行业的镍消耗,使该区域对镍的需求逐渐达到 8 万吨。② 以太钢为重点的华北市场,包括太原、天津、北京三地。该区域镍的消耗量约 2.8 万吨,有 80% 集中在太原钢铁公司。太钢也逐渐将形成 100 万吨不锈钢生产能力,届时原镍消耗预计达到 5.2 万吨左右,从而使华北市场镍的消耗量达到 5.6 万吨水平,是一个极为重要的区域,而且该区域对钴、铂族金属的需求量也较大。③ 以电镀为重点的珠江三角洲及周边市场,该区域经济发达,镍的年消耗量在 6 000~8 000 吨,但在今后相当一段时期内成长潜力不大。④ 以沈阳为中心的东北市场,主要是冶金、军工、电池行业,年消耗镍约 6 000 吨。随着宝钢、太钢不锈钢计划的实施,东北地区的不锈钢生产会逐步萎缩,优势将集中在高温合金和军工钢方面,消耗量呈递减趋势。⑤ 以重庆为重点的西南市场,包括云、贵、川三省,主要是冶金、电镀行业,年消耗镍量约 4 000 吨。重庆市把汽车、摩托车作为支柱产业来规划和发展,电镀用镍呈增长趋势,西南市场对镍的需求逐渐会达到 5 000 吨/年的水平。

我国镍工业起步于 1953 年。在金川镍矿被发现前,中国一直被外国视为"贫镍国",一些国家也趁机对我国实行镍封锁,以此制约我国现代工业的发展。50 年代初,上海冶炼厂、沈阳冶炼厂、重庆冶炼厂等主要在铜电解液中和处理杂铜的过程中提取镍金属,以满足国家对镍的需求。此外,也从古巴进口的氧化镍中制取镍金属。我国使用国内矿产原料提取镍是从四川会理镍矿开始的。1959 年,四川会理镍矿投入生产。1963 年和 1964 年,金川镍矿和吉林磐石镍矿又相继投入生产。特别是金川镍矿的发现和建成投产,不但使我国的镍资源储量跃居世界前列,而且大大提高了我国国产镍的产量,为我国现代工业的发展奠定了基础。特别是进入 21 世纪以来,金川公司不断加大对矿山的投入,利用新的探矿、找矿方法,在自有矿山的深部和外围进一步勘探,仅 2001 年就在龙首矿深部发现一处中型矿体,含镍、铜金属量分别达到 6 万多吨和 3 万多吨。

截至 2003 年,全国精镍的年生产能力约 6.8 万吨,其中,金川公司 6 万吨,成都电冶厂 5 000 吨,重庆冶炼厂 1 500 吨,新疆阜康冶炼厂 2 000 吨。但实际产量达不到,只有 6.2 万吨(不包括镍盐含镍量),原料不足是制约产量达标的最主要因素。值得一提的是我国最大的镍生产企业金川公司近几年经过技术改造和资源控制战略的实施,生产能力大为提高。据相关统计,2006 年,全年中国镍累计产量为 111 280.01 吨,与 2005 年同期相比增长了 22.07%;2007 年,中国镍累计产量为 115 772.10 吨,与 2006 年同期相比增长了 8.51%;2008 年前 10 个月,中国镍累计产量为 112 209.99 吨,与 2007 年同期相比增长了 8.99%。2010 年中国镍消耗量达到 40 万吨/年,中国有可能成为世界最大的镍消耗国。

2012 年 10 月 5 日,中国新疆维吾尔自治区地矿部门和矿产企业经 4 年勘查,在新疆若羌县发现百万吨级特大型镍矿,已探得镍金属资源量 128 万吨。

据《2013—2017 年中国金属镍行业全景调研及投资前景预测报告》资料显示,中国和美国为最大的镍消耗国。当时 Higo 称,2013 年中国镍生铁产量将增至 35 万吨。镍生铁为低级铁矿石的替代品。中国不锈钢生产商镍生铁使用量增加将抑制其对镍的风险偏好,拖累镍价。他表示,中国需求将增长 8.5% 至 83 万吨,而包括生铁在内的产量将增长 10% 至 54 万吨。中国需求占全球总量的 47%。

截至 2013 年 5 月 23 日,中国库存 180 024 吨。2013 年全球不锈钢产量自 1 月增长 1.7% 至 3 650 万吨。中国产量增长 3.7% 至 1 680 万吨。根据国际不锈钢论坛信息,亚洲不锈钢产量占全球总量的 70%。

中国镍供给由两个部分组成,一部分是新产镍精矿供应,这部分占镍总供给量的 72.9%,另一部分来自再生镍占 27.1%,随着经济建设和钢铁工业的发展,镍的需求量不断增加。南非的 Nkomati 镍矿,位于南非共和国东部 Mpumalanga 地区,距离约翰内斯堡

300 km 处,1997 年投产,为南非的第一座镍矿,分为两个矿床：高含量矿、低含量矿。高含量矿送至 Rustenburg 冶炼厂进行冶炼,低含量矿送至博斯瓦纳和津巴布韦进行冶炼。2007年进行扩产可行性研究,2009 年第三季度投产,通过配套的增产项目,其开采周期将延续至2027 年,并将逐步改为露天开采。

中国镍行业在不断发展的同时,也存在一些问题,如镍矿中高品位和露采比例较小,选矿一般采用弱酸或弱碱介质浮选工艺,选矿能力为 430 万吨/年;中国镍冶炼除几家大型企业以外普遍采用火法的选锍熔炼技术,精炼镍主要采用硫化镍阳极隔膜电解和硫酸选择性浸出—电积工艺,开采和冶炼的技术正在快速提高。

第2章 镍 工 业

2.1 镍矿冶炼概述

镍是一种重要的金属材料,世界陆地镍储量为 2.17 亿吨,海底结核储量 6.9 亿吨,中国镍金属储量约为 800 万吨,居世界第 9 位,以硫化镍矿为主,其中主要有甘肃金川镍矿、新疆喀拉通克铜镍矿、吉林吉恩镍矿等。镍主要用于生产各种含镍合金,不锈钢用镍占去镍消耗量的 50%。镍被广泛用于机械制造、交通运输工具、航天器、石油、化工以及建筑等。

目前,陆地开采的镍矿主要有硫化镍矿、氧化镍矿和砷化镍矿。在中国主要的提镍原料来自硫化镍矿,成品镍中大约 70% 来自硫化镍矿,其余 30% 来自氧化镍矿。硫化镍矿的组成主要是镍黄铁矿和镍磁硫铁矿的混合物,且常与黄铜矿共生,此外钴、金、银和铂族金属也是硫化镍中常见的有价成分。氧化镍矿中镍约占总储量的 60%~70%,主要有硅镍矿、暗镍蛇纹石和红土矿等。

生产镍的方法主要分为火法和湿法两大类,如图 2.1.1 所示。我国生产的大部分镍来自硫化镍矿的火法冶炼。目前,中国的镍冶金采用的工艺流程主要有两种,其中生产工艺可分为电炉熔炼、闪速炉熔炼和鼓风炉熔炼三种。中国四川省会理镍矿采用硫化镍精矿烧结—鼓风炉熔炼工艺;新疆喀拉通克铜镍矿为富铜镍块矿直接进鼓风炉熔炼;吉林吉恩公司采用电炉炼镍流程,甘肃金川公司建有电炉和闪速炉两套炼镍系统。

2.2 镍矿冶炼方法

2.2.1 硫化镍矿闪速熔炼

闪速熔炼法是火法炼镍的新技术,它克服了传统炼镍方法不能充分利用粉状精矿的巨大表面积和矿物燃料的缺点,大大减少了能源消耗,提高了硫的利用率,减少环境污染,如图 2.2.1 所示。

闪速熔炼有奥托昆普闪速炉和因科纯氧闪速炉两种形式。目前,国内外有 5 种奥托昆普型镍闪速炉在运转,见表 2.2.1。因科型闪速炉仅做过试生产,由于在硫渣两相分配比较低(约为 65%),故一直未进行工业应用。

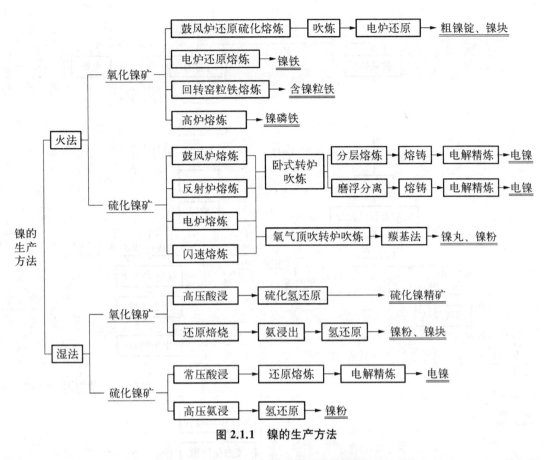

图 2.1.1 镍的生产方法

表 2.2.1 5 家镍厂闪速炉的投产年份及产能

项 目	芬兰	澳大利亚	博茨瓦纳	俄罗斯	中国
	哈贾伐尔塔厂	卡尔古利厂	皮克威厂	诺里尔斯克厂	金川公司
投产年份	1959	1973	1973	1981	1992
处理能力(t·d^{-1})	960	1 297	2 880	1 656	1 200
镍年产量/t	16 000	48 000	19 500		20 000①

① 指投产时的年产量。

　　闪速熔炼系统包括闪速熔炼、转炉吹炼等高温熔炼主系统和物料制备、配料、氧气制取、供水、供风、供电、供油以及炉渣贫化等辅助系统。甘肃金川公司闪速熔炼系统不单设炉渣贫化电炉,而是在闪速炉沉淀池中插入电极通电加热炉渣。这种炉型不仅简化了设备配置和工艺操作,而且还可以降低能源消耗,如图 2.2.2 所示。闪速炉的反应塔采用锻造、钻孔的铜砖和优质烙镁砖砌筑,炉壁强化冷却效果好,有利于挂渣保护内衬。反应塔内熔炼温度的控制范围高达 1 650℃,提高了生产能力,保证生产顺利进行。由于沉淀池通过插电极辅助加热,实现了深熔池、高渣层操作,使得炉渣与镍锍的分离澄清时间延长,有利于提高冶炼回收率。

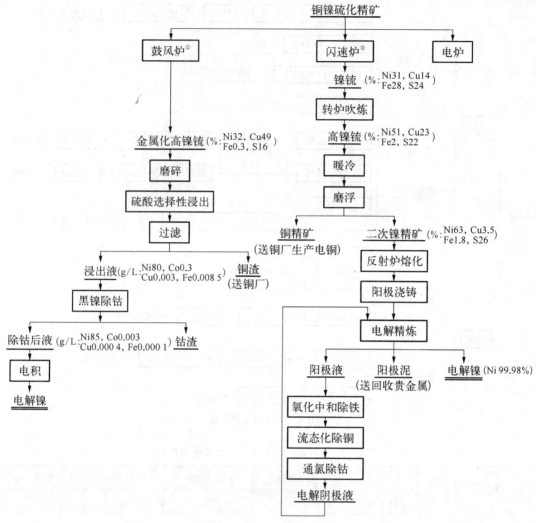

图 2.2.1　闪速熔炼法

熔炼产生的熔体在沉淀池贫化区回收镍锍后,上层矿渣经过端墙上的渣口放出,水淬后废弃。下层低镍锍用包子运至转炉吹炼成镍高锍。烟气经过余热回收和捕集烟尘,送去生产硫酸。炉体主要结构参数为:反应塔 Φ6 m×6.4 m,沉淀池面积 98 m²,精矿喷嘴 4 个,沉淀池放锍口 7 个,反应塔鼓风含氧 42%,贫化区电极 6 根,变压器容量 4 000 kW×2,电极直径 800 mm,炉渣层厚度 800 mm,镍锍层厚度 500 mm。

1) 有关闪速熔炼过程说明

精矿干燥。入炉镍精矿需要干燥至含水量 0.3% 以下,通过精矿喷嘴自反应塔顶喷入炉内。金川公司的精矿干燥采用"三段式"干燥方式,即回转窑、鼠笼、气流三段干燥。并要求粒度为 0.074 mm 的大于 80% 以上。

粉煤与熔剂的制备。粉煤与熔剂的制备设备大致相同,煤经粗碎后,进球磨机并通入热风,磨细的煤由热风吹出分级后使用,不合格的粗粒返回再磨。石英熔剂加入球磨机后不通

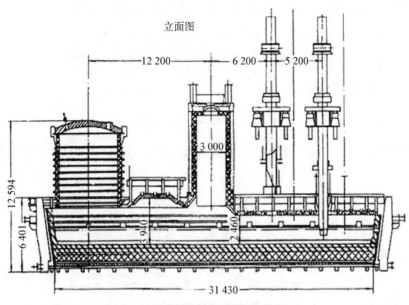

图 2.2.2 金川公司炼镍闪速炉结构

热风,直接用机械转换的热能把水分烘干破碎即可。

返料。闪速炉系统的自产冷料块经破碎、圆锥破碎后分别送闪速炉贫化区和转炉进行处理,以回收其中的有价金属以及控制转炉温度。

氧气制备。采用高氧鼓风可减少燃料的消耗,甚至实现自热熔炼。金川公司闪速炉配备了两台产量(标)为 6 500 m^3/h(氧纯度为 90%)和一台产量为 1 400 m^3/h(氧纯度为 99.8%)的制氧机。

供水。闪速炉采用水冷技术以延长炉子寿命。硬度大的水应经软化制备后使用。

供风。供风分一次风和二次风。一次风为雾化重油和吹散精矿用风。二次风为保证燃料完全燃烧。还有用来控制仪表动作的仪表风和转炉吹炼的高压风、空压风等。

供电。供电系统分通用电、高压电、专用电和直流电等。

2) 镍精矿闪速熔炼反应过程

硫化镍精矿中的主要矿物为磁黄铁矿(Fe_7S_8)、镍黄铁矿[$(Ni,Fe)_9S_8$]和黄铜矿($CuFeS_2$)。镍精矿与溶剂随富氧空气一起喷入反应塔后,立即被分散在高温氧化性气流中,同时发生一系列熔炼反应:

$$2Fe_7S_8 = 14FeS + S_2$$
$$2FeCuS_2 = Cu_2S + 2FeS + S_2$$
$$(Fe,Ni)_9S_8 = 3Ni_3S_2 + 6FeS$$
$$S + O_2 = SO_2 \uparrow$$
$$2FeS + 3O_2 = 2FeO + 2SO_2 \uparrow$$
$$3FeS + 5O_2 = Fe_3O_4 + 3SO_2 \uparrow$$

Fe_3O_4熔点高,密度大,使炉渣与镍锍分离不好,造成金属损失,且易在陆地析出使生产

空间变小,炉处理能力降低。在高温条件下,Fe_3O_4 被 FeS 和 C 还原:

$$3Fe_3O_4 + FeS = 10FeO + SO_2\uparrow$$
$$Fe_3O_4 + C = 3FeO + CO\uparrow$$

生成 FeO 和 SiO_2 造渣反应:

$$2FeO + Si \xrightarrow{\text{高温}} 2Fe + SiO_2$$

黄铜矿($CuFeS_2$)在熔炼过程中除发生离解反应外,部分($CuFeS_2$)和 FeS 直接氧化产生 SiO_2,FeO。

$$2CuFeS_2 + 1/2O_2 = Cu_2S + FeS + 2SO_2\uparrow + FeO$$
$$FeS + 3/4O_2 = 1/2FeS + FeO + 1/2SO_2\uparrow$$

镍的硫化物除离解反应外,有少量 Ni_3S_2 被氧化进入炉渣中。

$$2Ni_3S_2 + 7O_2 = 6NiO + 4SO_2$$

反应产物中的 Cu_2S、Ni_3S_2 和 FeS 融合组成低镍锍,氧化物和脉石等生成炉渣,SO_2 进入烟气。

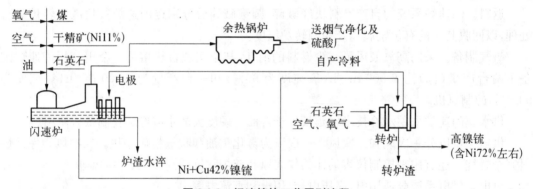

图 2.2.3　闪速熔炼工艺原则流程

3) 镍闪速熔炼的主要技术指标

处理镍精矿量 50 t/h

反应塔耗油量 1 733 kg/h,沉淀池耗油 1 400 kg/h

镍精矿含(%)Ni 7、Cu 4、Co 0.18、S 27

贫化炉渣耗电 160 kWh/t,烟尘率 12.3%

炉渣含镍 0.2%～0.5%,脱硫率 80.2%

低镍锍含(%)Ni 30.9、Cu 17.2、Co 0.54、S 24

2.2.2　硫化镍矿电炉熔炼

这是一种在电炉中熔炼镍精矿生产低镍锍的炼镍工艺。电炉炼镍不需要燃烧燃料,因而烟气量小,有利于环保;电热熔渣,容量过热,可促进镍锍与炉渣分离,提高镍回收率。一般入炉矿石或精矿含镍 3％～10％,产品低镍锍一般含(Ni＋Cu)15％～25％、Fe 45％～55％、S 24％～27％。采用电炉炼镍技术,适用于供电充足、电价相对便宜的地区。此种方法主要用于低镍锍的生产,我国的金川公司也用矿热电炉处理硫化镍精矿。

　　1) 电炉熔炼过程

　　用矿热电炉熔炼硫化镍矿,电极插入渣层中,一部分电能产生电弧转化为热能,一部分则以渣层为电阻体转化为热能,两部分热能使渣层上部的固体炉料熔化,以液固反应为主,当温度达到 1 373～1 573 K 时,硫化物与氧化物间的相互反应激烈进行,发生分解、氧化和造渣反应生成镍锍、炉渣和烟气三种产物。硫化镍矿的主要组成为 Fe_7S_8、$(Fe、Ni)S$、$CuFeS_2$、CoS、SiO_2 和 MgO 等。电炉熔炼的主要反应如下:

$$3NiO + 3FeS = Ni_3S_2 + 3FeO + 1/2S_2$$
$$Cu_2O + FeS = Cu_2S + FeO$$
$$CoO + FeS = CoS + FeO$$
$$10Fe_2O_3 + FeS = 7Fe_3O_4 + SO_2$$

　　反应产生的 Ni_3S_2、Cu_2S 和部分未氧化的 FeS 相互溶解形成铜镍锍,铜镍锍中还溶有贵金属和部分 Fe_3O_4。而 $(FeO)_2SiO_2$、$CaO \cdot SiO_2$ 和 $MgO \cdot SiO_2$ 结合成硅酸盐炉渣:

$$3Fe_3O_4 + FeS + 5SiO_2 = 5(2FeO \cdot SiO_2) + SO_2$$
$$2FeO + SiO_2 = 2FeO \cdot SiO_2$$
$$CaO + SiO_2 = CaO \cdot SiO_2$$
$$MgO + SiO_2 = MgO \cdot SiO_2$$

　　反应产生的 SO_2 和剩余的空气混合成为烟气排出。镍锍成分(％)为(Ni＋Cu) 15～25,Fe 45～55,S 24～27;还有微量钴和贵金属。炉渣成分(％)为 FeO 25～50,SiO_2 35～45,MgO 5～20,Ni 0.07～0.15,Cu 0.05～0.1,Co 0.02～0.05。

　　典型的炼镍矿热电炉如图 2.2.4 所示。

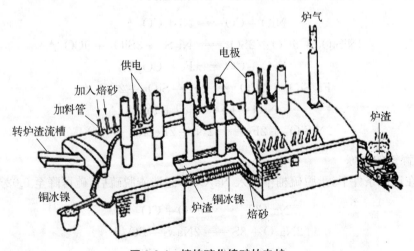

图 2.2.4　熔炼硫化镍矿的电炉

2）电炉熔炼的主要技术指标

（1）焙砂：Ni 5%～6%；Cu 2.5%～3%；Co 0.15%～0.25%；S 15%～18%；Fe 27%～32%。

（2）低锍镍：Ni 12%～15%；Cu 6%～8%；Co 0.4%～0.6%；S 25%～28%；Fe 46%～50%。

3）电炉熔炼特点和问题

电炉熔炼最主要的特点是熔池可以过热，特别适于处理含 MgO 高的难熔炉料。因为硫化镍矿床多数存在含 MgO 高的超基性岩体中，矿石浮选后，精矿中含 MgO 也高达 5%～20%，电炉熔炼的这个特点就显得特别重要。电炉熔炼硫化镍矿的另一特点是烟量小、烟气温度低、热损失小。

电炉熔炼存在的问题有以下几方面：

（1）脱硫率低，含硫高的镍矿需要经过预先焙烧，否则产出的镍锍含镍品位低。

（2）耗电大，在电价贵的地区生产成本较高。

（3）由于脱硫率低，烟量虽不大，但烟气中 SO_2 浓度仍偏低，不利于硫的回收和利用，如将烟气放空则造成环境污染。

（4）电炉炉顶开孔比较多，包括加料孔、电极孔和返渣孔等，密封比较困难，烟气泄漏使劳动环境恶化。

2.2.3　氧化镍电炉熔炼

以炼镍铁为主，采用电炉还原熔炼产粗镍铁，粗镍铁经过精炼除硅、碳、硫、磷、铬等产出镍铁合金，用于生产合金钢。氧化镍矿也可用于生产镍锍，但在电炉熔炼过程中须加入硫化剂（硫黄）进行硫化。

1）电炉还原熔炼粗镍铁

经过煅烧后的氧化镍矿，配以 4% 的焦炭一同从电炉炉顶加入炉内，镍、铁还原后，得到粗镍铁合金；炉渣间断放出，经水淬后弃去。主要反应为：

$$NiO + CO == Ni + CO_2 \uparrow$$
$$3NiSiO_3 + 9CO + 2SO_3 == Ni_3S_2 + 3SiO_2 + 9CO_2 \uparrow$$
$$FeO + CO == Fe + CO_2 \uparrow$$
$$Fe_2SiO_4 + 2CO == 2Fe + SiO_2 + 2CO_2 \uparrow$$
$$NiO + Fe == Ni + FeO$$
$$2NiSiO_3 + 2Fe == 2Ni + 2FeSiO_4 + SiO_2$$

2）粗镍铁的精炼

首先在还原条件下，于脱硫桶中加入 Na_2CO_3，经造渣脱硫后，硫可降至 0.02%，反应为

$$Na_2CO_3 == Na_2O + CO_2 \uparrow$$
$$2Na_2O + 3S == 2Na_2S + SO_2 \uparrow$$
$$Na_2O + SiO_2 == Na_2SiO_3$$

脱硫后的镍铁于转炉中,通入空气氧化残余的硅、碳、磷、铬;加入 CaO 造渣脱除磷,精炼后得到镍铁合金。

$$Si + O_2 = SiO_2$$
$$4Cr + 3O_2 = 2Cr_2O_3$$
$$C + O_2 = CO_2 \uparrow$$
$$4P + 5O_2 + 6CaO = 2Ca_3(PO_4)_2$$

电炉功率为 10 000 kV·A,炉膛直径为 11 m,采用三根电极,埋弧操作,电压为 150 V,单位电耗为 550 kW·h/t。

3) 电炉还原硫化造锍熔炼

煅烧后的氧化镍矿,采用石膏为硫化剂,在还原气氛中,在电炉内进行造锍熔炼反应得到低镍锍,产品为低镍锍。

$$CaSO_4 \cdot 2H_2O = CaO + SO_3 \uparrow + 2H_2O$$
$$3NiO + 9CO + 2SO_3 = Ni_3S_2 + 9CO_2 \uparrow$$
$$3NiSiO_3 + 9CO + 2SO_3 = Ni_3S_2 + 3SiO_2 + 9CO \uparrow$$
$$FeO + 4CO + SO_3 = FeS + 4CO_2 \uparrow$$
$$Fe_2SiO_4 + 8CO + 2SO_3 = 2FeS + SiO_2 + 8CO_2 \uparrow$$

电炉功率为 45 000 kV·A,炉膛直径为 18 m,采用三根电极,电极直径为 2 m,单位电耗为 580 kW·h/t。

2.2.4 镍矿的鼓风炉熔炼

鼓风炉熔炼是最早的炼镍方法,该法是在鼓风炉中熔炼镍精矿制取低镍锍。我国在 20 世纪六七十年代主要采用此方法,这是一种传统的炼镍方法,由于鼓风炉熔炼具有投资少、建设周期短、操作简单、易控制等特点,加上炉顶密封、富氧鼓风等先进技术的应用,使得这一传统的冶炼工艺在改善环境、降低能耗、烟气回收利用等方面得以不断完善和提高,且投资和生产费用较低,至今仍是一些中、小型企业的首选工艺。

鼓风炉是一种竖式炉,如图 2.2.5 所示,炉料(高品位块矿、烧结块或团矿、焦炭、熔剂、转炉渣等)从炉子上部加入炉内,空气由风口不断地鼓入炉内使固体燃料燃烧,热气自下而上地通过料柱,进行炉料与炉气逆向运动的热交换。从而实现炉料的预热、焙烧、熔化、造锍等一系列物理化学反应,最终完成提取并分离合格产物的过程,其工艺特点主要表现为以下几方面:

(1) 炉气是通过炉内块料之间的孔隙向上运动,细碎粉状物料容易把孔隙堵塞或被气流带走,炉料透气性不佳,炉气气流分布不均,焦炭上燃。在气流分布不均的情况下,易产生炉结等故障,熔炼无法进行,因此只有大块的物料才可以在鼓风炉内进行,细小的物料必须进行专门的烧结、制团、混捏。

(2) 在鼓风炉内,炉料与炉气之间逆向运动,造成良好的热交换条件保证了炉内较高的热利用率。

(3) 鼓风炉中的最高温度是在炉内的焦点区(即风口区),由焦炭强烈的燃烧或硫化物

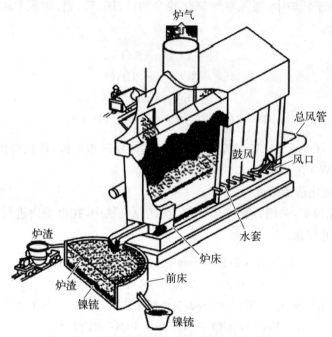

图 2.2.5　熔炼硫化镍矿的鼓风炉剖视图

强烈的氧化形成。炉子焦点区通常在风口稍上的区域内,炉料在下落过程中,通过温度范围很广的区域,即从加料水平面的 300～500℃ 到炉子焦点区的 1 300～1 450℃,也就是超过炉渣熔点以上 150～200℃。因此,炉渣和镍锍在焦点区被过热,保证了它们的炉缸或前床很好地澄清分离。

（4）鼓风炉内最高温度取决于炉渣熔点,当炉料和炉渣成分一定时,强化燃料的燃烧,只能增加熔化速度,但不能显著地提高焦点区的温度。

（5）鼓风炉熔炼时,气相和炉料之间的化学作用具有重要意义。炉内气氛容易控制,当处理硫化矿时还原气氛,氧化程度比电炉高,脱硫率一般为 45%,最高可达 60%;当处理氧化矿时,炉内控制为还原气氛进行硫化熔炼。

根据矿石组成、熔炼的热源与熔炼的目的不同,硫化矿的鼓风炉氧化熔炼可分为自热熔炼和半自热熔炼,其中半自热熔炼是典型的鼓风炉氧化熔炼。下面以硫化铜镍矿的半自热熔炼为例加以介绍。

大多数铜和镍的矿床是浸染有石英和包含脉石的硫化矿石。这种矿石其热值不能满足纯自热熔炼的条件。熔炼这种矿石需在鼓风炉中配入焦炭,进行半自热氧化熔炼。在熔炼过程中,是靠焦炭的燃烧和黄铁矿的氧化以及进一步的造渣反应热提供所需的热量。

烧结块或块矿加入熔炉后,随着料柱的下降料温逐渐提高,便会发生一系列的物理化学变化,干燥、脱水、分解、氧化、硫化、熔化后形成镍锍、炉渣等。现根据炉料在炉内向下运动的过程中发生的变化分述如下:

1）预备区（400～1 000℃）

炉料入炉后首先被加热到 300～500℃,进行干燥脱水;温度达到 400～500℃ 时,一部分高价硫化物开始进行分解反应析出硫;温度升到 500～700℃时,首先发生固体硫化物的氧化反应,因为大多数硫化物的着火温度(500℃左右)比焦炭着火温度(600～800℃)低,所以硫化物优先氧化。在预备区,FeS 氧化的主要产物是 Fe_3O_4,当在下部与焦炭和 FeS 接触时又还原为 FeO。

在预备区下部,温度为 1 100～1 200℃区域内,烧结块中易熔硅酸盐和硫化物共晶开始熔化,形成初期炉渣和镍锍,在往下流动过程中受到过热,并逐渐熔解其他难熔成分,成为炉渣和镍锍进入本床。铜镍锍的形成反应如下:

$$Cu_2O + FeS = Cu_2S + FeO$$
$$3NiO + 3FeS = Ni_3S_2 + 3FeO + 1/2S_2$$

上述反应产生的 Ni_3S_2、Cu_2S 和 FeS 共熔形成镍锍,并熔有少量的 Fe_3O_4 和贵金属。硫化铁氧化反应和钙、镁碳酸盐离解反应产生的 FeO、CaO、MgO 等碱性氧化物,将与物料中的酸性氧化物 SiO_2 反应形成各种硅酸盐。在高温下这些硅酸盐共熔在一起,形成另一种熔体产物炉渣。

2)焦点区(1 300～1 400℃)

该区主要是发生 Fe_3O_4 的还原、FeS 的氧化(为 FeO)、造渣(形成 $2FeO \cdot SiO_2$)及焦炭燃烧反应。在焦点区,赤热的焦炭在完全燃烧前始终呈固态,而呈熔融状的 FeS 会迅速通过而进入本床,停留时间很短,所以半自热熔炼中的焦点区主要发生焦炭燃烧反应,而熔融FeS 仅有少部分被氧化。

3)本床区(1 250～1 300℃)

镍锍和炉渣在本床区会汇集并初步分层,如果熔体是连续放出,则会在前床被分离为炉渣与镍锍,本床只是它们进入前床的过道。

2.2.5　氧化镍矿的还原硫化造锍熔炼

氧化镍矿有两种类型:一种是褐铁矿型,通常蕴藏在氧化矿床的表层,其主要成分是含铁的氧化矿物;另一种是硅酸盐型,通常储藏于氧化矿床的较深层。氧化镍矿中镍呈化学浸染状态,因而不能采取选矿的方法进行富集。虽然处理这种低品位原料的加工费比较高,但其开采容易、开采费低,从而可以得到补偿。

火法冶炼处理氧化镍矿有两种方法:一种是还原、硫化、熔炼,产出镍锍而与脉石分离;另一种是还原熔炼产出外铁与脉石分离。氧化矿还原、硫化、熔炼一般在鼓风炉中进行,也可用电炉熔炼。这里着重叙述鼓风炉的还原硫化熔炼。

氧化镍矿由于疏松易碎且含水量较高,不宜直接装入鼓风炉中熔炼,一般需要先经制团或烧结成块料后才入炉熔炼。不管采用哪种预处理方法,事先都需要经破碎、筛分、配料或干燥等几个工序。

还原硫化造锍熔炼

氧化镍矿鼓风炉熔炼的基本任务是将矿石中的镍、钴和部分铁还原出来使之硫化,形成金属硫化物的共熔体与炉渣分离,故称还原硫化熔炼。进炉炉料由团矿或烧结块、硫化剂和熔剂组成,此外还加入 20%~30% 焦炭作为燃料与还原剂。大量焦炭在风口区燃烧,使风口附近的炉温升到 1700℃以上。结果使固体炉料熔化,成为镍锍和炉渣两种熔体流入本床。高温炉气向上流动,使向下运动的炉料加热并进行脱水、离解、还原、硫化、熔化等过程。

(1) 离解反应。除了石灰石在 908℃ 离解外,黄铁矿超过 600℃,离解为 FeS,黄铁矿的离解是不利的,因为这在炉子上部发生,硫含量已有半数没有参与硫化反应,而以硫蒸气或被氧化成 SO_2 随烟气被带走,此外黄铁矿离解常常伴随着崩裂作用,形成大量碎块。这些碎块也易被烟气带走,造成硫化剂消耗过高。因此在生产上采取增大黄铁矿粒度的措施,以降低其离解率。一般粒度保持在 25~50 mm。过大也不好,因为过大粒度的硫化剂在炉内分布不均匀。由于黄铁矿的这一缺点,许多工厂都希望采用较难离解的石膏($CaSO_4$)作硫化剂。

(2) 还原反应。金属氧化物(MO)在炉内靠含有大量 CO 气体和固体焦炭还原,其总反应可表示为

$$MO + C(CO) = M + CO(CO_2) \uparrow$$

最易还原的氧化物是 NiO,在 700~800℃ 时就以相当快的速度还原,而硅酸镍的还原要难得多,当炉料中有 FeO 和 CaO 存在时,由于形成 Fe_2SiO_4 及 $2CaO \cdot SiO_3$ 的还原反应,铁氧化物可还原为 FeO,与 SiO_2 形成 $2FeO \cdot SiO_2$。

一定量的铁氧化物被还原为金属铁是有希望的,因为金属铁可使硫化过程和造镍锍过程加速。但是炉内还原程度高,以镍铁形态存在的金属铁量会增多。在鼓风炉熔炼的温度下,镍铁在镍锍中的溶解度有限,有可能在本床析出成为炉结,给生产带来麻烦。此外炉内还原程度低也会影响生产,因为还原程度低会降低镍在镍锍中的回收率。

(3) 硫化反应。以石膏作硫化剂时,在炉渣存在的条件下受热,将按下式完全离解:

$$CaSO_4 \cdot 2H_2O = CaO + SO_3 \uparrow + 2H_2O$$

随后含有 CO 和 SO_3 的气体与金属氧化物反应使后者硫化:

$$3NiO + 9CO + 2SO_3 = Ni_3S_2 + 9CO_2$$
$$3NiSiO_3 + 9CO + 2SO_3 = Ni_3S_2 + 3SiO_2 + 9CO_2 \uparrow$$
$$FeO + 4CO + SO_3 = FeS + 4CO_2 \uparrow$$
$$1/2Fe_2SiO_4 + 4CO + SO_3 = FeS + 1/2SiO_2 + 4CO_2 \uparrow$$

当有焦炭存在时,SO_3 可在 600℃ 将镍硫化。在焦点区附近,还原硫化反应所形成的硫化物和少量金属相与炉渣一起熔化,当这些熔体流经风口区时,有少部分被鼓风再氧化为氧化物。镍的氧化物在本床区与 FeS 发生反应,完成镍的硫化过程。

$$3NiO + 2FeS + Fe = Ni_3S_2 + 3FeO$$
$$3NiSiO_3 + 2FeS + Fe = Ni_3S_2 + 3/2Fe_2SiO_4 + 3/2SiO_2$$
$$NiO + Fe = Ni + FeO$$
$$2NiSiO_3 + 2Fe = 2Ni + Fe_2SiO_4 + SiO_2$$

氧化镍矿还原硫化熔炼所产低镍锍由镍和铁的硫化物组成,和硫化矿造锍熔炼一样,低镍锍以熔融状回入转炉吹炼,产出的高镍锍主要成分为 Ni_3S_2。高镍锍的进一步处理和硫化与所产生的二次镍精矿的处理方法相同。

2.2.6　镍锍的转炉吹炼

这是一种在转炉中将低镍锍吹炼成高镍锍的冶金工艺。熔炼镍精矿所得的镍锍中含有一半以上的杂质,采用吹炼是使其中的 FeS 氧化造渣,除去铁和部分硫,产出主要含 Ni_3S_2 和 Cu_2S 并富集有价金属成分的高镍锍。一般高镍锍含镍、铜的总和为 $70\% \sim 75\%$,含硫为 $18\% \sim 24\%$。

1) 转炉吹炼过程

低镍锍主要由 FeS、Cu_2S 和 Ni_3S_2 组成,三者之和约占低镍锍总量的 97%。当向转炉内熔融的低镍锍鼓入空气时,由于镍和铜对氧的亲和力不及铁大,且熔体中 FeS 占主要部分,所以 FeS 先被氧化,少量被氧化的 Cu_2S 和 Ni_3S_2 在 FeS 存在时会再次被还原成硫化物。FeS 氧化生成的氧化物与加入炉内的石英熔剂造渣除去,SO_2 随烟气被送入硫酸加工车间。前期吹炼炉渣返回熔炼炉处理,后期炉渣含钴较高,送综合回收处理,吹炼过程主要发生如下反应:

$$2FeS + 3O_2 = 2FeO + 2SO_2 \uparrow$$
$$2Cu_2S + 3O_2 = 2Cu_2O + 2SO_2 \uparrow$$
$$2Ni_3S_2 + 7O_2 = 6NiO + 4SO_2 \uparrow$$
$$2Fe + O_2 + SiO_2 = 2FeO \cdot SiO_2$$
$$Cu_2O + FeS = Cu_2S + FeO$$
$$6NiO + 4FeS = 2Ni_3S_2 + 2Fe_2O_3$$
$$Cu_2S + 2Cu_2O = 6Cu + SO_2 \uparrow$$
$$4Cu + Ni_3S_2 = 3Ni + 2Cu_2S$$

低镍锍转炉吹炼法只能除去铁和部分硫,所保留的镍和铜继续以 Cu_2S 和 Ni_3S_2 的形式存在,将在下一工序进行分离。随着熔体中硫含量的降低和镍含量的增多,吹炼温度要求越来越高,如当熔体中镍的质量分数达到 90%,硫的质量分数降到 1% 时,炉温必须提高到 2 044 K 以上,反应 $Ni_3S_2 + 4NiO = 7Ni + 2SO_2$ 才能进行。在普通空气吹炼的转炉中达不到如此高的温度。因此,炼镍转炉技术操作程序只有造渣期,没有造金属过程,镍锍吹炼的最终产品不是金属镍而是 Ni_3S_2 与镍的合金(称为高镍锍或高冰镍)。转炉吹炼后期炉渣还富集了很多金属钴,通过电炉贫化产出钴锍后进一步回收钴。

2) 转炉设备结构特点

镍锍吹炼在卧式转炉中进行。卧式转炉由炉基、炉体、送风系统、排烟系统、转动系统及石英、冷料加入系统等组成。

(1) 炉基。由钢筋混凝土浇铸而成,炉基上面有地脚螺栓用来固定托轮底盘,在托轮底盘的上面沿炉体纵向两侧各有两个托轮支撑炉子的重量,并使炉子在其上面旋转。

(2) 炉体。炉体由炉壳、炉衬、炉口、风管、大圈、大齿轮等组成。

(3) 炉壳。是炉子的主体,由 40～45 mm 厚的锅炉钢板铆接或焊接而成的圆筒。离炉壳两端盖不远处各有一个大圈,大圈内侧被固定在炉壳上,外端被支承在托轮上并可进行相对滚动。此外,在炉壳上固定有一个大齿轮,它是转炉传动机构的从动轮,当主电机转动时,通过减速机带动小齿轮,小齿轮带动大齿轮,从而可以使转炉进行 360°回转或随意停在任一位置。

(4) 炉口。在炉壳的中部开有一个向后倾斜 27.5°的炉口,其作用是便于进料、放渣、出炉、排烟和维修人员修炉等操作。炉口一般呈长方形,也有少数呈圆形,炉口面积与炉体最大水平截面积之比为 0.17～0.36。这是因为炉口过小,会造成排烟不畅,不能保证烟气以 8～10 m/s 的正常速度排烟。炉口过大会使炉体刚度削弱,容易变形,并且增加炉内热损失和物料喷溅损失。由于炉口经常受到熔体和高温烟气的腐蚀以及清理炉口时的机械力作用,炉口容易损坏,因此,除在炉壳上开一个"死"炉口外还在"死"炉口上用螺栓固定一个可以拆装的"活"炉口,"活"炉口材质为合金质,一般使用寿命为 3～6 个月。

(5) 炉衬。为保护炉壳不被烧坏,在炉壳内侧砌筑耐火材料,现多用镁质或铬镁质碱性耐火材料作为转炉内衬。炉衬分为以下几个区域:风口区、上风口区、对风口区、炉肩和炉口、炉和端墙。由于各区受热、受熔体冲刷的情况不同,腐蚀程度不同,所以各区使用的耐火材料和砌体厚度也不同。各处炉衬损坏严重程度依次大致为风口区、上风口区、端墙、炉底和对风口区。

(6) 风口。在转炉炉壳的一侧开有十几个至数十个风口,在风口里面安装有无缝钢管,空气由风口送入转炉熔池。风口角度对吹炼作业影响很大,因为倾角太小不仅加剧物料的喷溅,而且降低空气利用率。倾角太大对炉壁冲刷严重,影响炉寿命,同时给清理风口操作带来不便。

(7) 排烟系统。为了保证良好的劳动条件,提高烟气中二氧化硫浓度以利于制酸,在转炉上方设有密封烟罩,烟罩的另一端与排烟收尘系统送制硫酸。目前通用的烟罩寿命长,黏结现象式烟罩和铸铁式烟罩。铸铁式烟罩内稀释烟气二氧化硫浓度,在烟罩的前壁下部设有一个可上下活动的密封小车,在进料、放渣、出炉时由卷扬提起,正常吹炼时放下,为排除入渣、出炉时产生的烟气,在炉体前部设有可以旋转的旋转烟罩,在放渣、出炉时,将包子、炉口罩住,将烟气排出。

(8) 石英、冷料加入系统。给转炉添加熔剂的设备应保证供给及时,给料均匀,操作方便,计量准确。为了准确、均匀、方便和及时地将石英、冷料加入转炉内,金川公司采用溜槽法将石英、冷料加入炉内。溜槽法是在转炉两侧上方各安装一个下料溜槽,溜槽呈倾斜状,经过制略的石英冷料以皮带运输机送入转炉两侧后上方的料仓内,再经过转炉两侧水平安装的皮带运输机分别送入溜槽加入炉内。此种方法加料比较均匀,加料量用水平皮带运输机的运行时间或计量秤来控制。

(9) 传动系统。转炉装有高温熔体,要求传动设备必须灵活可靠、平稳,并能按照需要随时可将转炉转到任何位置,而且稳定在该位置上。为了达到上述要求,在转炉传动机构中安装有涡轮涡杆装置和电磁抱闸装置,以防止炉子由于惯性而自转。此外,每一台转炉一般设有两台电动机：一台为交流电动机,另一台为直流电动机,以保证炉子的正常转动。交流电动机为正常生产时使用的工作电机,而直流电动机为事故备用电机,这两台电机都连接在同一变速箱的主轴上,一旦交流电动机无法正常运转时,直流电动机可立刻启动使风口抬离液面,从而防止风口被灌死,以保证安全生产。电动机经变速箱与联轴节和小齿轮连接,然后由小齿轮带动炉壳上的大齿轮,使炉子在托辊上转动。在转炉传动机构中还设有事故连锁装置。当转炉停风、停电或风压不足时,此装置能立即驱动炉子转动,使风口抬离液面,从而防止灌死风口。

（10）供风系统。转炉所需要的空气由高压鼓风机供给,鼓风机鼓出的高压风经总风管、支风管、联动风闸、活动转头、三角风箱、U 形风管、水平风箱、弹子阀、水平风管后进入炉内,另外转炉在进行放渣、进料、出炉操作时,炉子需要停风,此时关上联动风阀,风经放风闸、排空管和消音室放风。水平风管把冷风送入炉内,在出口处往往容易发生熔体的凝结,而将风口局部堵塞,为了清理方便在水平风箱安装一个弹子阀,钢球自动回到倾斜道上下移动,平时在重力和风压的作用下,钢球恰好将钢钎的进出口堵住,当清理风口时,钢钎将钢球顶起,钎子触击黏结物或熔体,将黏结物打掉,抽出钢钎时,钢球自动回到原来位置。

（11）仪表控制。为了保证炉子的正常作业和安全生产,转炉控制室装有风压表、风量表、负压计、电流表、电压表,可供操作人员随时掌握转炉情况,以便及时发现问题并采取相应措施。

图 2.2.6 是卧式吹炉剖视图：

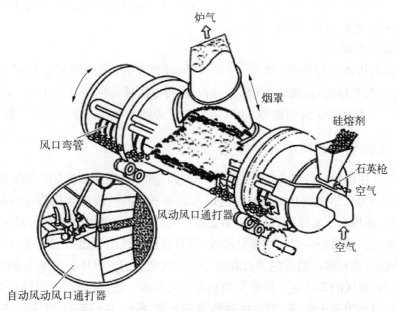

图 2.2.6 卧式侧吹转炉剖视

2.2.7 高镍锍的缓冷和浮选分离

中国主要有高镍锍磨矿浮选分离和硫酸选择性浸出两种方法处理高镍锍。前者产出二次镍精矿、二次铜精矿和铜镍合金;后者产出可供电积提镍的含镍浸出液和含铜浸出渣。

1) 高镍锍缓冷工序的意义

高镍锍的缓冷是将转炉产出的高镍锍熔体注入 8～20 t 的保温模内,缓冷 72 h,以使其中的铜锍化物、镍锍化物以及铜镍合金相分别结晶,有利于进一步分离。

2) 高镍锍缓冷过程的降温秩序

(1) 温度在 1 200 K 以上时,锍镍中的各组分将完全混熔。当温度降到 1 200 K 以下时,Cu_2S 便开始结晶,温度越低,液相中 Cu_2S 析出得越多,缓冷工序使 Cu_2S 趋向于生成粗粒晶体。

(2) 熔体降温到约 973 K 时,金属相铜、镍合金开始结晶。

(3) 当温度降到 848 K 时,结晶析出 Ni_3S_2,同时液态熔体完全凝固,该温度点为铜、镍、硫三元共晶液相的共晶点。此时,镍在 Cu_2S 中含量<0.5%,铜在 Ni_3S_2 中含量约 6%。

(4) 固体温度进一步降到 793 K 时,Ni_3S_2 完成结构转化,由高温的 β 型转化为低温的 β′ 型。析出部分 Cu_2S 和 Cu－Ni 合金,铜在 β′ 基体中的含量下降为 2.5%,793 K 也是三元系共晶点。

(5) 当温度继续下降,Ni_3S_2 相中不断析出 Cu_2S 和 Cu－Ni 合金相,直至 644 K 为止。此时 Ni_3S_2 相中含铜<0.5%。

3) 缓冷工序工艺原则

缓冷使相分离,并促进晶粒长大。控制 1 200～644 K 间的冷却速度十分重要,特别是控制 848～793 K 间的冷却速度,有利于 Cu_2S 和 Cu－Ni 合金相从固体 Ni_3S_2 基体中析出,并和已析出的 Cu_2S 和 Cu－Ni 合金相晶粒结合。如果冷却速度过快,Ni_3S_2 基体中存在 Cu_2S 和 Cu－Ni 合金相的极细晶粒,不利于选矿分离。

4) 高镍锍的分离

缓冷后的高锍镍经过破碎、磨细、磁选和浮选,得到的 Cu_2S 精矿送铜冶炼系统处理;Ni_3S_2 精矿经反射炉熔炼,浇铸成 Ni_3S_2 阳极板,进行电解精炼生产电镍;Cu－Ni 合金用于回收贵金属。Cu_2S 精矿、Ni_3S_2 精矿和 Cu－Ni 合金三者的产率各占 30%、60% 和 10%。

2.2.8　硫化铜镍矿的熔池熔炼

熔池熔炼所使用的瓦纽科夫熔池是一个具有固定炉床、横断面为矩形的竖炉,其结构如图 2.2.7 所示。炉缸、熔锍池和炉渣虹吸池以及炉顶下部的一段围墙用铬镁砖砌筑,其他的侧墙、端墙和炉顶均为水套结构,外部用架支承。风口设在两侧墙的下部水套上。有的炉子每侧有两排风口。端墙外一端为熔锍虹吸池,设有排放熔锍的放出口和安全口,另一端端墙外为熔渣虹吸池,设有排放熔渣的渣口和安全口。大型炉的炉膛中设有水套隔墙,将炉膛分隔为熔炼区和贫化区的双区室。隔墙与炉顶之间留有烟气通道,炉底之间留有熔体通道,炉子烟道口的有的设在炉顶中部,有的设在靠渣池端的炉顶上,在熔炼区炉顶上设有两个加料口,贫化区炉顶上设有一个加料口。

为了更充分地搅拌熔池,两侧墙风口的直线距离较小,仅为 2.0～2.5 m;炉子的长度因生产能力不同而变化,为 10～20 m 不等;炉底距炉顶的高度为 5.0～6.5 m,熔体上空高度为 3～4 m,有利于减少带出的烟尘量。风口中心距炉底 1.6～2.5 m,风口上方渣层厚为 400～900 mm;渣层厚度和铜锍层厚度则由出渣口和出铜口高度来控制,一般为 1.80 m 和 0.8 m;

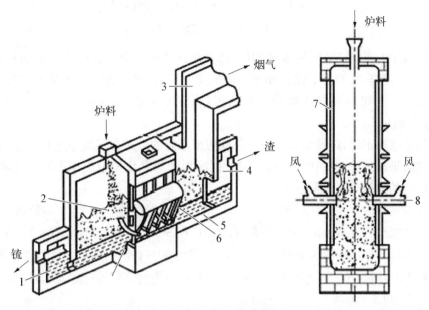

图 2.2.7 瓦纽科夫熔池炼炉的示意

1—铜锍虹吸道;2—熔炼室;3—烟道;4—渣虹吸道;5—耐火砖砌体;6—空气—氧化风管;7—水套;8—风口

为防止粉末状炉料被带入烟道,加料口通常远离烟道口。炉料从炉顶的加料口连续加入熔炼区,被鼓入的气流搅拌迅速熔入以炉渣为主的熔体中。炉子上部的熔体被称为炉渣—熔锍乳化相,其中包括 90%～95%(体积)炉渣和 5%～10%(体积)硫化物或金属微粒。由于强烈搅拌,金属或硫化物相液滴相互碰撞合并,微粒聚结成大小为 0.5～5 mm 的小粒,从上层鼓泡层落入并下沉到底相。低于风口水平面的区域为湍动较弱的区域,在此下部平静的区域内,不同液相珠滴会按密度差迅速分离。

处理硫化矿时,瓦纽科夫过程的基本反应是硫化铁的氧化反应。富氧空气直接鼓入熔渣中,首先发生如下反应:

$$6FeO + O_2 \longrightarrow 2(Fe_3O_4)$$

渣中 Fe_3O_4 用 (Fe_3O_4) 表示的作用是传递氧使熔体的 FeS 和碳氧化:

$$3(Fe_3O_4) + [FeS] \longrightarrow 10(FeO) + SO_2 \uparrow$$
$$3(Fe_3O_4) + (FeS) \longrightarrow 10(FeO) + SO_2 \uparrow$$
$$(Fe_3O_4) + C \longrightarrow (FeO) + CO \uparrow$$

除上述反应式外,还有部分直接氧化熔体中的 FeS(用[FeS]表示):

$$[FeS] + O_2 \longrightarrow (FeO) + SO_2 \uparrow$$
$$(FeS) + O_2 \longrightarrow (FeO) + SO_2 \uparrow$$

炉料中的高价硫化物(FeS_2、CuS、$CuFeS_2$ 等)离解成元素硫和低价硫化物,产生的元素硫与渣中的 Fe_3O_4 和鼓风中的氧发生反应:

27

$$4(Fe_3O_4) + S_2 \longrightarrow 12FeO + 2SO_2 \uparrow$$
$$2O_2 + S_2 \longrightarrow 2SO_2 \uparrow$$

进入熔锍中的 FeS(用[FeS]表示)有一部分熔入渣中:[FeS]→(FeS)瓦纽科夫炉中相界面大,搅拌强度高,有利于上述硫和氧之间的交互反应,这样就阻止了炉渣被鼓风中氧按反应式过氧化。瓦纽科夫炉的操作经验表明,在正常熔锍(含 Cu 约 60%)生产时,渣中 Fe_3O_4 含量不超过 10%。

这和闪速熔炼不同,闪速熔炼是以固体颗粒或液滴的形式在气流中进行氧化,瓦纽科夫过程氧化的结果是炉渣中硫化铁浓度下降。同时搅动的乳化相中锍相不是主要的,这也决定了锍在矿渣的损失处于最低水平。

在俄罗斯梁赞的半工业试验炉(1.5～2.1 m²),日处理量为 25～75 t/d,处理 Cu-Ni 精矿,精矿典型成分为(%):Cu 2.79,Ni 5.17,Co 0.16,S 25.9,Fe 37.5,CaO 3.13,Al_2O_3 2.4,SiO_2 7.95,MgO 2.45。铜镍锍品位 30%～70%,平均 50%;锍中铜回收率 92.4%,镍回收率 95.8%。渣平均组成为(%):Cu 0.25,Ni 0.23,Co 0.03～0.06,SiO_2 4.9,CaO 3.8,Fe 40,Al_2O_3 2.7,MgO 2.8。

2.2.9 北镍法熔池熔炼

北镍法熔池熔炼炉为圆形竖炉,外径 6 m,熔池面积 18.8 m²,高 11.4 m。粒度小于 40 mm 的铜镍矿和熔剂混合后从两个炉壁上的水冷料仓加到炉内。装在炉顶的氧枪有三个喷嘴,距离熔体面有 1 000 mm,通过氧枪鼓入工业氧。熔炼产出的炉渣和铜镍锍周期性地从放出口放出。表 2.2.2 是北镍法生产指标。

表 2.2.2　北镍法自然熔炼炉的生产指标

项　目	1985 年	1986 年	1987 年
处理湿矿砂/t	89 788	200 134	210 571
矿砂成分(%):Ni	3.66	3.52	3.52
Cu	3.13	3.00	2.96
S	27.04	25.28	25.57
H_2O	10.2	9.4	9.0
熔剂石英石/t	6 555	12 788	12 768
铜镍锍产量/t	11 313	19 082	19 606
锍品位:Ni/%	16.84	19.98	21.19
Cu/%	13.57	19.98	17.62
炉渣产量/t	71 426	162 365	160 471
渣中金属:Ni/%	1.38	1.55	1.55
Cu/%	1.29	0.97	1.34
硫分配:锍中/%	—	8.82	9.02
烟气中/%	—	80.9	80.2

2.2.10 硫化镍的电解精炼

硫化镍阳极的隔膜电解工艺是我国目前主要的电解镍生产工艺,其镍产量占总镍产量的 90% 以上。该法是以磨浮分离产生的镍精矿为原料,经熔铸成的阳极,以纯镍始极片作阴极,进行电解制取金属镍的过程。粗镍阳极电解精炼与硫化镍阳极电解精炼共同的工艺特点是溶液需要深度净化;采用隔膜电解;电解液为弱酸性。硫化镍阳极主要组成为 Ni_3S_2 及部分 Cu_2S、FeS 等硫化物,其化学组成约为 $Ni>40\%$,$Cu>25\%$,S $19\%\sim23\%$。在电解阳极发生如下的溶解反应:

$$Ni_3S_2 - 2e^- = Ni^{2+} + 2NiS \tag{2-1}$$

$$NiS - 2e^- = Ni^{2+} + S \tag{2-2}$$

$$Ni_3S_2 - 6e^- = 3Ni^{2+} + 2S \tag{2-3}$$

上述溶解反应(2-3)可由反应(2-1)+2×(2-2)得到。反应(2-3)阳极溶解反应平衡电位为 $0.104 + 0.030$ $\lg aNi^{2+}$ Cu,Fe 等杂质也发生溶解:

$$Cu_2S - 4e^- = 2Cu^{2+} + S \tag{2-4}$$

$$FeS - 2e^- = Fe^{2+} + S \tag{2-5}$$

硫化镍阳极溶解时,因控制的电位比较高,S^{2-} 已氧化成为单体硫,可进一步氧化成为硫酸:

$$Ni_3S_2 + 8H_2O - 18e^- = 3Ni^{2+} + 2SO_4^{2-} + 16H^+ \tag{2-6}$$

同时,也可能发生反应:

$$H_2O' - 2e = 1/2O_2 + 2H \tag{2-7}$$

(2-6)、(2-7)两个式子是电解造酸反应,因此,电解时阳极液的 pH 值会逐渐降低。在电解生产过程中取出的阳极液,其 pH 值在 $1.8\sim2.0$ 左右,所以在返回作为阴极液时,除了要脱除溶液中的杂质外,还需要调整酸度。造酸反应所消耗的电流约为 $5\%\sim7\%$,使阳极电流效率低于阴极电流效率。这是造成硫化镍直接电解时,阴、阳极液中 Ni^{2+} 不平衡的原因之一。

当镍电解精炼采用硫酸盐—氯化物混合体系时,溶液呈弱酸性,$pH=4\sim5$。当控制阴极电位一定时,主要为 Ni^{2+} 在阴极还原,即 $Ni^{2+} + 2e = Ni$,如前所述,氢在镍电极上析出的超电压较低,不能使镍和氢的析出电位相差较小。因此,在电解过程中,溶液中的氢离子可能在阴极上析出:

$$2H^+ + 2e^- = H_2\uparrow$$

氢析出的电流一般占电流消耗的 $0.5\%\sim1.0\%$,同时,镍能吸收氢而影响产品质量。因此,为了保证镍电解精炼的经济技术指标和产品质量,防止和减少氢的析出是很重要的。由于金属析出电位的影响,对于镍来说,阴极析出电位不是 -0.25 V,镍阴极在硫酸镍溶液中的析出电位约为 $-0.57\sim-0.60$ V,在这样低的阴极电位下,溶液中的杂质 Fe^{2+}、Cu^{2+}、

Co^{2+}、Pb^{2+}、Zn^{2+}等都可能在阴极上析出，影响电镍质量，因此，输入的阴极新液必须经过预先净化处理，以控制溶液中的杂质在允许范围内。

很明显，镍在阴极的还原反应越容易进行，氢和杂质在阴极的析出越难以进行。因此，阴极镍的产品质量越好，镍电解的电流效率越高。硫化镍电解工艺的特点是当电解时，由于阳极电流效率略低于阴极电流效率和净液过程中镍碎渣的损失等，使电解液中镍离子浓度逐渐降低，为了保持电解液中镍离子浓度基本稳定，在阳极液送往净化前要根据实际情况适量补充镍离子，生产上采用造液办法。

硫化镍阳极是将高镍锍经缓冷和选矿分离后所得的二次镍精矿再熔铸而成，阴极始极片是用钛板或不锈钢板作阴极在种板槽中析出的纯镍片，以剥离、剪切、冲压后，始极片悬挂于用帆布嵌于木框架内构成的阴极室中进行电解，在阴极室隔膜外为阳极室，在这里放生硫化镍阳极溶解，从阳极室溢流出来的阳极液被送往净液，除去铜、铁、钴等杂质，得到纯净的阴极液返回电解槽阴极室，于是镍从阴极液中沉淀在阴极上。图2.2.8为硫化镍电解工艺流程图。

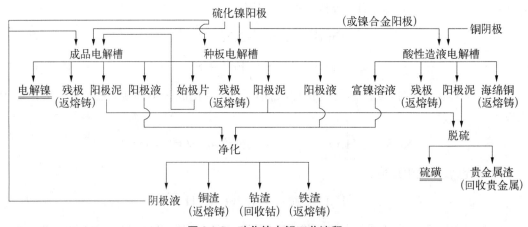

图 2.2.8　硫化镍电解工艺流程

硫化镍阳极电解时，由于阴、阳极电流效率差和阳极液净化过程产出各种净化渣带走镍，因此必须给电解镍生产补充足够的镍量。一般采用酸性造业电解以获得富镍溶液来补充电解液中的镍。酸性造液电解槽的阳极可用硫化镍阳极，也可用镍合金作阳极，阴极为铜片；电解液为各种渣的洗水或其他车间排出的含镍溶液，配入一定的硫酸或盐酸而成。

生产电镍的成品电解槽和制造始极片的种板电解槽均采用相同的隔膜电解槽，其结构比较复杂；造液电解槽采用无隔膜电解槽，结构相对简单。

产贫电解镍纯度为99.97%。阳极泥含S 80%～90%，含Ni 6%左右以及少量贵金属。

2.2.11　高镍锍湿法冶金

镍冶炼的原料主要是硫化矿。对于硫化镍(铜)精矿的火法粗炼过程几乎都是用造锍熔炼方法，产出高镍(铜)锍作为进一步提取镍的原料。现行高镍锍精矿工艺方法如图2.2.9所示。我国镍湿法冶炼厂所处理的高镍锍的主要化学成分如表2.2.3所示。

传统的高镍锍湿法提取工艺过程是磨浮初步分离铜、镍,将所得二次镍精矿铸成阳极进行电解精炼。该法的缺点是金属直收率低,返料量大,贵金属分散。在图中,羰基法有加(中)压羰基法和高压羰基法,用来处理焙烧或吹炼的高镍锍或精矿,产出金属镍粉或团块。

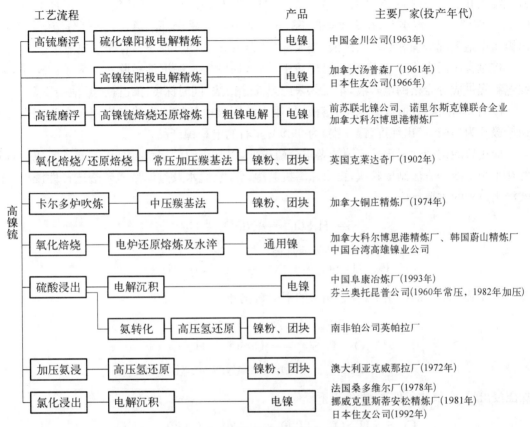

图 2.2.9　现行高镍锍精炼工艺方法示意

表 2.2.3　我国镍湿法冶炼生产厂所处理的高镍锍的主要化学成分

成　分	Ⅰ厂	Ⅱ厂	Ⅲ厂	Ⅳ厂
Ni	66～68	65～70	62～65	～30
Cu	4～6	＜5	3～5	～50
Ci	0.7～1.3	0.6	0.6～0.8	0.03
Fe	1.5～2.4	1.5	2.5～3	0.94
S	22～25	20～22	22～23	14.8
Zn	＜0.006	0.001～0.05	0.025～0.05	
Pb	＜0.006	微量	0.03～0.05	

目前高镍锍湿法制取已经工业化的三类方法为：硫酸选择性浸出电解提取(或氢还原)法、氯气(盐酸)浸出电解提取(或氢还原)法以及氨浸-氢还原法。

1) 硫酸选择性浸出电解提取

用硫酸溶液选择性浸出高镍锍中的镍和钴,使铜和贵金属抑制于浸出渣中,浸出一般由常压浸出和加压浸出两道以上工序组成。常压浸出段金属镍全部溶解,Ni_3S_2 部分溶解,Cu_2S 不溶解;加压浸出时,在氧化条件下,Ni_3S_2 和 NiS 几乎全部溶解,Cu_2S 部分溶解。经浸出镍锍中绝大部分镍和钴转入溶液,铜大部分以 Cu_2S 和 CuS 形态留存于浸出渣中。

控制常压浸出终点 pH$\geqslant$6.2,浸出液中的铜,铁发生水解沉淀被除去。为了除去钴,为镍电解提供成分合格的电解液,本工艺采用黑镍除钴法,同时深度净化除去其他杂质。

浸出、净化得到的纯净 $NiSO_4$ 溶液,采用不溶阳极电解提取电镍。铅银合金为阳极,纯镍始极片为阴极,产出纯度(镍+铜)为 99.9% 左右的电积镍产品。

应用硫酸选择性浸出的高镍锍要求含硫较低,以利于镍的溶解。高镍锍吹炼完成后,通常在水中骤冷的方法制成粒状,再由球磨机磨湿、分级、脱水及过滤后送硫酸选择性浸出,硫酸浸出过程的主要反应:

$$Ni + H_2SO_4 = NiSO_4 + H_2 \uparrow$$
$$Ni + H_2SO_4 + 1/2O_2 = NiSO_4 + H_2O$$
$$Co + H_2SO_4 + 1/2O_2 = CoSO_4 + H_2O$$

浸出时在鼓入空气的作用下,合金相中的铜被氧化并与 Ni_3S_2 反应:

$$2Cu + 1/2O_2 = Cu_2O$$
$$Cu_2O + H_2SO_4 = CuSO_4 + H_2O + Cu$$
$$2Ni_3S_2 + 2Cu^{2+} + 1/2O_2 = 4NiS + 2Ni^{2+} + Cu_2O$$

加压浸出时,在氧化条件下,发生以下反应:

$$Cu_2S + H_2SO_4 + 1/2O_2 = CuS + CuSO_4 + H_2O$$
$$Ni_3S_2 + Cu_2O + H_2SO_4 = NiSO_4 + 2NiS + 2Cu + H_2O$$
$$NiS + CuSO_4 = NiSO_4 + CuS$$

经浸出的高镍锍中的大部分镍和钴转入溶液(镍浸出率 94%,钴浸出率 60%),铜大部分以 Cu_2S 和 CuS 形态留存于浸出渣中。

2) 从硫酸镍溶液中电解沉积镍

采用硫酸选择性浸出工艺得到的浸出液,经净化除钴后得到纯硫酸镍溶液。硫酸镍溶液的电解沉积过程是在不溶阳极电解槽内进行的,净化后的溶液不断流入隔膜电解槽的阴极隔膜袋内,然后不断通过隔膜往外渗滤,最终从电解槽的出液段排出,称之为阳极电解液。镍电解沉积槽的阳极为铅,阳极过程主要是析出氧,同时生成当量的酸。当采用新的铅阳极进行电解时,在阳极表面上会形成 PbO_2 薄膜,铅阳极因而有较好的稳定性。阴极为镍始极片,在直流电作用下,在阴极上沉淀出金属镍,阴极反应主要为镍的析出:

$$Ni^{2+} + 2e^- = Ni$$

阳极反应在析出氧的同时生成当量的酸：

$$H_2O - 2e^- \Longrightarrow 2H^+ + 1/2O_2 \uparrow$$

总的电化学反应为：

$$NiSO_4 + H_2O \xrightarrow{\text{直流电}} Ni + H_2SO_4 + 1/2O_2 \uparrow$$

随着反应过程的不断进行，阴极液中的含镍量不断减少，而硫酸含量不断增加。因此要加入净化后的含镍高含酸低的硫酸镍浸出液。可见电解过程中电解液中的镍来源于浸出—净化后的 $NiSO_4$ 溶液，而不是像电解精炼一样来自可溶阳极的镍溶解。

3）氯化浸出电解提取

氯化浸出时指在水溶液介质中进行的湿法氯化过程，亦即通过氯化使原料中的有价金属以氯化物形态溶出的过程。由于氯气、盐酸及其他氯化物在化学活性、溶解度及络合能力等方面的特点，使氯化浸出法在工业生产上得到较快发展。

氯化冶金的基本过程，在 110℃ 的温度条件下，通氯气控制电位，对置换浸出渣进行完全氯化浸出，浸出液脱除部分多余 Cu^{2+} 后，在一段置换浸出过程中，控制低电位，加入新的镍精矿进行置换浸出，置换脱铜浸出液，用碳酸镍中和除铁、铅、砷等后以溶剂萃取法分离镍钴，氯化镍钴液分别点积得阴极镍和阴极钴。在阳极产生的氯气可返回浸出。

氯化浸出过程

浸出过程在反应机理上分为两个过程，第一个是在强氧化（氯气）气氛中，借助 Cu^{2+} 的催化作用，氯气将 Ni_3S_2 分解进入溶液，即进行氯化浸出，第二个是在不通氯气的低电位条件下，靠溶液中的 Cu^{2+} 与物料中的 Ni_3S_2 或 Ni 与 Cu^{2+} 发生置换反应（也称浸镍析铜）。

日本新居滨镍厂采用氯气浸出，通过点积提镍并点积脱铜的流程精炼高镍锍，其工艺流程见图 2.2.10。

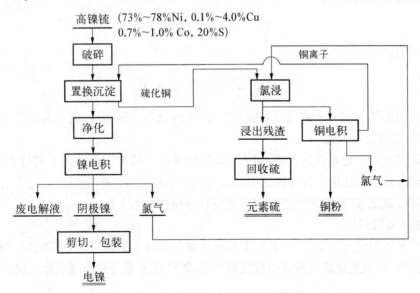

图 2.2.10　氯气浸出—电积提镍—电积脱铜精炼高镍锍的工艺流程

① 氯化过程的主要反应：

$$Ni_3S_2 + Cl_2 =\!=\!= 2Ni^{2+} + NiS + S^0 + 2Cl^-$$

$$2NiS + Cl_2 =\!=\!= 2Ni^{2+} + 2S^0 + 2Cl^-$$

$$2Cu + Cl_2 =\!=\!= 2Cu^{2+} + 2Cl^-$$

$$Ni_3S_2 + 2Cu^{2+} =\!=\!= 2NiS + Ni^{2+} + 2Cu^+$$

$$NiS + 2Cu^{2+} =\!=\!= Ni^{2+} + 2Cu^+S^0$$

很显然，在氯化过程中，不仅使 Ni_3S_2 氧化分解，而且存在于溶液中的 Cu^{2+} 与 Cu^+ 氧化还原电对，起了催化作用，从而加速反应进行。物料中的 FeS、CoS 等硫化物，在氯化过程中随铜、镍的硫化物一起进入了溶液中，置换过程如下所示：

$$Ni_3S_2 + Cu^{2+} =\!=\!= Ni^{2+} + 2NiS + Cu^+$$

$$Cu_2S + Cu^{2+} =\!=\!= CuS + 2Cu^{2+}$$

$$2Cu^{2+} + S =\!=\!= CuS + Cu^+$$

在此反应过程中，大部分铜重新形成铜的硫化物沉淀，使溶液中铜降低。

氯浸作业在氯化全浸条件下，控制较高电位，使物料中镍、铜、铁、钴完全进入溶液，显著降低渣含金属，提高金属浸出率。因此，氯液中有铜的积累增加，后续过程要将多余的铜量采用脱铜法脱除，使铜形成开路。而在选择性浸出的目标下，控制较低电位，而使部分铜被抑制，进入浸出渣中，将铜与浸出渣一道排出，再从渣中回收铜。

② 氯化镍溶液电积：

氯化镍溶液电积时，阴极主要反应为镍的析出：

$$Ni^{2+} + 2e^- =\!=\!= Ni$$

阳极主要反应是析出氯气：

$$2Cl^- - 2e^- =\!=\!= Cl_2 \uparrow$$

净电池反应为：

$$NiCl_2 \xrightarrow{\text{直流电}} Ni + Cl_2 \uparrow$$

每一块阳极都装在一个密闭的阳极室中，产生的氯气经压缩后，返回到浸出工序使用。

4) 加压氨浸法提取镍

加压氨浸法主要处理镍黄铁矿，用加压氨浸法从高镍锍中提取镍的工艺特点是，工艺比较简单，环境污染小，还能回收高镍锍中大部分硫。加压氨浸法的主要生产过程包括加压氨浸、蒸氨除铜、氧化水解、液相氢还原制取镍粉和镍粉压块等工作。

（1）加压氨浸过程。

在升高氧压和温度的条件下，精矿中的硫化物与溶液中的氨反应，使镍、钴、铜生成可溶性的氨络合物，硫则氧化成可溶性的硫酸根离子，铁转化为不溶性的三氧化二铁：

$$NiS + 2O_2 + 6NH_3 =\!=\!= Ni(NH_3)_6SO_4$$

$$4FeS + 9O_2 + 8NH_3 + 4H_2O = 2Fe_2O_3 + 8NH^{4+} + 4SO_4^{2-}$$

浸出过程在高压釜中进行,采用两段逆流浸出法。

(2) 蒸氨除铜。

升温蒸出部分氨后,铜呈 CuS 沉淀:

$$Cu^{2+} + S_2O_3^{2-} + H_2O = CuS + 2H^+ + SO_4^{2-}$$

操作在密闭蒸馏罐中进行,用蒸汽直接加热,操作温度 393 K。蒸氨后通入 H_2S 可将铜降到 0.002 g/L。

(3) 氧化水解。

使除铜溶液中未反应的 $S_2O_3^{2-}$ 氧化,以免影响还原镍粉的质量:

$$(NH_4)_2S_2O_3 + 2O_2 + H_2O + 2NH_3 = 2(NH_4)_2SO_4$$

$$NH_4SO_3 \cdot NH_2 + H_2O = NH^{4+} + SO_4^{2-}$$

操作在高压釜中进行,总压力为 4.9 MPa,温度为 493 K。反应后, $S_2O_3^{2-}$ 的浓度降到 0.005 g/L。

2.2.12 氧化镍(红土矿)的湿法冶金

氧化镍矿的湿法冶炼占氧化矿提镍的 16%,通常采用还原焙烧氨浸和高压酸浸的流程处理。所用方法取决于矿石中碱性氧化镁含量的高低,含量高,采用酸浸在经济上不可行,因为必须用大量的酸中和氧化镁并使氧化镁进入溶液。因此,含氧化镁高的矿石需采用碱性氨浸,而且这种浸出在常温常压下进行。氨浸法代表为古巴尼加罗厂。另一方面,含氧化镁低的矿石因为不需要大量的酸进行中和,故采用硫酸浸出。酸浸法的代表是古巴毛阿湾厂。

1) 氨浸法处理红土矿

高含量氧化镁红土矿在相当长的时间里采用古巴镍公司的尼加罗法处理。氨浸法是基于红土矿中的镍一般与铁结合成铁酸盐状态,经还原焙烧使铁酸盐转变成金属镍或镍铁合金,以便在氨溶液中溶解。古巴尼加罗厂用还原焙烧——常压氨浸法处理高氧化镁含量红土矿已经长达半个世纪(见图 2.2.11)。

(1) 还原焙烧

还原焙烧的目的是使镍钴氧化物还原成易溶于 $NH_3 - CO_2 - H_2O$ 系溶液中的金属镍钴或镍钴铁合金,同时使铁的高价氧化物大部分还原成 Fe_3O_4,仅少量为金属铁。在 21 座 17 层多膛炉中进行,用煤气(含 CO、H_2 和 CO_2)加热和控制还原气氛,温度控制在 1 033 K,结果镍钴氧化镍被还原成金属镍,而 Fe_2O_3 还原成 Fe_3O_4,得到的产品为镍钴铁合金。还原焙烧采用沸腾焙烧炉。

$$NiO + H_2 = Ni + H_2O$$

$$3Fe_2O_3 + H_2 = 2Fe_3O_4 + H_2O$$

$$NiO + CO = Ni + CO_2 \uparrow$$

(2) 氨浸采用 $NH_3 - (NH_4)CO_3$ 溶液常压下进行,镍溶解于含氨的碳酸铵溶液中

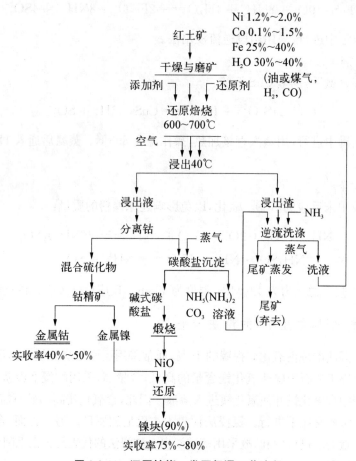

图 2.2.11 还原焙烧—常压氨浸工艺流程

$$FeNi + O_2 + 8NH_3 + H_2O + 3CO_2 = Ni(NH_3)_6^{2+} + Fe^{2+} + 2NH_4^+ + 3CO_3^{2-}$$

Fe^{2+} 进一步氧化成 Fe^{3+}，呈胶状沉淀析出。在蒸氨塔中将富镍溶液加热变成 Ni^{2+} 与溶液中 OH^- 和 CO_3^{2-} 化合变成碱式碳酸镍：

$$Ni(NH_3)_6^{2+} = Ni^{2+} + 6NH_3$$

$$5Ni^{2+} + 6OH^- + 2CO_3^{2-} = 3Ni(OH)_2 \cdot 2NiCO_3$$

（3）碱式碳酸镍的处理

碱式碳酸镍在回转窑中于 1 613 K 的温度煅烧成 NiO。

$$3Ni(OH)_2 \cdot 2NiCO_3 = 5NiO + 3H_2O + 2CO_2$$

将 NiO 和无烟煤混合制团，在烧结机上烧结，做成颗粒大于 6.35 mm 的烧结镍。烧结镍中镍含量可达 88％。

2）酸浸法处理红土矿

根据氧化铁、氧化铝和氧化铬在高温高压下，在酸性溶液中不溶解，而镍、钴的硫酸盐完全溶解的性质,进行选择性浸出镍和钴。工艺流程包括浸出和镍钴回收。

(1) 浸出

在立式高压釜内用浓硫酸浸出,高压釜用蒸汽搅拌加热,温度 $505\sim533$ K,压力 4.2 MPa,浸出时间 2 h:

$$NiO + H_2SO_4 == Ni^{2+} + SO_4^{2-} + H_2O$$

(2) 镍钴分离

采用沉淀硫化物的方法:

$$NiSO_4 + H_2S == NiS + H_2SO_4$$
$$CoSO_4 + H_2S == CoS + H_2SO_4$$

在水溶液中从高镍锍提取金属镍的炼镍方法,工艺流程见图 2.2.12。该技术是北京矿冶研究总院等单位共同开发的,并已在新疆阜康建成采用该方法的冶炼厂。同常规流程比,该技术铜镍分离彻底,流程简短,不产生有害废水、废气和废渣;有利于综合利用。

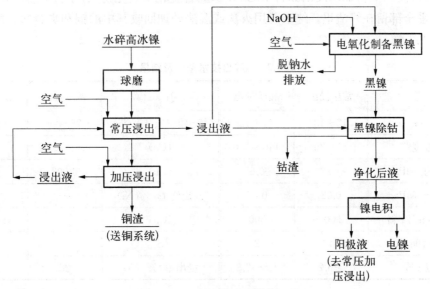

图 2.2.12 高镍锍湿法精炼工艺

① 基本原理:

用硫酸溶液选择性浸出高镍锍中的镍和钴,使铜和贵金属抑制于浸出渣中。浸出一般由常压浸出和加压浸出两道以上工序组成,常压浸出段金属 Ni 全部溶解,Ni_3S_2 部分溶解,Cu_2S 不溶解:

$$Ni + H_2SO_4 == NiSO_4 + H_2\uparrow$$
$$NiH_2SO_4 + 1/2O_2 == NiSO_4 + H_2O$$
$$Co + H_2SO_4 + 1/2O_2 == CoSO_4 + H_2O$$

浸出时在鼓入空气的作用下,合金相中的铜被氧化并与 Ni_3S_2 发生反应:

$$2Cu + 1/2O_2 = Cu_2O$$
$$Cu_2O + H_2SO_4 = CuSO_4 + H_2O + Cu$$
$$2Ni_3S_2 + 2Cu^{2+} + 1/2O_2 = 6NiS + 2Cu + H_2O$$

加压浸出时,在氧化条件下发生下列反应:

$$Cu_2S + H_2SO_4 + 1/2O_2 = CuS + CuSO_4 + H_2O$$
$$Ni_3S_2 + H_2SO_4 + Cu_2O = 2NiS + NiSO_4 + 2Cu + H_2O$$
$$NiS + CuSO_4 = NiSO_4 + CuS$$

经浸出高镍锍中绝大部分 Ni 和 Co 转入溶液(Ni 浸出率 94%,Co 59%),Cu 大部分以 CuS 和 Cu_2S 形态留存于渣中。

② 生产流程与技术条件:

高镍锍首先在球磨机工段进行串联磨矿,溢流固体粒度 95% 以上小于 0.045 mm。浸出在一段常压和一段加压逆流中进行。常压浸出段可得到含 Cu 和 Fe 均≤0.01 g/L 的硫酸镍浸出液,所得浸出渣再加压浸出原料中的 Ni‐Co 合金相及硫化物相,原料中的铜和贵金属、铁和硫几乎全部留在终渣里。终渣可用火法或湿法处理回收其中的铜和贵金属。浸出技术条件见表 2.2.4。

表 2.2.4　浸出技术条件及结果

项　　目	常压浸出	加压浸出	项　　目	常压浸出	加压浸出
液固比/(m^3/t)	12～13	11～12	浸出液/(g/L)(Ni)	75～96	70～100
浸出温度/℃	65～75	140～150	(Co)	0.15～0.42	—
总压力/MPa	0	0.6	(Cu)	0.003	4～6
氧分压/MPa	0.02	0.05	浸出终渣/%(Ni)	—	4～5
充气量/$(m^3/t$ 料)	2 000	500	(Cu)	—	567～0
浸出时间/h	4	2	(S)	—	22
终点 pH	≥6.2	1.8～2.8	浸出率/%(Ni)	28	94.2

为了综合回收浸出液中的钴同时除去其他杂质,为电积镍提供成分合格的电解液,该工艺采用黑镍(NiOOH)除钴技术。方法是,在常压浸出时在浸出液中加入黑镍浆液,使 Co^{2+} 氧化成 Co^{3+} 水解为 $Co(OH)_3$ 沉淀除去,同时还可深度除去 Fe、Mn、As、Cu、Zn 及 Pb 等杂质。黑镍是在镍阳极、不锈钢阴极,含 NaOH 0.2 mol/L 电液的电解槽内制备出来的。控制条件是:温度 50℃,阳极电流密度 21 A/m^2。

电积镍采用不溶阳极在电解槽中进行。阳极材质为铅银合金,阴极为纯镍始极片。阳极液成分是(g/L):Ni 91,Co 0.001 8,Cu<0.002,Fe<0.001。电解液温度 60～65℃,电流密度 230 A/m^2,槽电压 3.6 V,阴阳极液面差 5～15 mm。产出电积镍的成分为(%):Ni+Co 99.99,Co 0.009,Cu 0.003,Fe 0.001。

第3章 镍对生理机能的影响

3.1 镍的毒理学简介

金属镍几乎没有急性毒性,一般的镍盐毒性也较低,但羰基镍却能产生很强的毒性。羰基镍以蒸气形式迅速由呼吸道吸收,也能由皮肤少量吸收,前者是作业环境中毒物侵入人体的主要途径。羰基镍在浓度为 $3.5~\mu g/m^3$ 时就会使人感到有臭味,低浓度时人有不适感觉。吸收羰基镍后可引起急性中毒,10 分钟左右就会出现初期症状,如:头晕、头疼、步态不稳,有时恶心、呕吐、胸闷;后期症状是在接触 12～36 小时后再次出现恶心、呕吐、高烧、呼吸困难、胸部疼痛等。接触高浓度时发生急性化学肺炎,最终出现肺水肿和呼吸道循环衰竭而致死,接触致死量后 4～11 日死亡。镍中毒的特有症状是皮肤炎、呼吸器官障碍及呼吸道癌。

致突变性:(肿瘤性转化)仓鼠胚胎 $5~\mu mol/L$。

生殖毒性:大鼠经口最低中毒剂量(TDL0);158 mg/kg(多代用),胚胎中毒,胎鼠死亡。

致癌性:(IARC 致癌性评论)动物为阳性反应。

迁移转化:天然水中的镍常以卤化物、硝酸盐、硫酸盐以及某些无机和有机络合物的形式溶解于水。水中的可溶性离子能与水结合形成水合离子($Ni(H_2O)_6)^{2+}$,与氨基酸、胱氨酸、富里酸等形成可溶性有机络离子,它们可以随水流迁移。镍在水中的迁移,主要是形成沉淀和共沉淀以及在晶形沉积物中向底质迁移,这种迁移的镍共占总迁移量的 80%;溶解形态和固体吸附形态的迁移仅占 5%。为此,水体中的镍大部分都富集在底质沉积物中,沉积物含镍量可达 $18～47\times10^{-6}$,为水中含镍量的 38 000～92 000 倍。土壤中的镍主要来源于岩石风化、大气降尘、灌溉用水(包括含镍废水)、农田施肥、植物和动物遗体的腐烂等。植物生长和农田排水又可以从土壤中带走镍。通常,随污灌进入土壤的镍离子被土壤无机和有机复合体所吸附,主要累积在表层。

致敏性:镍是最常见的致敏性金属,约有 20% 左右的人对镍离子过敏,女性患者的人数要高于男性患者,在与人体接触时,镍离子可以通过毛孔和皮脂腺渗透到皮肤里面去,从而引起皮肤过敏发炎,其临床表现为皮炎和湿疹。一旦出现致敏,镍过敏常能无限期持续。患者所受的压力、汗液、大气与皮肤的湿度和摩擦会加重镍过敏的症状。镍过敏性皮炎临床表现为瘙痒、丘疹性或丘疹水泡性的皮炎,伴有苔藓化。

临床观察:在较高等动物与人的体内,镍的生化功能尚未了解。但体外实验,动物实验和临床观察提供了有价值的结果。

（1）体外实验显示了镍硫胺素焦磷酸（辅羧酶）、磷酸吡哆醛、卟啉、蛋白质和肽的亲和力，并证明镍也与 RNA 和 DNA 结合。

（2）镍缺乏时肝内 6 种脱氢酶减少，包括葡萄糖-6-磷酸脱氢酶、乳酸脱氢酶、异柠檬酸脱氢酶、苹果酸脱氢酶和谷氨酸脱氢酶。这些酶参与生成 NADH、无氧糖酵解、三羧循环和由氨基酸释放氮。而且镍缺乏时显示肝细胞和线粒体结构有变化，特别是内网质不规整，线粒体氧化功能降低。

生理需要：由于膳食中每日摄入镍 70～260 $\mu g/d$，人的需要量是根据动物实验结果推算的，可能需要量为 25～35 $\mu g/d$。

过量表现：每天摄入可溶性镍 250 mg 会引起中毒。有些人比较敏感，摄入 600 μg 即可引起中毒。依据动物实验，慢性超量摄取或超量暴露，可导致心肌、脑、肺、肝和肾退行性变。

缺乏症：动物实验显示缺乏镍可出现生长缓慢，生殖力减弱等症状。

有资料显示，每天喝含镍高的水会增加癌症发病率，特别是已患癌症在放化疗期间必须杜绝与镍产品接触。市场上经销的部分陶瓷制食用具应慎重选择使用，平时生活中拿一个含镍高的陶瓷具做饮水具，会提高发病机会。

另外，也有一些非正规厂家生产的性药品也有镍的高成分。所以对镍与人身健康应高度重视。

3.2　镍对人体的影响

镍广泛地分布于自然界中，多以硅酸盐、硫化物、砷化物的形式存在。空气中的镍则多以硫化物和氧化物形式存在。镍是重要的有色金属，在现代工业和人们的日常生活中广泛应用。镍是人体的必需微量元素之一，参与人体内的许多代谢。镍有广泛的生物学作用，被生物体大量吸收后有毒性作用，某些镍化合物有致癌作用。镍对机体的毒理一直是近半个世纪来环境科学中的重点和热点问题，有关镍对人体的危害效应及其毒性作用机制的研究已进入分子水平。

尽管镍在自然界中分布很广，但在人体内含量却极微，直到 1974 年才证明了镍是人体必需的生命元素。人体对镍的日需要量约为 0.3 mg，主要由蔬菜、谷类及海带等供给。正常情况下，人体中的镍总量约为 10 mg，血液中镍的正常浓度为 0.11 $\mu g \cdot mL^{-1}$，其代谢半衰期约 28 h。镍有 Ni(Ⅱ) 和 Ni(Ⅲ) 两种价态，而 Ni(Ⅱ) 在生物体内起主要作用。镍分布于人体各器官，主要分布在脑、肺、肝、心脏、淋巴结、睾丸、血液、肌肉内。镍主要由呼吸道吸收，且吸收较好，金属镍不易从消化道吸收，也不能从皮肤吸收。有人曾经将镍盐涂于人体和动物皮肤上，一定时间后用光谱分析检查血液和组织中的镍含量，未发现有吸收的依据。镍主要经粪、尿、汗排出。

镍是一些酶的组成部分，可以激活肽酶。镍还是胰岛素分子中一种成分，相当于胰岛素的辅酶，实验证明添加少量镍的胰岛素，有增强胰岛素降低血糖的作用。镍在机体内能激活许多酶，包括精氨酸酶，脱氧核糖核酸酶等。镍是多种酶的激活源，其存在于多种酶蛋白的合成和细胞激素及色素的代谢,具有促进铁的吸收和红细胞的增长、激活酶形成辅酶,并参与血清沉着,增强凝血过程中易弯因子的稳定性。

镍有刺激生血机能的作用,能促进红细胞再生。在人体内缺铜时,镍的生理活性会充分发挥,又不影响铜的生理活性。补充适量的镍可使红细胞、白细胞及血红蛋白的生成增多。患有各种贫血及肝硬化病人血镍含量均降低。镍有刺激生血功能的作用,硫酸镍和溴化镍等镍盐曾用于治疗贫血。

医学实验证明,缺镍可使肝细胞中的固缩核和线粒体发生肿胀,超微结构发生异常,还有一些研究也同样提示,镍在维持大分子结构稳定性、膜稳定性和细胞超微结构方面有重要作用。

缺镍会引起生长发育缓慢。实验证明,由于缺镍,特别是在授乳期生长速度减慢死亡率升高,说明镍与催乳激素的调节有关,也许在授乳过程中有重要作用。缺镍时,肝变小,呈暗褐色,糖原含量降低,可使淀粉酶和肝中脱氢酶的活性降低,使碳水化合物代谢发生紊乱,造成体内能量供血不足,引起严重贫血。人体缺镍时,对铁的吸收较差,引起红细胞减少,白细胞容量计值减少,血红蛋白的含量减少,供给人体适量的镍盐,可使血红蛋白的成分及红细胞的再生明显加快,造血功能提高。

此外,镍会引起炎症,对人皮肤的危害最大,直接影响肤色。它引起的接触性皮炎又称"镍痒症"或"镍疥",先是皮肤剧痒,后出现丘疹、疱疹及红斑,重者化脓、溃烂。长期接触镍,能使人头发变白。皮嵩云等研究表明,长期接触低浓度镍引起的沙眼、慢性咽炎的发生率较高,而且低浓度镍及镍化合物与盐酸、氨等毒物的联合作用比低浓度硫酸、盐酸、氨对人体眼、咽黏膜的刺激和损害作用更大。实验证明,镍及其化合物对人皮肤黏膜和呼吸道有刺激作用,可引起皮炎和气管炎,甚至发生肺炎。口服大量镍会出现呕吐、腹泻等症状,发生急性胃肠炎和齿龈炎。皮嵩云等调查结果表明,长期接触低浓度镍会引起多梦、失眠、脱发、视力下降、恶心、腹痛等神经衰弱症。试验将接毒组与接尘组同时具有两项以上症状的患病率比较有显著性差异,这可能与小剂量 $NiSO_4$ 对大脑神经细胞的毒作用有关。镍的毒性还与镍的形态有关,金属镍几乎没有急性毒性(纳米级镍尘除外),一般的镍盐毒性也较低,但胶体镍或氯化镍、硫化镍和羰基镍毒性较大,可引起中枢性循环和呼吸紊乱,使心肌、脑、肺和肾出现水肿、出血和变性。其中羰基镍属高毒性、强致癌物质,微量即能引起动物死亡;吸入人体后,首先伤害肺,出现头晕头疼、步态不稳、恶心呕吐、胸闷等症状,而后出现高烧、呼吸困难、胸部疼痛,最终引起肺水肿和呼吸道循环衰竭而死亡。

镍的免疫毒性表现在使机体对感染因子抵抗力降低、血清抗体效价降低,导致过敏反应。因此,血镍含量增高,同样与哮喘的发病、反复发作有关。哮喘发作期显著升高,恢复期仍不能降至正常。

高镍可以使缺血心肌细胞超微结构变化,线粒体、肌浆膜受损。可使冠状动脉进一步痉挛,使冠状动脉供血不足,加重心肌损伤,镍直接作用于心肌,引起冠心病。此外,镍还有降低生育能力、致畸和致突变作用。张波等研究发现,在极低浓度下,$HgCl_2$ 和 $NiCl_2$,均可促进人外周血淋巴细胞转化和 DNA 合成,而在高浓度下则抑制淋巴细胞转化和 DNA 合成。且人体液中镍的含量还与其他疾病有关,如发生心梗、中风等;在被烧伤后,血清中镍的浓度会增加，暗示着当正常组织受到损伤时就释放出镍。此外，哮喘、尿结石等病都与人体内镍的含量有关。

镍影响人体的机理是通过影响遗传物质的合成产生的，研究表明，镍能影响 DNA 和 RNA 发挥作用，因镍能与 DNA 中的磷酸酯结合，稳定了 DNA 的双螺旋结构，从而影响 DNA 的合成、RNA 的复制及蛋白质的合成。镍除一部分与 DNA 中磷酸酯结合而稳定 DNA 结构外，另一部分与 DNA 的碱性受体结合，引起 DNA 损伤，使核酸复制失真，引起突变，最后致癌。同时镍能激活或抑制很多酶，如精氨酸酶、羧化酶等而发生其毒性作用，从而对机体起到致癌或促癌作用。镍化物能抑制苯并芘羟化酶的活性，使大气中的苯并芘不被羟化，而苯并芘在人体内（特别是肺内）含量越多，就越易产生癌变。此外，镍还能抑制 ATP 酶，使血管和血脑屏障的通透性增加，引起肺、脑等器官的渗出、水肿、出血、消化酶降低，还能抑制琥珀酸脱氢酶和细胞色素氧化酶等，从而对人体造成危害。

此外，镍还会干扰脑垂体功能，使肾上腺皮质功能低下，甲状腺结合碘的功能降低，从而影响内分泌。镍能干扰组织代谢，使肝、肾、睾丸、肾上腺等组织变性、肺防御机能降低，进而抑制生长。Ni(Ⅱ)盐能抑制抗体、干扰素的合成和活性。

研究表明，在镍诱导的恶性转化细胞中，镍选择性地引起 H-ras 或 K-ras 癌基因的第 12 密码子 C-T 的突变，即从 GCT 变为 GTT，相应的编码氨基酸由甘氨酸变为缬氨酸，单个碱基的变化使该基因处于激活状态，ras 基因表达增强。同时，氨基酸的变化改变了编码蛋白 p21 的构象，使 GAP(GTP 酶结合蛋白)不能识别和激活 p21 的 GTP 酶，于是 p21-GTP 复合物不能水解成 p21-GDP，p21 处于持续活化状态，使细胞持续增殖。此外，抑癌基因的失活也可以通过碱基点突变发生。p53 抑癌基因就是如此。在镍诱导恶变细胞和镍工肺癌细胞中均可见该基因的点突变。可见，镍不但激活原癌基因如 c-ras、e-myc、c-fos、c-jun 等的表达，而且能抑制抑癌基因如 p53、Rb 衰老基因等的表达。吴根容等实验发现，不溶性结晶型硫化镍在诱发人支气管上皮细胞恶变过程中，存在明显的蛋白质翻译启动因子异常表达现象，其表达水平与细胞的恶变程度密切相关。此外，最近一项实验报道，硫化镍诱导恶性转化的细胞中，检测到畸变型 FHIT(脆性组氨酸三联体)基因，其外显子 6、7、8 缺失，由一段 36 碱基对的序列代替。由此可见，镍化合物通过干扰 Fhit 蛋白的表达及其正常功能的行使以抑制该蛋白的抑癌活性，导致癌症的发生。试验发现，在肠癌、肺癌等细胞常发生 APC、Rb、p53、p16 等抑癌基因的丢失。在镍恶性转化细胞中，也有染色体缺失现象，例如 17p、xq 等部分缺失，它们与 p53 及衰老基因的丢失有关。基因扩增经常是癌基因激活及高表达的原因。在镍所致肾肉瘤细胞及转化细胞中见到染色体均染区(它的出现被视为基因扩增的可见证据)。同时，N-mye 基因表达比正常细胞高 6 倍以上，说明镍引起了 N-myc 基因扩增。

锌指蛋白是基因转录中反式作用因子结构上的 DNA 识别或结合结构域，包括锌指、锌扭(twist)和锌簇(cluster)，其共同特点是通过 α 螺旋结合于 DNA 双螺旋结构的主沟中，参与基因转录，其活性依靠于锌离子。锌指结构富含半胱氨酸和组氨酸，由于镍对半胱氨酸和组氨酸具有非凡的亲和力，且与锌同属二价离子，故能与锌竞争性结合氨基酸残基，使锌指变为"镍指"，结果该结构发生扭曲，不能折叠，失去原有的立体结构，不能识别 DNA 特异位点,不能与之结合。可见,镍取代锌可能是为了与 DNA 结合,并通过产生自由基等损伤 DNA,而 DNA 损伤是肿瘤形成的重要基础,DNA 结构完整性的破坏必定使其功能异常,最终使其表达异常。因此,在一定条件下,DNA 损伤可导致肿瘤的发生。

Cangul 等实验表明,Ni^{2+} 能与细胞核内染色体组蛋白成分的特定氨基酸序列结合,形成 Ni^{2+}—肽复合物,这种复合物具有氧化活性,可直接或间接引起 DNA 氧化损伤。如果这种损伤不能被细胞内碱基切除修复系统正确修复,就有可能导致 DNA 单链断裂的形成,甚至基因突变,从而发生肿瘤。

Ni^{2+} 肽复合物一旦形成,可与 O_2、H_2O_2 及 ROOH 反应产生各种形式的活性氧(ROS)。Chen 等报道,镍可诱导 ROS 的生成,而 ROS 可通过改变 DNA 的结构(包括碱基突变、重组、缺失和插入等)导致肿瘤的发生,例如通过破坏 DNA 修复蛋白的锌指结构而引起细胞的恶性转化,镍诱导的 ROS 还可通过影响与肿瘤发展相关的信号转导通路间接导致肿瘤的发生。由于 ROS 可作用于蛋白激酶而改变其构象及活性,故可影响包括 Ras 在内的一类富含半胱氨酸残基的胞内关键信号分子的活性,扰乱细胞内正常的信号转导过程而引起基因的异常表达,如 H_2O_2 可诱导 C-los、C-myc 和 C-jun 等原癌基因的表达。可见,镍化合物诱导产生的 ROS,在镍致癌的过程中直接或间接地发挥作用。

3.3　医用金属材料中的镍

镍是大多数医用金属材料中的合金化元素,其中医用奥氏体不锈钢(含镍约 13% 左右),医用钴基合金(含镍 2%～30% 不等),镍钛形状记忆合金(含镍约 50%)。

医用金属材料植入人体后,由于植入件的腐蚀,许多金属离子释放到邻近的组织中,含镍医用金属试样在模拟体液中浸泡过程中 Ni 离子的释放量随着浸泡时间延长,Ni 离子的释放量逐渐增加。在植入 316 L 不锈钢板和螺栓邻近的组织中,镍离子浓度大体在 116～1 200 mg/L,在病人体内由于镍合金植入件腐蚀造成的镍离子最大的释放率约是 20 μg/kg·d。

镍离子在高浓度时可以诱发毒性效应,发生细胞破坏和炎症反应。镍在体内可能抑制巨噬细胞的吞噬功能和杀菌作用,能破坏细胞内的细胞器,改变细胞形态,降低细胞数量。近来发现镍离子随着它的浓度和暴露时间,可促进或抑制细胞内黏附分子(ICAM-1)在内皮细胞的表达。

金属植入物中离子释放对心血管系统的影响:冠脉内支架逐渐成为介入心血管疗法的一种主要手段,但是支架的应用却依旧受到血管急性闭塞和再狭窄等缺陷的制约。支架内再狭窄主要是由于支架植入后,由于血管壁受损,血管组织纤维细胞过度增生或发生炎症反应引起血栓形成造成的。Koster 等研究和不锈钢支架中镍、铬和钼等金属离子释放而出现过敏和再狭窄的关系,认为支架中金属离子引起的接触过敏(特别是镍)加重了炎症反应,刺激支架周围新生组织的增生,从而增加了支架再狭窄的可能性。临床实验发现,对金属离子特别是镍离子过敏的病人发生冠脉支架再狭窄的概率高于没有过敏反应的病人。因此支架用金属合金中的金属离子溶出(特别是镍)可能是管脉支架再狭窄的间接原因之一。

医用不锈钢相对于医用钛合金成本较低,因此研究开发高耐蚀性、高强韧性医用无镍不锈钢显然具有优势。由于对高氮不锈钢的深入研究,一些研究者提出把高氮含量 Cr‐Mn‐N 奥氏体不锈钢应用于生物医学。他们指出这种不锈钢具有良好的抗腐蚀能力,特别是抗点蚀和晶间腐蚀,而且具有较高的耐磨性,重要的是钢中没有镍元素的存在,从而可避免镍元素在人体内析出造成的致敏性及其他组织反应。

BIOSS4 无镍不锈钢是中科院金属研究所发展的一种奥氏体医用无镍不锈钢材料。这种不锈钢完全抛弃了其中的镍元素,采用氮元素来强化奥氏体基体,合适的热处理使不锈钢保证了单一稳定的奥氏体结构,即使在发生严重塑性变形后仍保持稳定的奥氏体结构。新型医用无镍不锈钢 BIOSS4 不锈钢和 316 L 医用不锈钢在 37℃人造血浆溶液中的阳极极化曲线表明,BIOSS4 无镍不锈钢在模拟体液中比 316 L 不锈钢具有更好的耐蚀性能,尤其是耐点蚀性能。尽管无镍不锈钢 BIOSS4 和 316 L 具有相当的自腐蚀电位和腐蚀电流,但是无镍不锈钢的电蚀电位达到了 430 mV 以上,而超纯净 316 L 不锈钢电蚀电位在 340 mV 左右。

医用金属材料中含有的镍元素,由于腐蚀溶出除了对人体产生过敏反应外,还存在致畸、致癌的危害性,严重危害到患者的健康。医用金属材料表面改性处理以及医用钛合金的发展和广泛应用将有效地降低金属离子(特别是镍离子)潜在的危害性。无镍不锈钢相对于传统的镍铬医用不锈钢具有更好的耐蚀性能以及更为优良的强韧性组合,并且成本较低,作为医用植入件,可用于骨关节等一切承力部件以及牙科矫形件等,在日常生活中可用于制作医疗器械、首饰、厨房器皿等与人体经常接触的不锈钢部件。

长期使用的安全性及可靠性是医用金属材料的第一要求,医用金属材料表面改性、新型钛合金以及氮强化医用无镍不锈钢虽然具有优良的综合性能和生物相容性,在许多性能方面相当于甚至超过现有医用金属材料,但其进一步的研究和应用,依然还要做许多工作。

3.4 镍与职业病

研究者对国内最大的镍矿工业区的流行病学调查发现,镍作业空气中镍污染比非镍作业空气高 2.7~18.0 倍,尿液和头发中镍的含量明显增高,差异有统计学意义,并且尿液与头发中的镍含量高低与车间空气中镍的含量呈正相关,镍作业环境对人体内镍含量有较大影响。镍(Ni)是人类在职业和环境中广泛接触的一种金属,接触过量镍会对机体产生不良影响。有研究认为镍有致癌性,且镍化合物与肿瘤发生有关。流行病学调查发现镍化合物可引起镍冶炼工人的鼻癌和肺癌。因此,镍冶炼工人易患鼻咽癌和肺癌,数十年来,关于镍工肺瘤问题国外发表了大量研究报告,我国对此项研究起步较晚。

相关专家对四个接镍作业厂、矿工人进行了肿瘤回顾性队列研究。经过数年跟踪研究表明,镍精炼厂和镍矿工人死亡人数超高于对比厂,其中有接近三分之一死于恶性肿瘤,镍精炼厂和镍矿,肺癌居第一位,精炼厂肺癌死亡 6 人,均属直接接镍组,其中 4 人有从事火法冶炼(反射炉工段)职业史。其余 2 人为镍电解工段净化工、维修工。但是,并非任何一种镍化合物在任何条件下都可诱发镍工肺癌危险度增高,预防镍工肺癌的重点应放在镍精炼工、镍冶炼工。

同时,镍还对呼吸道有刺激和损害作用,因香烟中含量较高的镍与烟雾中的 CO 结合成四羰基合镍 $Ni(CO)_4$,所以吸烟者不仅易患肺癌,还易患鼻咽癌。调查表明,井水、河水、土壤和岩石中镍含量与患鼻咽癌的死亡率呈正相关。此外,白血病人血清中镍含量是健康人的 2~5 倍,且患病程度与血清中镍含量明显相关,暗示着镍也可能是白血病的致病因素之一。

就镍化合物致癌机制来说,不同的镍化合物致癌能力是有差异的,这取决于其在体内的生物利用率,镍的致癌作用与镍或其在细胞内产生的活性氧类可同 DNA 共价结合形成 DNA 加合物,使 DNA 结构与功能发生改变,引起遗传物质的损伤,从而导致癌变发生;镍的致癌作用与原癌基因 ras 基因激活,抑癌基因如衰老基因、p53 基因的失活有关。

白内障被认为是一种代谢紊乱性疾病。已发现在晶状体的生化反应中,许多关键酶的辅酶都含有微量元素,而且微量元素的含量变化和酶的活性密切相关。国内外学者对镍与白内障的发生进行了初步研究。流行病学调查中发现镍接触人群中晶状体浑浊的检出率明显高于对照组,差异有统计学意义。为了更深入探讨白内障发病机制与镍的关系,相关专家对不同来源的晶状体标本的微量元素进行检测,初步总结出镍与白内障发病的关系。

研究人员取镍矿作业者的白内障晶状体、镍矿市区市民的白内障晶状体、普通白内障患者的晶状体以及正常的白内障晶状体,对四种标本进行原子吸收分光光度法检测,结果进行方差分析,显示镍含量由少到多分布为:正常透明晶状体组<上海白内障组<间接接触镍矿白内障组<直接接触镍矿白内障组。镍作业人员晶状体浑浊检出率(53.5%)明显高于对照组(17.0%),且晶状体浑浊程度也较对照组重,因此认为镍作业环境可能致白内障,镍对晶状体的损伤是慢性的过程。

目前白内障的病因仍不十分明确,微量元素学说是其主要病因学说之一。Jacob 发现,当钙存在时,镍可增加钾、钠离子的通透性,损害晶状体。在实验中发现白内障晶状体中镍含量明显高于正常透明晶状体组,说明镍与白内障的发病有一定关系。直接接触镍矿的白内障晶状体中的镍含量明显高于镍矿区市民和普通白内障患者的白内障晶状体中镍含量,说明从事镍矿采矿、造矿、冶炼及加工中可能使人体晶状体中的镍含量增加,它可能使镍矿工中晶状体浑浊增加。镍在人体内的含量受环境的接触等因素影响,在白内障晶状体中镍的含量明显增高。因此镍可能是白内障的致病因子之一,其机制有待进一步研究。

工业上使用镍盐主要引起镍痒疹,多发在接触耳环、皮鞋扣眼、汽车门把、表带等部位。镍痒疹的特点是以发痒起病,有时在 1 周后才出现皮疹,在接触部位呈红斑、丘疹或毛囊性皮疹,可出现浅表性溃疡、结痂、湿疹或湿疹病损。在慢性期,皮肤可出现色素斑或色素脱屑斑,也会引起过敏性皮损。流行病学调查,镍作业工人,在初次发生皮炎后,2~17 年后进行皮肤过敏试验,仍有 90% 的人对镍过敏。

3.5　镍对植物的作用

环境中的镍污染源自然界中,最主要的镍矿是红镍矿(砷化镍)与辉砷镍矿(硫砷化镍),

还有镍黄铁矿（硫铁化镍）和针硫镍矿（硫化镍）等。环境中镍的污染主要是镍矿的开采和冶炼、合金钢的生产和加工过程；含镍合金钢用于加工磨碎食品过程中造成的镍污染；石油中镍的含量为 $1.4\sim64\times10^{-6}$，大部分煤也含有微量镍，因此，煤、石油燃烧时排放的烟尘中含有微量镍；天然水中的镍常以卤化物、硝酸盐、硫酸盐以及某些有机和无机络合物的形式溶解于水，水中的可溶性镍离子能与水结合形成水合离子 $[Ni(H_2O)6]^{2+}$，当遇到 Fe^{3+}、Mn^{4+} 的氢氧化物、黏土或絮状的有机物时被吸附。天然淡水中镍的浓度约为 $0.5\ \mu g\cdot L^{-1}$，海水中的浓度为 $0.66\ mg\cdot L^{-1}$。WHO 饮水质量指南（1993）推荐饮水中镍的容许浓度为 $0.02\ mg\cdot L^{-1}$，空气中镍的最大容许浓度为 $0.1\ mg\cdot m^{-3}$。此外，镍可以在土壤中富集，电镀过程中也会产生镍污染。

现已证明，镍（Ni）广泛分布于植物界。镍是植物生长所必需的微量营养元素，是植物体的组成成分，自从 Forchhmer（1885）首次发现镍存在于植物体，已有 1 130 多年历史，镍广泛分布于植物界，Krause 总结前人的研究，提出了与植物必需的锰、铜、锌等微量营养元素相比，镍在植物体中的含量较低，一般为 $0.05\sim10\ mg/kg$，平均为 $1\ mg/kg$。但生长在由蛇纹岩或超基性岩投育的土壤上一些镍积累或超积累植物，其体内镍含量高得多。不同植物种类含镍量也不同，以苔藓、蕨类、地衣含镍量较高。研究表明，这些植物耐镍性较强，能吸收大气微尘中的镍，因而可作环境监测之用。据报道，生长在未污染地区的森林树木含镍量为 $1\sim15\ mg/kg$，而且叶片的含镍量有季节性变化。据 Guha 和 Mitchell 报道，幼叶的含镍量比夏末或秋季叶片高。

植物体含镍量与其生长环境有关，如 Chang 分析了 10 个土壤类型上 20 个土样和 75 个植物样，发现植物体含镍量与土壤含镍量相关，且与土壤有效镍含量相关性更好。

镍在植物体不同器官的分布也不均衡，据 Gabbrielli 等研究，镍积累在植物地上部分其含镍量高于根系，而非积累植物的根系含镍量比地上部分高。豆科植物的根瘤中镍含量比茎部高 $1.3\sim1.9$ 倍。一般来说，营养生长期镍主要分布于叶和芽中，生殖生长期绝大部分镍从叶和芽转移到生殖器官。因此，成熟种子中镍含量常较高。

植物对镍很敏感，镍盐可以作为杀菌剂，人们最初把镍盐作为杀菌剂用在植物上时，发现对植物生长有促进作用，特别是少量的镍对松树幼苗、小麦、棉花、豌豆、向日葵的生长有刺激作用；此外，还发现镍可促进大豆、小麦、菜豆、豌豆种子的萌发，植物缺镍时生长发育受到抑制，甚至不能完成生命周期。

植物主要从土壤中吸收镍，不同土壤类型的镍含量及其有效性不同，而且受成土母质、质地以及工业活动等影响。

土壤中镍的含量，正常土壤含镍量为 $5\sim500\ mg/kg$，大部分土壤含镍量低于 $50\ mg/kg$。土壤的含镍量主要取决于成土母质。发育于砂岩、石灰岩或酸性火成岩的土壤含镍量在 $50\ mg/kg$ 以下；发育于泥质沉积岩和基性火成岩的土壤，含镍量可达 $50\sim100\ mg/kg$ 或以上；发育于超基性火成岩（如蛇纹岩）的土壤含镍量高达几千毫克每千克。

土壤质地也影响镍含量，其中重黏土（20.0 mgNi/kg 土）＞砂黏土（8.5 mgNi/kg 土）＞砂土（3.1 mgNi/kg 土），局部地质异常，如施用污泥、城市垃圾和冶炼、采矿等工业活动造成含镍微尘的沉积和沉降，都可以提高土壤含镍量，此外，施用磷肥也能将矿质肥料中大部分镍带入土壤。磷肥中镍的含量因原料不同而有差异,如磷灰土(2～100 mg/k)、磷灰石(3～5 mg/kg)、硝磷钾肥(6.0 mg/kg)、普钙(6.0 mg/kg)、重钙(15.0 mg/kg)、磷矿粉(20.8 mg/kg)、硝铵磷肥(0.8 mg/kg)。

　　土壤中的镍有四种形态。包括水溶态、交换态、吸附态和矿物态,其中对植物有效的包括水溶态、交换态和部分吸附态镍。其中水溶态和交换态的镍含量很低,一般土壤中水溶态镍为 3～25 mg/L 主要以二价阳离子存在,也有少量的 $Ni(H_2O)_6^{2+}$、$Ni(OH)^+$ 和 $Ni(OH)^{3-}$ 等。其含量受土壤中镍的含量。土壤 pH、土壤胶体种类和数量、土壤有机质的影响,镍的交换能力较强。其交换能力可与 Ca 相比较,但由于土壤胶体表面镍的数量很少,因而交换性镍含量也很低。

　　一般认为镍是亲铁元素,土壤中镍大部分与铁锰氧化物结合在一起形成复合物或吸附在铁锰氧化物的表面。有人估计土壤中与铁、锰氧化物在一起的镍约占土壤中镍总量的15%～30%。此外,镍还可与一些有机化合物形成高级的络合物。这种整合态的镍在土壤中容易移动并容易被植物吸收。土壤溶液中镍的形态一般有 Ni^{2+}、Ni^{3+}。一般随土壤 pH 的升高,镍的有效性降低。镍的植物有效性受土壤 pH、质地和土壤有机质等影响。土壤中天然的有机或人工合成的螯合剂的存在会大大降低镍的吸收。在土壤 pH 低于 5.5 时,镍的有效性会大大提高。

　　镍是脲酶的组成成分。它作为脲酶的金属辅基参与氮代谢,镍对植物体内代谢过程的参与是通过影响脲酶的活性来完成的,因此,植物对镍的必需性取决于脲酶是否参与植物体内的重要代谢过程。

　　1975 年,人们首次从刀豆中提纯了脲酶并鉴定了其组成成分,为在高等植物中具有生理作用提供了第一个明确的证据。结果表明,脲酶蛋白(Mr590,ooo)由六个亚基组成,每个亚基含有 2 个镍原子和 1 个活性位点。镍原子间的距离小于 0.6 nm。每个镍原子分别同3 个氮原子和 3 个氧原子结合在一起。镍在脲酶中的作用是专一的。Klucase 发现在缺镍条件下,脲酶几乎没有活性。并且加入 V、Sn、Cr 或 Pb 等其他金属离子均不能替代镍而使其活性恢复。

　　大多数高等植物都含有脲酶,其作用是催化尿素分解成 NH_3 和 H_2O。尿素一般来自酰脲保酸、尿囊素、尿囊酸和胍(精氨酸刀豆球蛋白和胍基丁胺)的代谢过程。在植物体内,酰脲和胍是氮的转运和贮存形式。豆科作物固定的氮大部分以酰脲的形式转移到地上部分。在大豆和豇豆体内,从衰老部分向种子等正在生长部位转移的氮大部分是酰脲的形式。尿素的另一个来源是精氨酸代谢过程。精氨酸是植物体内氮转运和贮存的主要化合物之一,是植物氨基酸的主要运输形式及某些植物地下器官的氮贮存形式。对 379 种植物的调查分析发现,精氨酸占种子中氨基酸的 77%。精氨酸态氮占总氨基酸态氮的 21.1%。居各种氨基酸之首。在精氨酸代谢过程中,束缚在弧基中的氮通过精氨酸酶和刀豆氨酸酶降解为脲酶的作用底物——尿素。

　　植物种子形成和萌发的过程是氮素代谢最旺盛的时期,这时各种含氮化合物的形成、转运、降解及累积都在剧烈进行。研究发现,无论是在氮化合物转移、累积的种子形成过程中,还是在氮化合物降解、运出萌发过程中。精氨酸都居于代谢的中心地位。而精氨酸的降解产物是鸟氨酸和尿素。

从上述结果可以看出,在植物的氮代谢过程中,脲酶起着重要作用。其作用的底物——尿素来源于精氨酸和酰脲。前者是种子贮藏蛋白氨基酸中最丰富的含氮化合物,而后者不仅是核酸代谢过程中重要的氮源,也是大豆等豆科作物固定氮的主要转运形式。缺乏脲酶活性的植物会在种子中累积大量的尿素,或者在种子萌发时产生大量的尿素,这会严重阻碍种子的萌发。

镍除了是脲酶的金属辅基,与脲酶的活性密切相关外,在某些细菌中,还是一氧化碳脱氢酶、甲醛还原酶和氢酶的金属辅基。其中对氢酶的研究较多。氢酶是一类生物体内催化氢的氧化或质子还原的氧化还原酶,它与氢的利用和能量代谢有关,在理论上和实践上都有重要意义。镍不仅参与氢酶的组成,而且调节氢酶的表达。有人报道,蓝藻的吸氢和放氢与镍关系密切。镍浓度低于 10 mmol/L 时,放氢受到抑制,吸氢得到促进。Harker 等和 Friedrich 等的研究表明,大豆根瘤菌、真养产碱菌等菌体细胞所吸收的镍几乎都集中于氢酶蛋白。氯霉素抑制氢酶的活性用氯霉素处理大豆根瘤菌时,即使有镍存在,也不能表现氢酶的活性。这暗示镍可能与氢酶蛋白的合成有关。许良树报道镍参与氢酶蛋白的起始合成,它可能是氢酶中结合分子态氢的第二氧化还原中心。此外,高等植物中精氨酸酶的活性可能与镍的存在有关,为镍所活化。镍还有激活大麦中阿尔法—淀粉酶的作用,过量的镍促进过氧化氢酶的合成。还有人认为,镍对 DNA 和 RNA 发挥正常生理功能是必需的。已经发现,镍大量存在于 DNA 和 RNA 中。其作用可能是通过与 DNA 中的磷酸酯结合,使 DNA 结构处于稳定状态。总之,镍的这类生化功能远不及它与脲酶和氢酶的关系明确,而且不同报道的结果也不一致,尚待深入研究。

蔬菜是广大人民群众日常生活中不可缺少的食物,其种植分布主要邻近各大城市和工矿区。当工业三废进入土壤造成污染时,蔬菜必然是农业生产中首当其冲的受害者。故以蔬菜作为供试作物研究重金属在土壤植物间的迁移规律及其作用具有重要意义。为研究探讨镍对蔬菜生长的影响,探明土壤中镍含量与作物产量之间的关系,研究制定镍的土壤环境标准,合理施用含镍废水、废渣提供理论依据。特选取巴县酸性紫色土、重庆北暗中性紫色土、宜宾石灰性紫色土进行试验。装盆前过 3 m 二孔径筛,每盆装土 5 kg。平衡一周后,每盆植入莴苣幼苗 3 株,以 $NiSO_4 \cdot 6H_2O$ 作镍源,施镍并观察植物长势。

实验结果表明,三种土壤中有效镍含量都随施镍水平的增加而增加。土壤中低浓度的镍对蔬菜生长一般无危害,且有一定的促进作用;而高浓度的镍对蔬菜生长有抑制作用。酸性土上蔬菜对镍毒忍耐力最低,而中性土上蔬菜的抗镍毒能力最强。

Checkai 等也见到缺镍培养的番茄心叶出现黄萎病,摄终分生组织坏死。刘高琼等报道,无土栽培时,溶液中添加适量镍有利于提高水培叶菜类对尿素态氮的利用率。一些植物需要有镍才能在最适宜的条件下生长、发育和利用氮。小麦、棉花、辣椒、番茄、中国大麻和马铃薯等植物经补充镍对其生长均有改善。小麦和蓖麻等种子在低浓度镍中发芽率可大大提高。

对豆科植物的研究表明,镍是这类植物正常生长发育所必需的。Eskew 等用 8-羟基喹啉柱层析方法,纯化所有用于溶液培养的试剂和去离子水,以去掉可能存在而无法定量的镍,然后再加入定量的镍,研究镍对大豆生长发育的影响。结果表明,在培养 56 天之后,完全去镍培养的植株中约 27.5％的小叶尖端坏死,而在含有 1 或 10 $\mu g/L$ Ni^{2+} 的培养液中生长的植株则不出现此症状。他们测得大豆种子中脲酶活性随着供镍数量的增加而增加,无论是以 NH_4^+ 或 NO_3^-,或是通过大豆共生固氮作用提供氮源,镍对植物氮代谢以及生长发育的正常进行都是必需的。在 Eskew 等的试验中没有观察到加镍与否的大豆产量及种子萌发率有差异,但他们根据完全去镍时出现的专一症状——小叶尖端坏死的结果认为,镍是豆科植物,可能也是所有高等植物所必需的微量元素。Walker 等根据镍参与一种豇豆生殖生长期间氮代谢的结果,认为与植物体内氮元素的再分配有关。

豆科植物,尤其是共生固氮的豆科植物,由于其特殊的氮代谢过程,体内的脲类化合物代谢活跃。缺镍时,幼叶尖端很容易积累大量的脲,脲毒害很快引起叶尖坏死或叶片出现死斑,出现肉眼可见的专一性缺镍症,这对进行镍影响豆科植物生长发育的试验非常方便。这种现象在非豆科植物中是没有的。

在对禾本科植物与镍的研究中,最出色的工作是 Brown 等研究了如小麦、大麦、燕麦等对镍的需求状况。发现缺镍会导致燕麦早衰及大麦生长受阻;供镍可使大麦籽实产量提高,缺镍不严重时可以使大麦种子的活力及萌发率降低;严重缺镍可使种子完全丧失活力。他们以大麦为材料,在严格控制的实验条件下,研究三个世代的大麦植株,以克服上代籽粒中残存的镍对下代植株的影响。结果表明,培养液中镍的供应(0、0.6、1.0 $\mu mol/L$)不同时,大麦单株的产量、总粒数显著不同,以供给 1.0 $\mu mol/L$ 镍的最高;其籽粒的镍含量也不同,而籽粒中不同镍含量又与籽粒的萌发率密切相关。Brown 等发现,大麦的镍临界浓度为 90 ± 10 ng/g 干重。在 40～80 ng 的镍范围内,种子萌发率随镍含量增加而增加少于 30 ng 时,萌发率接近 0。组织学观察和 TTC 染色结果表明镍在大麦胚胎发育过程中有重要作用。缺镍时,胚根、胚芽的分化和发育均受阻,缺镍籽粒的生活力很低,仅有 7％的种子有微弱的脱氢酶活力。此外,缺镍籽粒胚乳是透明的,而正常籽粒的胚乳则呈暗白色。

Brown 等还发现,缺镍培养的燕麦比不缺镍的提早成熟 15 d,缺镍培养的大麦根及地上部分重量明显比不缺镍培养的低,添加镍可以克服专一性病症的产生。Brown 等的研究揭示了两点:① 完全缺镍时,大麦不能完成其生活周期(不能产生有萌发力的种子);② 增加镍可以完全消除镍缺乏症。说明镍是必需的微量元素。

镍对植物有多种生理效应。Boyd 等报道,积累高浓度镍的一年生芸苔科植物可以抵抗白粉菌等病原微生物的侵染。聂先舟等报道,镍能有效地延缓水稻叶片衰老,使叶片保持较高水平的叶绿素、蛋白质、磷脂含量和较高的膜脂不饱和指数。Smith 等也认为菊花叶及花的衰老与镍有关。镍延缓植物衰老可能是通过抑制植物体内源乙烯的生成实现的。

另外,镍在植物中的作用与其和其他营养元素的协调平衡也有关系。Singh 等报道,施加镍可降低小麦体内氮浓度,而氮亦可降低植物体内镍含量,施氮可以提高小麦叶尖对镍毒害的耐受力。镍在植物体内与铁、锌、铜、钙和镁等必需营养元素之间也有相互制约的作用。镍可抑制植物对铜的吸收,铁可减轻过量铜和镍对植物的毒害等。

第4章　镍及镍合金加工产品

4.1　镍电极研究进展

近年来,由于全球信息业的迅速发展,移动通信、便携式电脑等对电池的需求量猛增,市场需求极大地刺激了电池行业的快速发展和技术进步。MH-Ni电池具有较高的能量密度、良好的耐过充放电能力以及环境相容性好等优点,正在逐步取代传统的Cd-Ni电池,无论是MH-Ni、Cd-Ni,还是Zn-Ni电池,其正极均为碱性可充镍电极。镍电极的研究和应用有着悠久的历史,早在1887年,Desmazu、Dun和Hasslacher就讨论了氧化镍作为正极活性物质在碱性电池中应用的可能性。19世纪90年代后期,Jungner和deMichalowski描述了这种化合物的制备方法。从1901年开始,Jungner与Edison合作并拥有多项有关镉镍和铁镍蓄电池方面的专利。早期的氢氧化镍电极是袋式(或极板盒式)电极,活性物质Ni(OH)$_2$与导电物质石墨混合填充到袋中。1928年,Pfleider等人发明r烧结基板式电撒,以后经不断改进。工艺逐渐成熟并实用化。烧结式镍电极技术的发明和应用在镍电极发展史上具有重要的作用和意义,但这种结构的镍电极生产工艺复杂,成本较高。近年来,又有发泡式和纤维式镍基板问世。以质轻、孔率高的泡沫镍作基体的泡沫镍涂膏式镍电极比容量较高,适宜做MH-Ni电池的正极。可以说,泡沫镍电极的出现和应用是镍电极发展史上一个新的里程碑。

镍电极活性物质的结构及物理化学性质

1) 镍电极活性物质的晶型结构

镍电极活性物质存在四种基本晶型结构,它们之间的转化关系最初是由Bode等提出的。一般认为,镍电极在正常充放电情况下,活性物质是在β-Ni(OH)$_2$与β-NiOOH之间转变,过充时,生成γ-NiOOH。α-Ni(OH)$_2$在碱液中陈化时可转变为β-Ni(OH)$_2$。Ni(OH)$_2$和Ni(X)H可看成是氢原子结合到NiO$_2$结构中。结构分析(XRD、IR和Raman光谱等)表明,β-Ni(OH)$_2$存在有序与无序两种形式。结晶完好的Ni(OH)$_2$具有规整的层状结构,层间靠范德华力结合。通过控制工艺条件,用化学方法合成的Ni(OH)$_2$一般具有完整晶型。β-Ni(OH)$_2$的结构,呈紧密六方NiO$_2$层堆垛(ABAB)形式,其XRD谱表现出典型的特征峰,晶胞参数为a = 0.312 6 nm,c = 0.460 5 nm。无序β-Ni(OH)$_2$具有β-Ni(OH)$_2$的基本结构,它实际上是镍缺陷的非化学计量β-Ni(OH)$_2$形式,可表示为

$Ni^{1x}(2H)^y(OH)^2 (x<0.16)$。XRD 衍射峰变宽以及 EXAFS 分析也都证实了这一点。

α‐$Ni(OH)_2$ 是层间含有靠氢键键合的水分子的 $Ni(OH)_2$，较低 pH 值下镍盐与苛性碱快速反应或电解酸性硝酸镍溶液均可得到在碱性溶液中不稳定、结晶度较低的 β‐$Ni(OH)_2$，碱液中陈化可转变为 β‐$Ni(OH)_2$。由于 H_2O 分子的进入，层间距增大，且各层的层间距并不完全一致。另外，各层沿 c 轴平行堆积时取向具有随机性，层与层之间呈无序状态的端层（或紊层）结构，文献上一般称之为"turbostratic"构。α‐$Ni(OH)_2$ 有两种形态，可分别表示为 α‐$3Ni(OH)_2 \cdot 2H_2O$（晶胞参数为 $a=0.308$，$c=0.809$ nm）和 α‐$Ni(OH)_2 \cdot 0.75H_2O$（晶胞参数为 $a=0.3081$ nm，$c=2.345$ nm）。

β‐NiOOH 是 β‐$Ni(OH)_2$ 失去一个质子和一个电子的产物。其基本结构与 β‐$Ni(OH)_2$ 相同，属六方晶系层状化合物，但层间距增大，晶胞参数为 $a=0.282$ nm，$c=0.485$ nm，γ‐NiOOH 属菱形（六方）晶系或准六方晶系层状化合物，典型化学式可表示为 $γ(4α‐NiO_2 \cdot NiOOH)(2H_2O \cdot 2OH^- \cdot 2K^+)$，对应于六方晶系的晶胞参数为 $a=0.283$ nm，$c=2.095$ nm。实际上，因制备方法不同，γ‐NiOOH 在嵌夹水分子、阳离子、阴离子等方面有一定差异，其组成具有高度的非化学计量性，可表示 $A^x H^y NiO_2 (x, y \leqslant 1, A=K^+, Na^+)$。水分子嵌入 NiO_2 层间，NiO_2 中的氧采取 ABBCCA 堆垛方式，镍的氧化态介于 3~3.75。由于晶层可呈高度无序，有时很难用 XRD 谱图来确定其具体特征。

对于已经活化并经历了充放电的镍电极来说，其充电态和放电态的活性物质可分别用 $3β‐NiOOH$、3 和 $2β‐Ni(OH)$、$γ‐NiOOH_2$ 及 $2α‐Ni(OH)_2$ 来表示，以区别于用化学或电化学方法制备的物质。充电态活性物质，$3β‐NiOOH$ 和 $3γ‐NiOOH$ 的主要区别在于镍缺陷及相应的点缺陷结构程度的不同。另外，$3γ‐NiOOH$ 通常含有钾。这种非化学计量结构上的分歧对电化学性能产生重要的影响，两者氧化态的不同，预示着 α/γ 循环具有更高的理论容量。另一方面，非化学计量和点缺陷也控制着质子扩散和电子传导。放电态活性物质 $2β‐Ni(OH)_2$ 和 $2α‐Ni(OH)_2$ 与充电态活性物质一样，都是非紧密堆层结构并存在镍缺陷。它们不同于传统结构的 β‐$Ni(OH)_2$ 和 α‐$Ni(OH)_2$。Raman 光谱数据的差别也能反映出这一点。总之，点缺陷结构控制了镍电极活性物质的最高和最低氧化态，也即控制了电极的容量。

2) 氢氧化镍的制备、结构与电化学性能

在传统的镉镍电池生产中，大多采用烧结式镍电极。随着 MH‐Ni 电池的成功开发和广泛应用，镍电极的制造方法也发生着很大的改变。泡沫镍填充式镍电极由于具有高比能量和低成本的优点而被广泛应用于 MH‐Ni 电池的生产中。泡沫式镍电极的主要原料即活性物质就是粉末氢氧化镍。因此，如何制备出电化学性能优良的氧氧化镍就成为一个关键性问题。

在 $Ni(OH)_2$ 的制备工艺方面，日本、美国和加拿大的技术比较领先，制备出的 $Ni(OH)_2$ 性能优良。$Ni(OH)_2$ 制备工艺有多种，可按不同方法进行分类。如从制备反应原理可分为：化学沉淀法、粉末金属法和金属镍电解法。从 $Ni(OH)_2$ 产品的颗粒形貌、性能等方面可分为：普通 $Ni(OH)_2$ 工艺、球形 $Ni(OH)_2$ 工艺和掺杂 $Ni(OH)_2$ 工艺等。

尽管 $Ni(OH)_2$ 的制备工艺方法有多种。但目前作为电极材料的 $Ni(OH)_2$ 的大规模生产主要还是采用化学沉淀法。K. Micka 及其合作者讨论了具体工艺条件对化学沉淀法合成 $Ni(OH)_2$ 产品性能的影响。这些工艺条件包括：反应温度、镍盐的选择、反应 pH 值、洗涤条件、烘焙温度、掺杂等。

最近有纳米级 $\beta - Ni(OH)_2$ 的研究报道。周根陶等人用沉淀转化法制备了不同形状的氧化镍及氧化镍超微粉末。并详细地研究了转化温度、沉淀转化剂及阻聚剂的浓度等因素对超微粉末组成和结构的影响。魏莹和夏熙采用均相沉淀法和无水乙醇溶剂法制备出纳米级 $\beta - Ni(OH)_2$，并对其进行了电化学研究。氢氧化镍因制备条件不同，其颗粒形状也不同，如球形、类球形和无规形。而对于外观都为球形颗粒的 $Ni(OH)_2$ 来说，其微晶的形状也不尽相同，可能是针形、片形或球形。另一方面，微晶的尺度也不同，有大有小。$Ni(OH)_2$ 的晶体结构与其电化学活性关系密切。实验结果表明，(001)晶面和(101)晶面的衍射峰半高宽分别大于 0.7 和 0.8 的产品，具有活性物质利用率高和高倍率充放电性能好的优点。K. Watanabe 等的研究认为，小微晶的 $Ni(OH)_2$ 表现出质子扩散系数大和充放电性能好的特性。

氢氧化镍的结构改性对其电化学性能可产生重要的影响。B. B. Ezhov 和 O. G. Malandin 研究并讨论了 $Ni(OH)_2$ 晶格中共沉积掺杂 $Co(OH)_2$ 对氢氧化镍电极电化学性能的影响及机理。另外，氢氧化镍晶格中掺杂锌元素形成的共晶 Zn - Ni 氢氧化物固溶体 $\beta - Ni_{1-x}Zn_x(OH)_2$ 对氢氧化镍电极具有有益的作用，共沉积 $Zn(OH)_2$，能抑制充电时 γ 相的形成。

除了 Co(Ⅱ)和 Zn(Ⅱ)等阳离子也可对 $Ni(OH)_2$ 改性外，某些阴离子如 CO_3^{2-} 和 SO_4^{2-} 也可对 $Ni(OH)_2$ 改性。CO_3^{2-} 部分取代 OH^- 的 $Ni(OH)_2$ 可写为 $\beta - Ni(OH)_{2/1-m}(CO_3)_m$ $(m<1)$。阴离子取代使 $Ni(OH)_2$ 的层结构沿 C 轴方向伸展。其 XRD 特征是(001)峰的显著宽化和分裂。另外，层结构中 CO_3 基团与 OH 基团间形成氢键，这种作用使得在充电时可抑制 $\gamma - NiOOH$ 的形成和无序化，与添加 $Co(OH)_2$ 的作用类似。另外，一些过量的非化学计量、不可移动的分子水改善了镍电极的可充性。这些因素的共同作用使氢氧化镍的电化学活性提高。

3）氢氧化镍电极的热力学与动力学研究

镍电极活性物质由于存在四种基本形态，即 $\alpha - Ni(OH)_2$，$\beta - Ni(OH)_2$，$\beta - NiOOH$ 和 $\gamma - NiOOH$，或两种基本氧化还原电对，即 $\beta - Ni(OH)_2/\beta - NiOOH$ 电对 $\alpha - Ni(OH)_2/\gamma - NiOOH$ 电对。另外，$\alpha - Ni(OH)_2$ 和 $\beta - Ni(OH)_2$ 还存在已活化和未活化之区别。活性物质因制备方法和条件的不同，其结构也有差别。再有，镍电极的电位高于氧的可逆电位。所有这些因素都不同程度地影响到镍电极平衡电位的准确测量和不同来源数据的一致性。另一方面，对镍电极反应机理的认识，目前还不完全清楚，且存在着分歧，这给镍电极反应动力学的研究也造成一定的困难。

4）热力学研究

R. Barnard 等对镍电极体系的可逆电势从实验测量和理论（热力学）研究方面做了一系列工作。根据 Bamard 的测量，$\alpha - Ni(OH)_2/\gamma - NiOOH$ 的电位要低于 $\beta - Ni(OH)_2/\beta - NiOOH$ 的电位。另外未活化 $\beta - Ni(OH)_2/\beta - NiOOH$ 的电位在荷电态（SOC）为 25% ～

70％之间与荷电态无关。类似地,活化 $\alpha - Ni(OH)_2/\gamma - NiOOH$ 的电位在荷电态为 12％～60％之间与荷电态无关。并由此推论:在可逆电位为常数时,反应为非均相的。即存在两相平衡,而在此区间之外,反应是均相过程。活化和未活化电对可逆电位的差别与晶体点阵的有序和无序有关。

最近,M. Jain 等以镍电极反应为固态均相反应,即不同荷电态下,镍电极活性物质是由不同比例的 $Ni(OH)_2$ 和 $NiOOH$ 所组成的固溶体为出发点.运用热力学理论导出镍电板平衡电极电位随荷电态变化的数学表达式,并与实验结果进行了比较。

实验结果表明.在 5～55℃ 范围内,两参数活度系数模型(修正的 Nernst 方程)要比 Nernst 方程和一参数 Margules 方程好得多,表明质子的插入过程是以有序的而不是随机的方式进行的。

5)动力学研究

镍电极反应机理及动力学一直是从事镍电极及以镍电极为正极的碱性电池的研究者所致力的研究课题。在几十年的研究历史中,曾提出过不同的反应机理及动力学模型。但基于材料,特别是离子嵌入/脱出化合物及固态离子学研究的进展,现在比较一致的认识是:镍电极活性物质 $Ni(OH)_2$ 和 $NiOOH$ 可看成是镍氧化态不同的质子嵌入/脱出化合物。镍电极在碱溶液中的氧化还原反应是一固态均相反应。反应中不但有电子的得失,还伴随着质子的嵌入/脱出,质子在固相中的扩散是反应速率的控制步骤。镍电极在不同的氧化态(或荷电态),其平衡电极电位也不同,氧化态越高,电极电位也越高。

Lukovtsev 和 Slaidin 最早提出镍电极充放电反应中质子扩散的概念。他们认为,氧化镍在碱溶液中的电化学还原可分为两个步骤。在第一个步骤中,质子从溶液中转移到氧镍粒子的表面,表面层被还原;在第二个步骤中,质子从表面扩散到粒子的本体,并伴随着电子从 Ni^{2+} 转移到 Ni^{3+}。整个过程的速率决定了第二个步骤,即质子在氧化镍中的扩散速度。

为了证实以上的反应机理并确定速率限制步骤,Takehara 对 $Ni(OH)_2$ 电极过程动力学进行了研究,结果表明,质子在 NiO 体相内的扩散是镍电极反应的决定性步骤。研究还表明,往电解液中加入 Li^+ 离子,充电过程中过电位下降,放电过程中过电位略微上升。由于充电过程中形成的 NiOOH 或 NiO 增多,故放电容量增加。根据 Tuomi 对 NiO 塞贝克效应(Seebeck effect)的测量,充电时形成的 NiOOH 和 NiO 是 n 型半导体;放电产物[含有 Ni(IV)、Ni(III)和 Ni(II)]是 p 型半导。XRD 分析表明,Li^+ 离子很容易进入到 $Ni(OH)_2$ 晶格中。由于 Li^+ 离子的价态比镍离子低,电极中缺陷和质子的扩散速率在充电过程中提高,而在放电过程中下降。另外发现,电解液中添加稀土化合物如 $Ce(OH)_4$、Pr_6O_{11}、$Nd(OH)_3$,镍电极充放电过程的过电位略有下降。这可能与电极表面的活性中心增加有关。

Zimmerman 对镍电极的放电动力学研究表明,在较高倍率放电条件下,镍电极的放电动力学是受固态质子扩散控制的。随着放电的进行,电极活性物质的导电率不断降低,直至出现质扩散阻抗与电荷转移电阻混合控制的情况。进一步放电,在集流体与活性物质界面会形成具有较高电阻的半导体层,使放电电位急剧下降。质子扩散速率和质子浓度与 NiOOH 的相组成以及晶体结构中的添加剂有关,钴可以提高活性物质的离子和电子导电性。从而使活性物质在耗散层形成之前具有较大的放电深度。

近年来,由于交流阻抗测量技术的发展和应用,一些研究者用电化学阻抗谱方法研究了镍电极反应过程中质子扩散、电子转移的动力学和半导体层的形成及行为。此外,最近有几篇关于镍电极充放电曲线数学模型研究的文献报道。Weidner 的研究同时考虑了质子扩散、电子电导和电荷转移电阻对氢氧化镍放电曲线的影响。理论模型与实验曲线符合得较好,结果表明:质子扩散电阻是决定放电曲线特征的一个关键因素;放电末期,欧姆电阻对放电曲线具有重要的影响;电荷转移电阻对极化的影响不大。Motupally 等建立了镍电极放电过程中质子扩散的动力学模型,并由此预测镍电极活性物质的利用率。

6) 添加剂对镍电极性能的影响

镍电极添加剂的研究一直是一个活跃的研究方向,关于这方面的研究很多。镍电极添加剂的研究之所以引人注目是因为这一研究不仅可能取得提高镍电极性能的实际效益,而且对添加剂作用机理的研究有助于揭示镍电极过程的历程,深入了解镍电极组成、结构与性能的内在关系。

添加剂对镍电极的作用大体上有四个方面:① 提高镍电极活性物质的利用率;② 提高镍电极的放电电位;③ 提高镍电极的使用寿命;④ 改善镍电极在宽温度范围内的使用性能和大电流放电能力。添加剂按其载入方式不同大致可分为以下几种类型:① 化学共沉积方式(如化学共沉淀镍、钴、锌氢氧化物);② 电化学共沉积方式(如电化学浸渍共沉积镍、钴氢氧化物);③ 表面沉积方式(如氢氧化镍表面化学沉积钴或氢氧化钴);④ 物理添加方式(如在氢氧化镍中添加氧化钴);⑤ 在电解液中加入添加剂(如在电解液中添加 Li^+ 离子)。其中①、②两种方式是在制备 $Ni(OH)_2$ 的过程中引入异种元素,形成固溶体,性质较均匀;第③种方式是在 $Ni(OH)_2$ 颗粒表面沉积一薄层其他物质,主要改善表面性能;物理添加方式是在活性物质 $Ni(OH)_2$ 粉末中加入添加剂粉末,混合均匀后再和膏、涂膏,适宜于泡沫镍电极的制备,一些不能用前三种方式载入的添加剂如金属氧化物或其他一些物质只能采用这种方式。这种方式加入的添加剂主要是改善活性物质的表面性能。其中有些能够通过镍电极充放电循环过程中的重新分布渗入到活性物质晶格中改变活性物质的微观结构和性能。

7) 共沉积方式

在所有添加剂中,钴是研究得最早、最多也是最深入的添加剂,关于共沉积氢氧化钴添加剂的文献报道较多。早期的氢氧化钴添加剂研究都是针对电化学共沉积氢氧化钴,这是因为当时的镍电极多为烧结式镍电极;另一方面,电沉积薄膜电极也便于理论研究。后来随着泡沫镍电极的兴起,自然就有了化学共沉积氢氧化钴对镍电极作用的研究。钴对镍电极的作用可大致归纳为:① 降低镍电极反应的电荷转移电阻;② 改善氢氧化镍的质子传导性;③ 减小电子电阻,提高放电深度;④ 提高析氧过电位和充电效率;⑤ 抑制 γ-NiOOH 的形成;⑥ 减小杂质铁对镍电极的毒化效应。

在氧化镍中,共沉积方式添加的钴以 $Ni_{1-x}Co_x(OH)_2$ 固溶体形式存在,钴取代部分镍的位置,在 $Ni(OH)_2$ 和 NiOOH 晶格中形成阳离子杂质缺陷。缺陷的存在,可增加充放电过程中 H^+ 的进出自由度,提高 $Ni(II)/Ni(III)$ 反应的可逆性,钴的添加量在 3% 以下较为合适,过高的钴添加量对电化学性能的提高无益。

镍电极在充电过程中的充电效率是与正极表面上的析氧过电位有关的。G. Bronoel 和

J. Reby 曾研究过碱溶液中镍电极上析氧反应的机理。Oshitani 等对在 $Ni(NO_3)_2$ 和 $Co(NO_3)_2$ 溶液中通过电化学浸渍得到的烧结镍电极的研究发现：$Ni(OH)_2$ 晶格中含有 $Co(OH)_2$ 可以降低 $Ni(OH)_2$ 的氧化电位，若同时在电极表面通过电化学沉积上一层 $Cd(OH)_2$。则可提高正极的析氧过电位，这样就使得充电效率大大提高。Zimmerman 对烧结镍电极的充放电性能和衰退行为研究后认为：放电过程中，在高的电势区域，即镍的平均氧化态在 2.2 之上时，质子在固相中的扩散阻抗占主导地位；而在电势低于 0.3 V 时，电极反应的电荷转移电阻开始占主导地位。研究表明，钴添加剂可降低扩散电阻和电荷转移电阻。由图 1 可知，镍电极在过充电时可形成密度比 β-镍 $(OH)_2$($3.97\ g/cm^3$) 低的 γ-NiOOH，引起镍电极的膨胀。通过对镍电极在循环过程中的膨胀行为研究，Oshitani 等认为：在镍电极中添加镉、锌、镁可以有效阻止 γ-NiOOH 的形成，特别是钴和镉同时添加效果更明显。当镍电极组成为 90%$Ni(OH)_2$：5%$Cd(OH)_2$：5%$Co(OH)_2$ 时，膨胀最小。

共沉积镉主要有两种作用：提高析氧电位和防止过充时 γ-NiOOH 的产生。通常钴、镉同时添加效果更好。但由于镉对生态环境有较大的危害，镉的使用受到越来越严格的限制。近年来，用锌取代镉制备共沉积镍、钴、锌的 $Ni(OH)_2$ 已成为趋势。Unates 等用循环伏安方法研究了在铂基体上共沉积锌的 $Ni(OH)_2$ 薄膜电极的电化学行为，发现：共沉积锌改善了 $Ni(OH)_2$ 反应 $Ni(II)/Ni(III)$ 的效率（$Ni/Zn=0.2$）；降低了深充放电循环过程中的容量衰退速度；提高了析氧反应的极化。Unates 等进一步研究了钴、镉、锌对 $Ni(OH)_2$ 电极循环伏安行为的影响。$Co(OH)_2$ 提高了 $Ni(II)/Ni(III)$ 电化学反应的可逆性，金属氢氧化物层中钴和锌离子同时存在对活性物质的长期稳定性和效率产生有利的影响，$Cd(OH)_2$ 提高了析氧反应的极化。

除了共沉积钴、镉、锌之外，被研究的共沉积元素还有钙、镁、钡、锶等，共沉积钴、镉、锌并不能提高活性物质利用率，但能够抑制镍电极的膨胀，延长循环寿命。共沉积钙、镁、钡、锌能显著提高镍电极的放电电位，但钙、镁同时也使镍电极的膨胀加剧，这是因为它们的离子半径较大。Ding YunChang 等用循环伏安法研究了共沉积锰、铁、铅等共晶氢氧化镍在 5 mol/L KOH 溶液中的电化学行为，结果表明：钴、锰、锌能提高析氧过电位和降低镍电极的氧化还原电位。与此相反，铁和铅能降低析氧过电位，因而对镍电极有害，然而添加的钴对铁和铅的毒化具有抑制作用。

由于 γ-NiOOH($3.79\ g/cm^3$) 的密度比 α-$Ni(OH)_2$($2.82\ g/cm^3$) 高，若能使镍电极反应在 α-$Ni(OH)_2 \leftrightarrow \gamma$-NiOOH 之间转变，则不会存在镍电极充电时的膨胀问题。另一方面，γ-NiOOH 中的 Ni 的氧化态高达 3.67，那么反应的理论电子转移数就是 1.67，即理论容量比 β 相之间转变要高得多。因此，制备 α-$Ni(OH)_2$ 及在电池中的应用引起了人们的兴趣。由于通常的 α-$Ni(OH)_2$ 在碱溶液中不稳定，要转化为 β-$Ni(OH)_2$，所以首要的问题是要制备出稳定结构的 α-$Ni(OH)_2$，掺杂高价离子（如 Al^{3+}）可使结构稳定。但问题是，掺杂大量高价离子 α-$Ni(OH)_2$，其堆积密度很低，且实际质量能量比也达不到其理论值，目前还不能在电池中实际应用，如何解决这一问题还是今后的一个研究课题。

8）表面沉积方式

小仓弘幸等在金基体上电沉积 $Ni(OH)_2$ 膜，然后再在其上电化学浸渍包覆一层

$Co(OH)_2$，实验表明，这种表面沉积 $Co(OH)_2$ 的 $Ni(OH)_2$ 电极的循环伏安充放电行为不同于共沉积的 $Co(OH)_2/Ni(OH)_2$ 电极。Russell 和 Kuklinski 用他们发明的方法在烧结镍电极表面电化学沉积 $Co(OH)_2$，作为添加剂，电极经 4 000 次循环后表明，这种钴增强的镍电极具有很好的高倍率充放电性能。对于涂膏式镍电极用的粉末 $Ni(OH)_2$，就不能用电沉积方式沉积 $Co(OH)_2$。但可用化学沉积方式沉积 $Co(OH)_2$ 或钴。$Ni(OH)_2$ 表面沉积少量的 $Co(OH)_2$ 或钴可使其利用率显著提高，如表面包覆 84% 钴的 $Ni(OH)_2$ 其放电比容量高达 287 mAh/g，接近电子转移的理论值。

9) 物理添加方式

如果说，与氢氧化镍共晶的添加剂主要是改变活性物质的内部结构，来提高镍电极的性能(如质子扩散速率和循环稳定性)的话，那么采用物理添加方式加入的添加剂则主要是改变活性物质的表面性能。对于粉末填充式电极来说，两种方式都很重要且作用是互补的，后一种方式的实际效果往往更明显。

B. KIapste 等研究了 $Co(OH)_2$ 添加剂对塑料粘接式镍电极放电行为的影响，结果表明：添加 $Co(OH)_2$ 的镍电极放电容量较高。放电较彻底；而不添加 $Co(OH)_2$ 的镍电极放电容量不高，具有残余容量。即放电到截止电位时电极电位急剧下降，然后出现一较低的电位平台，这就是所谓镍电极放电的第二平台现象。

泡沫镍电极工艺的出现使得添加剂的研究成为热点，使人们在不断地试验和寻找有效的添加剂来提高活性物质利用率和其他电性能。松本功等研究了多种金属(铝、铬、锰、镍、铁、钴、铜、锌、硒、锡、锑、碲、铋)和金属氧化物 Al_2O_3、$Al(OH)_3$、Co_2O_3、Ni_3O_4、RuO_2、CdO、Sb_2O_3、PbO、RiO_2 对泡沫镍电极活性物质利用率的影响，发现只有钴和镍能够不同程度地提高活性物质利用率，其中加钴的利用率为 80%～90%，加镍的利用率为 70%～75%。

Oshitani 等对几种添加剂的研究发现，CoO 对活性物质利用率的提高最为有效，并认为 CoO 通过物理混合方式添加到镍电极活性物质中后，当电极在 KOH 溶液中放置时，添加的 CoO 通过溶解—沉积机理

$$CoO + nOH^- \longrightarrow Co(II)complex$$

$$Co(II)complex + H_2O \longrightarrow \beta - Co(OH)_2 + nOH^-$$

转变为 $\beta-Co(OH)_2$ 沉积在 $Ni(OH)_2$ 颗粒表面，随后在充电过程中转变为高价态的 $\beta-CoOOH$。当电极放电时 $\beta-CoOOH$ 不能可逆转变为 $\beta-Co(OH)_2$。由于充电氧化形成的 $\beta-CoOOH$ 具有良好的电子导电性，使得镍电极放电深度大大增加。从而显著提高了活性物质利用率和放电电位。当添加的 CoO 量为 12%(质量百分数)时，电极的质量(包括 CoO 的量)比容量可达 250～255 mAh/g。相应的比能量为 520 mAh/cm^3，高于烧结镍电极的极限比能量 400 mAh/cm^3。

作者曾用循环伏安和恒电流充放电曲线方法研究了金属钴粉添加剂对镍电极的作用及其机理，添加的金属钴粉在充电过程中氧化为导电性能良好的 CoOOH，为 $Ni(OH)_2$ 颗粒间以及颗粒与集流体间提供良好的电子通道。增加了镍电极的放电深度。另一方面，添加钴粉能够在一定程度上提高析氧过电位，提高充电效率。对镍电极具有有益作用的钴类添加

剂还有钴盐,如硫酸钴、乙酸钴等。

松田宏梦和生驹宗久开发出一种电动车用 MH-Ni 电池。电池的正极活性物质中添加钙化合物如 $Ca(OH)_2$、CaS 和 CaF_2 后发现添加钙化合物的正极在充电后期析氧电位提高,即增加了析氧过电位,从而使得镍电极的充电效率和活性物质利用率大大提高,都在 80％以上,其中添加 CaF_2 的最高,达 85％。作者研究了同时添加钴和钙化合物如 $Ca(OH)_2$、$CaCO_3$ 和 CaF_2 对镍电极性能的影响,结果表明,其中同时添加 5％(质量百分数)钙和 5％(质量百分数)$CaCO_3$ 的镍电极最好。

10) 电极制备工艺条件对镍电极性能的影响

除了添加剂对镍电极性能产生重要影响外,其他一些制备条件如黏结剂的组成及用量、烘干温度、电极成型条件等因素也在一定程度上影响镍电极的性能。S. Kulcsar 等用扫描电镜(SEM)观察到压制成型的塑料粘接式镍电极中黏结剂 PTFE 的形态分布,直径为 $100\sim 500\ nm$ 具有一定长度的 PTFE 纤维在镍电极中形成网状结构,使活性物质紧密结合在一起而不降低电极的导电性。周震等用恒流放电法、循环伏安法和电化学阻抗谱法研究了黏结剂 PTFE 对泡沫型氢氧化镍电极电化学性能的影响,发现 PTFE 的存在会增加电极的电化学反应电阻。降低电极反应的可逆性,从而使得电极的放电电位及容量有所降低,因此在制作黏结式镍电极的过程中。在保证活性物质不脱落的情况下应尽量减少黏结剂的用量。

4.2　纳米镍粉制备的研究进展

纳米镍粉由于具有独特的物理、化学性质,在催化剂、磁性材料、导电浆料、纳米涂层材料及硬质合金黏结剂等许多领域得到广泛的应用,如以纳米镍制成的催化剂可使有机物的加氢和脱氢反应的效率比传统镍催化剂提高 10 倍。在纳米镍粉的制备方面已开展了大量的研究工作,取得了很大的进展,其制备方法的研究也由蒸发冷凝法发展到电爆炸丝法、溶胶—凝胶法、微乳液法、水热法等多种新型方法。本文就近年来纳米镍粉的制备方法进行综述。

4.2.1　气相法

1) 普通气相法

普通气相法用普通热源在真空或者低压惰性气体中加热坩埚内的金属使其蒸发后形成纳米微粒。1984 年,德国科学家 Gleiter 等首次用惰性气体凝聚法成功地制得 30 nm 的镍粉。此后,该法得到了不断的改进。采用电或石墨加热器,在充有几百帕的压力下可制备 10 nm 左右的镍、铝、镁等金属纳米粉。采用能旋转的圆盘收集粉体,通过真空蒸馏浓缩产物,可得到粒径在 $3\sim 8\ nm$ 之间的镍、银、铜等金属粉体。Hayashi 等用该法使饱和金属蒸气在惰性气体中冷凝得到纳米镍粉。

2) 等离子体法

等离子体温度高,反应速度快,可获得均匀小颗粒的纳米粉体,易于实现批量生产,几乎可制备任何纳米材料。左东华等采用氢电弧等离子体法制备出纳米镍粉,平均粒径几十纳米,粒子多为球形和多面体形,用作催化剂在加氢反应中显示出良好的催化活性和选择性。孙维民等以高熔点金属钨和制备纳米粉体用的金属镍的合金为原料,用直流电弧等离子体法连续制备高纯度的纳米镍粉。此外,吉林大学与长春市某研究所合作研制生产出镍、钛、钴等金属纳米粉末,并成功地应用于冶炼碳化钨硬质合金。

3) 溅射法

溅射法是在惰性气氛或活性气氛下在阳极和阴极蒸发材料间加上几百伏的直流电压,使之产生辉光放电,放电中的离子撞击到阴极的蒸发材料靶上,靶材的原子就会由靶材表面蒸发出来,蒸发原子被惰性气体冷却而凝结或与活性气体反应而形成纳米微粒。粒子的大小及尺寸分布主要取决于两极间的电压、电流和气体压力。该法投资少,技术成熟,可制备出镍、铁、铜等多种金属与合金的纳米粉体。Teng 等采用溅射法在高压 He 气中制备出小于 10 nm 的镍颗粒。氦气流速为主要影响因素,当其为 20 m/s 和 56 m/s 时,可得粒径分别为 13 nm 和 7 nm 的镍微粒。

4) 电爆炸丝法

电爆炸丝法是制备金属和合金粉末的一种较新方法,用这种方法制备纳米粉体是在一定的气体介质环境下,通过对金属或合金原料丝沿轴线方向施加直流高电压,在原料丝内部形成很高的电流密度(10^7 A/cm^2),使之爆炸获得纳米粉体。采用此方法,可制备所有能拉成丝的金属及金属合金粉体,如镍、钴、钨等多种纳米粉体,其粒度为 10～100 nm,纯度高于 99%。Tepper 在氩气中对金属丝施加高能电脉冲产生爆炸,获得了活性高、颗粒内部有晶格缺陷、可自燃的球形纳米镍粉。每批次可生产数千克。目前,美国、日本、德国、俄罗斯等国家已开始大规模应用。

4.2.2 液相法

1) 液相还原法

在液相或非常接近液相的状态下将原料物质直接还原可以制备金属粉体。溶液化学还原法因具有工艺简单,产物粒径、形貌、纯度、性质易控等特点,因此备受人们的关注。张楠等以 $NiSO_4 \cdot 6H_2O$ 为原料,$N_2H_4 \cdot H_2O$ 为还原剂,用 NaOH 调节溶液 pH 值,控制反应物浓度及反应温度,制备出平均粒径为 62 nm 的球形纳米镍。Anne 等在乙醇中以三苯磷为稳定剂,用 Et_2AlH 还原制得仅 4 nm 的镍颗粒;但用该法得到的纳米镍在加氢反应中活性很低,可能是由于稳定剂分子覆盖在镍颗粒表面而引起的。此外,李鹏等用 1,2 丙二醇作还原剂,制备了晶粒尺寸小于 50 nm、具有面心立方晶体结构的纳米镍粉。通过实验比较得出,还原反应在醇水体系和醇溶液中的反应历程不同,醇溶液体系更有利于用来制备纳米镍粉。阎玺等还原制备出约为 12 nm 的 PyDDP 修饰的镍纳米微粒,具有良好的油溶性,解决了纳米镍粉末在基础油分散性不好及易沉淀的问题,有望应用于基础油中,成为新一代润滑剂。化学还原法还可以制备非晶镍粒子,它作为催化材料具有优异的性质。如用硼氢化钠、次磷酸钠作还原剂可制备出非晶的球形 NiB、NiP、NiBP 纳米合金粉。通过控制反应条件(如反应溶液浓度和滴加速度等)可制备出不同组成及不同分散状态的镍合金。Glavee 等和

Haber 等在四氢呋喃(THF)和甲醇溶液中,以 $NaBH_4$ 和 KBH_4 还原 Ni^{2+} 制得平均粒径为几十纳米的镍粉,沈俭一等用 KBH_4 和 NH_2PO_2 在水溶液中还原 Ni^{2+} 制备了 $Ni_{65}B_{35}$ 和 $Ni_{89}R_{11}$ 纳米非晶粒子,其粒径分别为 20 nm 和 110 nm。

2) 溶胶—凝胶法

溶胶—凝胶法是将金属醇盐或无机盐经水解直接形成溶胶或经解凝形成溶胶,然后使溶质聚合胶化,再将凝胶干燥、焙烧去除有机成分,撮合得到无机材料的方法。此方法反应温度低,所得产物颗粒小、糙度分布窄、纯度高和组成精确等特点,但是由于使用金属醇盐作原料,因此成本高,容易造成污染。Chatterjee 等采用此法制备出 5～11 nm 的纳米镍粒子。此外,Monaci 等将 $Si(OC_2H_5)_4$(TEOS)的乙醇溶液与 $Ni(NO_3)_2 \cdot 6H_2O$ 混合,于高温还原气氛中还原制备了粒径为 5 nm 的 Ni/SiO_2 复合粉末,所得样品在加氢反应试验中有良好的催化性能。

3) 水热法(高温水解法)

水热法是在高温高压下在水(水溶液)或蒸气等流体中进行有关化学还原反应的方法,可获得通常条件下难以获得的几纳米至几十纳米的粉末,且粒度分布窄,团聚程度低,纯度高,晶格发育完整,在制备过程中污染小,能耗少。水热法中选择合适的原料配比尤为重要,对原料的纯度要求高。陶昌源用碱式碳酸镍及氢氧化镍水热还原工艺制备出最小粒径为 30 nm 的镍粉。喻克宁等用由 $NiSO_4$ 得到的 $Ni(OH)_2$ 水浆,以 $PdCl_2$ 为催化剂,经氢还原得平均粒径小于 20 nm 的镍粉。近年来在该领域又发展了一些新技术,如微波水热法、超临界水热法等。Wada 等用微波水热法,通过 $Ni(OH)_2$ 与 ethylene glycol 在微波辐射条件下反应,得到粒径为 5～8 nm 的镍粉。

4) γ射线法

γ射线辐射可直接从水溶液环境中制得纳米级金属,反应条件为常温常压,近年来被用于制备纳米粉体。在一定量(Gy/min)γ射线放射源如钴中辐照经预处理的金属盐的溶液,产物经分离、洗涤、干燥即得金属纳米粉。用此法获得了镍、银、金、铂、钯等多种纳米粉体。陈祖耀等采用 γ射线辐射法制备了纳米镍粉,其粒径范围为 5～20 nm。当所用的金属盐溶液浓度很稀且辐照时间短时,产物则处于一种微团簇结构。收集相当困难。而水热处理是收集此纳米金属粉末的有效方法,因此常将 γ射线辐照成核与水热结晶结合起来。采用 γ射线辐射—水热结晶联合法可获得平均粒径 20 nm 的纳米镍粉。用 γ射线辐射一般制得球形纳米粒子,但是在引入外磁场的条件下可以控制所得的粒子的形状。Wang 等在水溶液中用 γ射线辐射制备纳米镍粉时,引入外磁场得到了针状的纳米镍。

5) 微乳液法

微乳液是指两种互不相溶的液体组成的宏观上均一而微观上不均匀的混合物,其中分散相以微液滴的形式存在,经混合反应,生成沉淀。由于微乳液极其微小。其中生成的沉淀颗粒也非常微小,而且均匀。Arturo 等在 $AOT-H_2O-n-Heptane$ 体系中,用 $NaBH_4$ 还原 $NiCl_2$,在 300℃惰性气体保护下结晶得纳米镍微粒,粒径 5～50 nm 内可调。Chen 等在水/CTAB(十六烷基三甲基溴化铵)/n-己醇微乳液体系中用水合肼还原 Ni^{2+},得到平均粒径为 4.2 nm 具有超顺磁性的面心立方晶体镍粒子。此外,辐射技术等也被引入纳米微粒的微乳液制备法中。在水溶液中加入适量表面活性剂,如 SDS(十二烷基磺酸钠),再经 γ 射线辐照还原,可制备出纳米微粒。Kurihata 等采用此法成功地制备出了金微粒。Barnickel 等对含 $AgNO_3$ 的微乳液进行紫外线照射,也得到了银微粒。这种方法也适用于纳米镍粒子的制备。

6) 电沉积法

电沉积法是一种很有应用前景的,易于在工业生产中推广应用的制备纳米材料的方法。用该法制备的粉体纯度高,粒度均匀。尤其是脉冲电沉积法,可以减少孔隙和减小内部应力,减少杂质,增加光亮度,且能很好地控制沉积层组成。McFadden 等利用电沉积技术制备出 20 nm 的镍粉,发现其拉伸超塑转变温度仅为 350℃,约为熔点的 36%,远低于粗晶镍的超塑变形温度。Wang 等采用该法制备出致密的纳米级镍,发现其在室温下即表现出明显的蠕变特性。何峰等用此法制备了表面有机包覆层、易于储运和使用的纳米镍粉。

4.2.3 固相法

高能球磨法是利用球磨机的振动或转动,使研磨球对原料进行强烈的撞击、研磨和搅拌,将机械能传递给原料,最终将金属或合金粉碎为纳米级微粒的方法。该法已成为制备金属材料的一种重要方法,其显著特点是产量高,工艺简单,能制备常规方法难以制备的高熔点金属纳米粉。缺点是晶粒尺寸不均匀,球磨过程中易引入杂质,降低产物的纯度。Eckertt 用这种方法制得了平均粒径为 6~22 nm 的镍粉。韦钦等在惰性气氛下用此法获得纯度很高,颗粒直径小于 30 nm 的纳米镍粉,惰性气氛下有效避免了纳米镍粉的氧化。

4.2.4 结语及展望

和其他纳米材料一样,纳米镍粉的制备方法很多,但像微波法和超临界法等较新的制备方法还需进一步完善。在以后的研究中.要把多种方法更好地联合起来,制备性能更优的纳米镍粉。纳米镍粉作为石油化工催化材料得到了广泛的研究,并且用于有机物的加氢脱氢方面的工业化生产。近年来,纳米镍非晶合金如 NiB、NiP、NiBP 等由于比表面积大、无序度高和组成可调等特性引起了人们极大的关注,并在催化和功能纳米复合涂料中显示出了优异的性能,也有望在军事领域中成为火炸药和火箭推进剂等含能材料的新一代的燃烧催化剂。虽然在纳米镍粉的制备和应用方面已取得了很大进展,但无论在理论上和实践上都存在许多有待研究的问题,如何有效地防止其团聚、如何有效地防止其表面的氧化、如何有效地保持其活性等都是在制备和应用中面临的严峻问题,因此从实验室走向工业化尚需进一步努力。可以预见,纳米镍粉制备方法的改进必将推动其在国民经济中发挥更加重要的作用。

第5章 金属镍纳米材料的制备及应用

5.1 镍纳米材料的制备

5.1.1 引言

纳米材料具有奇特的物理和化学性质,如:金属向绝缘体过渡、超强的机械性能、高的发光效率、较低的激光阈值、热电阻系数增强等特性。作为纳米材料重要成员之一的金属(及合金)纳米材料在光学、电子学、环境、医学等领域有着广泛的应用前景,为电子器件的微型化、纳米化提供了材料基础,已成为新一代纳米器件重要的"基石"。金属及合金纳米材料的生长是从一种气相、液相或固相向另一种固相转化,包括成核和生长两个阶段。当固相的结构单元,如原子、离子或分子的浓度足够高时,通过均相的成核作用,结构单元集结成小的晶核或团簇,这些晶核作为晶种使之进一步生长成更大的团簇。制备金属纳米材料需要特定的条件,比如一定的压强、温度、催化剂和激发源等。通过控制金属及合金纳米材料的生长条件,目前已发展了多种制备方法,主要包括气相法、液相法和固相法,以下将分别给予简述。

5.1.2 金属纳米材料的常规制备方法

1) 气相法

气相法是在适宜气氛中通过简单的热蒸发、溅射及化学气相沉积(chemical vapor deposition, CVD)等技术来制备金属及合金纳米材料,具体分为以下三大类:

(1) 气相蒸发法(蒸发冷凝法)。

在真空或惰性气氛中使金属源蒸发,达到过饱和状态,然后利用其与气体介质的碰撞而冷却凝结,制备金属纳米材料。目前,气体蒸发主要可分为电阻加热、等离子喷射加热、高频感应加热、电子束加热、激光束加热和电弧感应加热法。这些方法所采用的惰性气氛主要为氩气(Ar)或氦气(He);制的金属纳米材料主要包括:铝、镁、锌、铅、铬、铁、钴、镍、钙、银、铜、钼、钯、钽、钛和钒等。而合金纳米材料的制备难度较大,纳米合金的成分和结构取决于合金组元熔点高低、饱和蒸汽压大小、组元的物化性质、温度梯度等;当各组元蒸汽压、熔点相近时,可直接蒸发母合金,如磁性合金纳米材料;组元性质差别较大时易产生分馏,需要高熔点包覆小熔点材料蒸发,或者通过两个独立的蒸发源同时蒸发。

（2）溅射法。

溅射法主要包括辉光溅射和离子束溅射两种方法；其主要的工作原理是用两块金属或合金分别作为阳极和阴极，阴极为蒸发材料，两电极间充入氩气，然后施加一定的电压；通过两电极间的辉光放电形成氩离子，电场力使氩离子轰击阴极靶材，交换能量或动量，使靶材表面的原子或分子从其表面飞出后沉积到基片上形成纳米材料；目前已制备出的金属纳米材料有：钨、钼、银、铬等。

（3）化学气相沉积。

用金属或易挥发的金属化合物的蒸气通过化学反应合成所需的纳米材料，既可以是单一化合物的热分解，也可以是两种以上化合物之间的化学反应。化学气相沉积法可分为气相还原、气相热解等方法；其采用的原料通常易制备、蒸发压高、反应性好的金属氯化物、金属有机化合物或羰基化合物等。

2）液相法

液相法常伴有化学反应，因此也称之为湿化学法，是金属及合金纳米材料制备常采用的方法。其主要特征是将各种反应物溶于溶剂中，其可精确控制各组分的含量，实现原子、分子水平的精确控制。

（1）化学还原法。

在单一或多种金属熔盐中加入不同种类的还原剂便可制备不同种类的金属或合金纳米材料。

（2）辐射还原法。

辐射还原法的基本原理是通过电离辐射使水发生电离和激发，生成还原性的氢自由基、水和电子、氧化性的 OH 自由基；水和电子的标准氧化还原电位为 -2.77 V，具有很强的还原能力，可还原除碱金属和碱土金属以外的所有金属离子，因此当加入甲醇、异丙醇等自由基清除剂后，发生夺氢反应，而清除氧化性自由基 OH，生成的有机自由基也具有还原性，这些还原性粒子可逐步把金属离子还原成金属原子或低价的金属离子；生成的金属原子聚集成核并长大，最终成为金属或合金纳米材料。

（3）电解法。

主要包括水溶液和熔融盐电解法。利用类脉冲电镀沉积技术制备金属纳米材料；目前采用此法已制备的纳米材料有铜、银、金、铂、镍等。

3）固相法

固相法主要指的是高能球磨法（也称之为机械合金化），其基本原理是利用球磨机的转动或振动使硬球对原料进行强烈的撞击、研磨和搅拌（使材料之间发生界面反应），把金属或合金粉末粉碎为纳米级微粒；将两种或两种以上的金属粉末同时进行高能球磨，粉末经压延、压合、再次碾碎、再次压合的反复过程（冷焊—粉碎—冷焊的反复进行），最后获得组织和成分均匀的合金纳米材料。

5.1.3 磁性纳米材料的特性

磁性材料是古老而用途十分广泛的一种功能材料，通常认为磁性材料是由过渡元素铁、钴、镍及其合金等能够直接或间接产生磁性的物质。随着纳米合成与表征技术的不断发展，各种纳米尺度的磁性材料被合成和应用。磁性纳米材料的特性不同于常规的磁性块材,其原因是关联于与磁相关的特征物理长度恰好处于纳米量级,如:磁单畴尺寸、超顺磁性临界尺寸、交换作用长度以及电子平均自由程等大致处于1~100 nm 量级,当磁性体的尺寸与这些物理长度相当时,就会呈现反常的磁学性质,主要可归纳如下:

1) 单磁畴结构

宏观磁性块材在自由能最小的平衡状态下,为了降低退磁能,通常会形成多磁畴结构,即产生多个磁畴和畴壁,而磁畴和畴壁又分别具有一定的能量;当宏观磁性块材的尺寸减小到纳米级时,退磁能的减小程度已经比不上畴壁能的增大程度,因而,在一定的纳米尺度下,磁性纳米材料自由能最小的平衡状态不再是具有畴壁的多磁畴结构,而是没有畴壁的单磁畴结构。

2) 超顺磁性

纳米材料的尺寸小到一个临界值时便进入超顺磁状态,此时磁化率不再服从"居里—外斯定律";当磁畴体积小到可以受热振动影响而呈现混乱排列时,在外加磁场下其磁化曲线表现出可逆的剩磁和矫顽力均为零的特征,并且呈现普适磁化曲线,其磁化率远高于一般顺磁物质,这种磁性称为超顺磁性。对于某些材料还会产生超铁磁性或超反铁磁性。

3) 矫顽力

纳米材料尺寸高于超顺磁临界尺寸时通常呈现较高的矫顽力 Hc。一般来说,随着纳米材料的尺寸变小,饱和磁化矫顽强度 Ms 变小,矫顽力增大;这种高矫顽力现象可通过"一致转动模式"来解释;一致转动模式认为当材料的尺寸小到某一值时,每个粒子就是一个单磁畴,要使单磁畴消磁,必须使粒子整体磁矩反转,这需要很大的反向磁场,即具有较高的矫顽力。

4) 饱和磁化强度

饱和磁化强度通常可以显示出纳米材料尺寸的变化特征。随着材料尺寸的减小,饱和磁化强度会降低;然而,当尺寸进一步减小到某一程度,饱和磁化强度会增加。饱和磁化强度降低的可能原因有:① 金属磁性材料表面的氧化层;② 纳米材料表面的超顺磁相;③ 纳米材料表面配位体造成的磁矩冻结;④ 纳米材料表面自旋钉扎。

5) 居里温度

居里温度 Tc 与交换积分 A 成正比,并与原子构型和间距有关。对于纳米磁性材料,因小尺寸效应和表面效应而导致纳米材料的本征和内部的磁性变化,因此具有较低的居里温度。根据铁磁性理论,对于镍纳米材料,原子间距减小会导致 A 的减小,从而导致 Tc 随材料尺寸的减小而降低。

6) 表面磁结构

材料的表面原子比体内原子的对称性更低,因而导致材料表面磁性及其他特性不同于内部。对于体相材料,表面的影响很小,可以忽略。而对于纳米材料,表面的影响不能忽略;表面磁结构不同于体内磁结构是一些强磁性纳米材料的重要特征。

5.1.4 镍纳米材料的制备

1) 溶胶—凝胶法

将镍的醇盐或镍的无机盐溶解在有机溶剂中,通过水解-聚合反应形成均匀的溶胶,进一步反应并失去大部分有机溶剂转化成凝胶,再将聚合胶化的胶体干燥,焙烧去除有机成分最后得到镍纳米材料。Chatterjee 等学者先将分解温度较低的羧基喹啉镍盐溶解于无水乙醇形成溶胶,然后加入盐酸和溴化钾,使其形成凝胶,再将过滤后的胶体加热到300℃分解去除有机物,最后制得镍纳米粉。台湾的陈东煌课题组使用聚丙烯酸作为络合剂,采用溶胶—凝胶法制得了镍铁合金纳米材料。溶胶—凝胶法的优点是制备的镍纳米材料纯度较高、颗粒较小,适用于小尺寸的纳米颗粒的制备;但由于制备过程需要高温去除杂质,甚至需要保护气氛,制备颇为复杂;且金属醇盐的使用有一定的污染。

2) 模板法

模板法是制备纳米材料的常规方法,其主要是通过电场力将金属离子引入模板多孔阵列中,所使用的模板有硬模板和软模板;硬模板以多孔阳极氧化铝(AAO)模板为主,通过调节 AAO 孔径大小、深度和孔壁结构可调控纳米线的表面光滑度、长度、直径、阵列的面积密度。如 Tian 等学者通过在多孔 AAO 模板中直流电沉积制备了镍纳米线阵列,见图 5.1.1(A)。中国科学院的 Fei 课题组也在 AAO 模板中通过直流电沉积制得了直径不同、大量的 Ni 纳米线阵列,见图 5.1.1(B)。同时,印度的 Narayananl 等学者在三电极恒压系统中也制得了镍和钴纳米线阵列,并探讨了直流电沉积的机理,见图 5.1.1(C)。Li 等学者通过两步电沉积法制备了有序的 Ni/Cu 核壳纳米阵列;他们首先在 AAO 模板中电沉积镍获得镍纳米管,然后用 Ni/AAO 作为复合模板再沉积铜,最后获得 Ni/Cu 核壳阵列,其成果见图 5.1.1(D)。

除了使用硬模板之外,软模板也是制备镍纳米材料一个很重要的途径,常用的软模板有:三辛基氧膦(TOPO),聚乙烯吡咯烷酮(PVP),聚乙烯醇(PVA),十六烷基胺(HAD)等。如中国科技大学的陈乾旺课题组使用锌微球作为模板,在室温水溶液中制备了直径为 $3\sim8\ \mu m$ 的中空镍球,见图 5.1.1(E)。Zhou 等学者用三辛基氧化膦(TOPO)作为模板合成了平均直径为 30 nm 的 Ni/Ni_3C 核壳纳米球一维链,见图 5.1.1(F)。Wang 等学者使用聚乙烯吡咯烷酮(PVP)作为软模板组装了亚微米尺度的中空镍球一维纳米链,见图 5.1.1(G)。

模板法制备的镍纳米材料形态均匀且整齐有序,尤其是模板法制备的阵列产物适于磁学微器件的开发;而难点是如何获得一种制备简单、成本低廉、既有一定承载能力又易被除去而不污染产物的模板。

3) 化学气相沉积法

化学气相沉积法(CVD)是把所要制备的镍纳米材料相关的镍盐或相关物质热蒸发后,利用惰性气体作为载气,携带其进入高温反应炉,然后通过热解或反应沉积得到镍纳米粉体,或沉积到多孔模板上制得一维镍纳米材料。如 2010 年美国的 Fullerton 课题组在氩气作为保护气和载气的热 CVD 系统中,把氯化镍进行热蒸发,然后沉积在无定形的 Si/SiO_2 基底上,获得单晶的垂直镍纳米线,见图 5.1.2(A)。韩国国家科学院的 Kim 课题组热蒸发一定比例的氯化镍和氯化钴,再利用氩气将其携带至低温段,在蓝宝石基底上沉积生长了垂直的 Ni_3Co 合金纳米线,见图 5.1.2(B)。由此可见,CVD 法很容易制备出高质量、单晶的纳米材料;但载气流速和内部压力对产物形貌具有很大的影响,因此,CVD 法对实验参数具有很严格的要求。

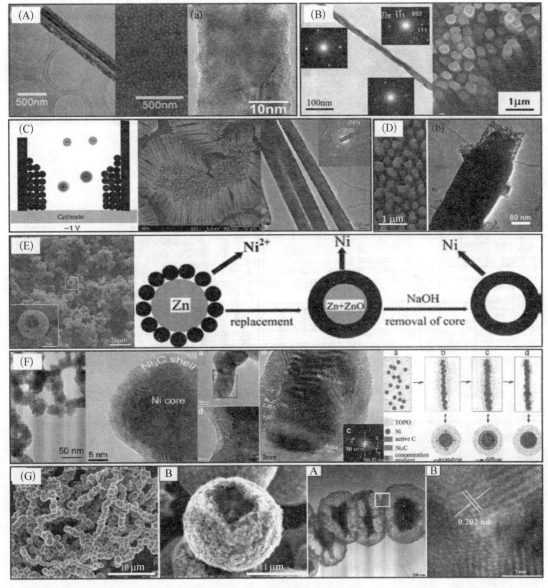

图 5.1.1　模板法制备纳米材料

（A）Tian 等学者制备的镍纳米线；（B）Fei 等学者制备的镍纳米线；（C）镍和 Co 纳米线阵列；（D）Ni/Cu 核壳结构；（E）中空镍微球；（F）Ni/Ni$_3$C 核壳纳米链；（G）中空微球组装的 Ni 链

4）化学还原法

化学还原法是在液相或非常接近液相的状态下利用还原剂（如多羟基化合物、氢气、水合肼、硼氢化钠、白磷等）在碱性条件下把金属盐还原成金属纳米材料；用水合肼作还原剂时，经常添加一些表面活性剂或高分子保护剂；用多羟基化合物作还原剂时，采用的是蒙脱石作层板；而用白磷作还原剂时，需要在高压釜中进行。如中国科技大学的 Zheng 课题组在2007 年利用水合肼还原丁二酮肟镍制得了六角的镍纳米材料并将其组装成独特的分层结构，见图 5.1.2（C）。Wang 等学者通过改变 pH 调节剂和还原剂的添加顺序和添加量、改变

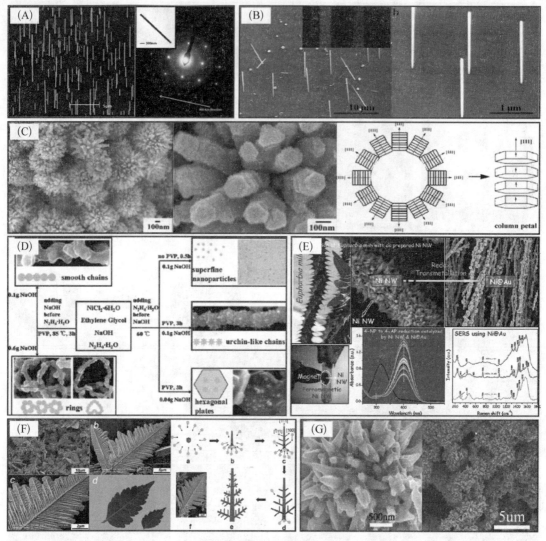

图 5.1.2　各种形状镍纳米结构

（A）单晶 Ni 纳米线；（B）单晶 Ni_3Co 纳米线；（C）分层的 Ni 纳米结构；（D）各种 Ni 纳米晶；（E）刺状 Ni - Au 纳米线；（F）Ni 树枝晶；（G）Ni 纳米花

表面活性剂的添加量等不同实验参数,制备出了平滑的镍纳米链、镍纳米环、镍纳米颗粒、刺状镍纳米链以及镍六角盘,见图 5.1.2(D)。印度学者 Sarkar 采用非极性表面活性剂辅助湿化学法控制生长了铁磁性超长刺状镍纳米线,其中肼作为还原剂,氯化镍作为金属离子前驱体;同时作者以制备的镍纳米线作为模板,沉积了金获得了 Ni - Au 纳米线,见图 5.1.2(E)。化学还原法制备镍纳米材料工艺简单,条件温和,产物形貌多样化,易于大批量生产;不足之处是产物形貌不易控制且产物形貌对工艺参数非常敏感,不适合规模化的纳米级器件的研究与开发。

5） 水热法

水热法是在一定温度和压力下加速离子反应并促进水解反应;其中,水既作为溶剂、膨化促进剂和压力传递介质;将水热法中的水介质换为有机溶剂,反应原理类似,称之为溶剂热法。Ye 等学者利用氨水将氯化镍和次磷酸钠的混合液调节到一定的 pH 值,然后将混合液转移至高压釜 160℃反应 24 h,获得独特的微米尺度的镍树枝晶,见图 5.1.2(F)。中国科技大学的钱逸泰院士课题组利用水热还原法制备出了铁磁性镍纳米尖组装而成的微米尺度的镍纳米花,并研究了其室温磁性能,见图 5.1.2(G)。水热法制备镍纳米材料,工艺简单(只需反应釜中反应物加热到一定温度保持一段时间即可)、污染小、能耗低;不足之处是难以工业化生产,工业中难以实现大体积高压釜环境,成本较高。

6) 微乳液法

两种互不相溶的液体在表面活性剂作用下形成相对稳定、各向同性、外观透明或半透明、宏观上均一而微观上不均匀、粒径在纳米尺度的分散体系称为微乳液。制备镍纳米材料的微乳液法多为油包水型微乳液(W/O);体系中水的含量、表面活性剂、助表面活性剂等都是控制粒子尺寸的可调因素。如中科大的镍等学者以"水/丁醇/油酸钾/煤油"为微乳液体系,合成了直径为 10 nm 左右、长度 200 nm 的镍纳米棒。台湾的陈东煌教授在油包水微乳液系统中,用肼还原氯化镍制得了镍纳米颗粒。微乳液法制备的镍纳米材料一般为颗粒状或针状结构,且产物因粒径细小而具有超顺磁性。

7) 其他方法

镍纳米材料的制备方法众多,除了上述方法之外还有 γ 射线辐照法、电解法、磁场辅助法等;为了获得独特的镍纳米结构,经常同时采用两种或两种以上的复合方法。γ 射线辐照法是一种物理手段与化学反应相结合的方法,是指常压下用蒸馏水和试剂配制成镍盐溶液,加入表面活性剂作金属镍胶体的稳定剂、异丙醇作自由基消除剂,调节溶液 pH 值,通入氢

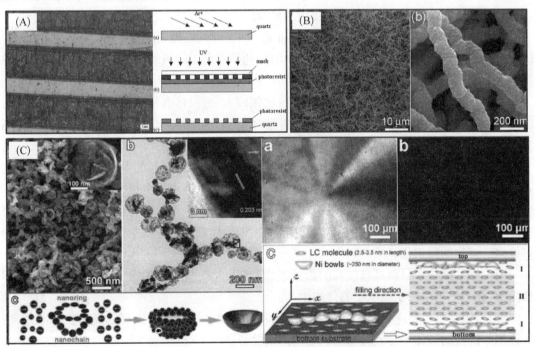

图 5.1.3　镍纳米材料的其他制备方法

(A) 镍纳米材料;(B) 镍和 Ni$_3$P 纳米线阵列;(C) 碗状镍纳米结构

气以消除溶液中溶解的氧,用 γ 射线源辐照混合溶液,再分离、洗涤、干燥即得镍纳米材料。如 Chang 等学者首先在密封溶液内部放置 NdFeB 引入磁场,然后利用 γ 射线辐照在微反应器管道内壁获得了镍纳米材料,见图 5.1.3(A)。此外,香港的 Hu 等学者采用微波辅助法制备了镍和 Ni_3P 纳米线,见图 5.1.3(B)。北京航空航天大学的周苇等学者 2011 年首次用 PVP 作为稳定剂将镍纳米颗粒磁性自组装为碗状结构,并应用于液晶方面,见图 5.1.3(C)。

5.2 镍纳米材料的应用概述

5.2.1 引言

金属镍纳米材料因其晶粒尺寸在纳米级,晶体中位于晶界和表面的原子占了相当大的比例,所以从力学性能到电、磁、光学性质都与体相金属材料不同;金属镍纳米材料具有独特的表面特性、吸附特性和铁磁性等,被广泛用于航空、环保、催化、电子、能源等领域。

由于比表面巨大(致使催化接触面大)且活性极高,镍纳米材料具有极强的催化效果。其对催化氧化、还原、裂解反应都具有很高的活性和选择性,对光解水制氢、有机合成反应也有明显的光催化活性。例如,纳米镍与 $\gamma\text{-}Al_2O_3$ 混合烧结体可代替贵金属作为汽车尾气净化催化剂;纳米镍催化剂在催化芳基硼酸与溴代芳烃的交叉欧联反应中显示了优异的催化活性及选择性,扩大了纳米镍在催化领域的研究。

将镍纳米材料添加到火箭的固体燃料推进剂中,可大幅提高燃烧的燃烧热、燃烧效率,改善燃烧的稳定性。例如,在燃料推进剂中添加约质量分数 1‰的镍纳米粉,每克燃料的燃料热便可增加一倍。

镍纳米材料由于表面积和表面原子所占比例较大,所以具有很高的能量状态,在较低的温度下便有很强的烧结能力,因此,可大幅度降低粉末冶金产品和高温陶瓷产品的烧结温度。

镍和银纳米材料利用适当的烧结工艺,可制造出具有大表面积的电极,可大幅提高放电效率。因此,可作为理想的化学电池、燃料电池和光化学电池中的电极。

电子浆料是电子元器件封装、电极和互联的关键材料,对微电子器件的小型化起着重要的作用。由金属镍纳米材料制成的导电浆料可用来替代钯或银等贵金属,且性能优异,有利于线路进一步的微细化。

因镍、铝、铜纳米材料具有较高的活化表面,在无氧条件下可在低于粉末熔点的温度实施涂层,此技术可应用于微电子器件的生产。

此外,镍纳米材料还可用来制备高密度磁带,由它制成的磁带、磁盘已商品化。同时,纳米镍用作汽油的添加剂可大大增加汽油的润滑性。

5.2.2　镍纳米材料的场电子发射应用

1) 场电子发射概述

(1) 场电子发射的定义。

电子从固体(金属或半导体)表面产生并发射进入真空的装置称之为电子发射器(电子枪、光源、电子束照明源、高能电子束);这种电子发射器的应用极为广泛,如平板显示、平行电子束光刻、X 射线源、电子显微镜、高能加速器、真空微波放大器等。电子从固体表面产生并发射方式有两种:一种为热电子发射(爱迪生效应);一种为场电子发射(冷电子发射、场发射、场致电子发射)。"热电子发射"是靠升高物体温度,给发射体内部的电子以附加能量,使一些电子越过发射体表面势垒逸出而形成的电子发射方式。这种方式发射能耗高,同时还有时间的延迟性。而所谓的"场电子发射"是靠强的外电场来压抑物体的表面势垒,使表面势垒的高度降低、宽度变窄,这样发射体内的大量电子由于隧道效应穿透固体表面势垒而逸出。这种发射方式无延迟性、功耗低、可实现大功率高密度电子流,因此场发射是一种非常有效的电子发射方式。

1928 年,Fowler-Nordheim 首次利用量子理论研究了金属场电子发射现象,并推导出了F - N 场电子发射公式:

$$J(E) = \frac{I}{S} = \left(\frac{AE_0^2}{\Phi}\right) \exp\left(-\frac{B\Phi^{3/2}}{E_0}\right) \tag{5-1}$$

式中,J 是场电子发射电流密度($\mu A/cm^2$);I 是总的发射电流(μA);S 是电子发射的有效区域(cm^2);$A = $(发射区域)$\times 1.54 \times 10^{-6}\ cm^2\ A(mV^{-1})^2\ eV$;$B = 6.83 \times 109(Vm^{-1})$ $eV^{-3/2}$;Φ 是金属材料的功函数(镍的功函数是 5.15 eV);E_0 是发射尖端的区域电场($V\mu m^{-1}$),其可表达如下:

$$E_0 = \beta\left(\frac{E}{d}\right) \tag{5-2}$$

式中,E 是阴极和阳极之间施加的电压(V);d 是两个电极之间的内间距(μm);β 是场增强因子,其大小依赖于金属材料的形貌、晶体结构、尖端曲率、发射尖端的面密度等。场增强因子量化了平面内尖端的场增强程度,代表着尖端电场的真实值。由公式(5 - 1)和(5 - 2)可推导出:

$$\ln\left(\frac{J}{E^2}\right) = \ln\left(\frac{A\beta^2}{d^2\Phi}\right) - \left(\frac{Bd\Phi^{3/2}}{\beta}\right) \times \left(\frac{1}{E}\right) \tag{5-3}$$

从公式(5 - 3),可推导出 $\ln(J/E^2)$ 和 $(1/E)$ 之间的一个线性关系,因此,通过判断试样的 $\ln(J/E^2)$ 和 $(1/E)$ 是否为线性关系,可以确定试样的 I - V 曲线是否为场电子发射所致。其中线性的斜率可表达为:

$$k = (Bd\Phi^{3/2})/\beta \tag{5-4}$$

因此,场增强因子 β 可以很容易地从实验数据拟合的 F-N 曲线的斜率 k 推导出。

(2) 场电子发射的分类。

根据场电子发射阴极的不同可分为两类:

① 尖型场电子发射。低压下形成场致发射,需要利用尖端效应,将阴极表面作成具有很大曲率的尖端才能获得高场强。常用的场电子发射阴极有:Spint 型(金属尖锥)(见图 5.2.1)、硅尖锥型、混合型(在金属尖锥表面镀上一层功函数小的金属薄膜铯、钽、铂等)。

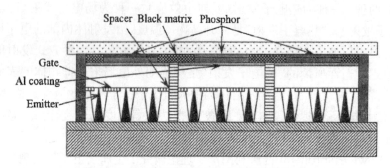

图 5.2.1　Spindt 型微尖场电子发射结构示意

② 薄膜型场电子发射。金刚石薄膜或类金刚石薄膜作为场致发射阴极,这类材料具有负的电子亲和势,功函数为 0.2~0.3 eV,因此做场致发射阴极非常合适。此外,金刚石优良的导热性、稳定的化学性质、好的机械强度等都使金刚石表现出作为场致发射阴极的优势。

(3) 场电子发射的应用。

利用场电子发射制造的真空微电子器件有许多超过固体器件的优点,例如真空微电子器件能提供很高的电流密度,在真空微电子器件中电子的弹道传输方式比半导体器件中的荷电粒子的传输方式更有效、速度更快且基本无功耗;此外,利用场电子发射制作的电子发射源工作时无须加热、启动快、对辐射不敏感、无阴极蒸发等诸多优点,且其应用前景非常广泛,如应用于微波器件、场电子发射显示器及传感器等方面。

① 微波器件。场电子发射在微波管中的应用主要有两种:一种是预调制放大器,有耦合腔输出的窄带器件速调四极管和螺旋线输出的宽带器件行波速调四极管。二是小型行波管(TWT),用场致发射阴极直接代替 TWT 中的热阴极做小型化的中功率的 TWT 放大器。微波器件应用要求场致发射阴极电子源具有高电流密度、低发散、性能稳定可靠、长寿命及栅控能力。大电流、高跨导、低电容的场致发射阴极是提高场致发射微波器件的关键。

② 显示屏。场致发射显示屏(field emission display, FED)是一种能够实现轻薄化、功耗低、抗干扰、大屏幕和良好像质的新型显示器件,其原理示意图见图 5.2.2(A);其各方面性能如亮度、功耗、分辨率、响应速度等方面都有与其他显示器相竞争的实力。场致发射显示屏由场致发射阴极阵列、驱动电路和涂有导电薄膜(阳极)及荧光粉的玻璃板构成,阴极是场致发射平板显示器的核心部分。

③ 传感器。场电子发射在传感器方面的主要应用有:真空微电子磁敏传感器、压力传

感器、加速度传感器及图像传感器等。如：压力传感器的结构主要有场致发射阴极、真空腔和阳极等，阳极或场发射阴极可作为压力敏感膜，当其受到压力时将发生形变，阴极与阳极之间的距离变化从而使阴极发射尖锥的场强发生改变，最终表现为输出电流的变化，因而可通过测量电流得到相应的压力值，原理示意图见图 5.2.2(B)。一般利用场致发射制作的真空微电子传感器具有灵敏度高、抗辐射、体积小、低功耗等优点。

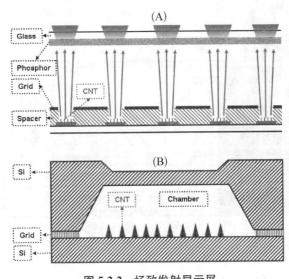

图 5.2.2　场致发射显示屏

(A) 场电子发射显示屏原理示意图；(B) 场电子发射压力传感器示意图

2) 镍纳米材料的场电子发射

目前已制备且用于场电子发射的纳米材料有碳纳米管、石墨烯、氧化石墨烯、半导体纳米尖端、金属纳米尖端；其中，镍纳米晶展示了优异的导电性和场电子发射性能，此处我们对镍纳米晶的场电子发射研究进行总结。

2012 年，美国伦敦大学的 Feizi 学者首先通过两步电化学的方法制得 AAO 模板，然后在镍基底上利用 AAO 模板控制生长了直径为 110～170 nm 的镍纳米棒，最后用于场电子发射研究；研究发现镍纳米棒的发射电流为镍薄膜的 4 倍，且开启电压仅为 0.5 V，见图 5.2.3 (A)。2010 年上海交通大学的 Hang 学者通过无模板一步电沉积法制备了镍纳米锥，且纳米锥的尺寸和顶角可通过电流密度和沉积时间得到很好的控制，场电子发射测试发现：镍纳米锥具有较低的开启电场 5～6 V/μm、较大的发射电流 155～206 μA，且纳米锥的形貌和密度很大地影响了场发射性能，具体测试结果见图 5.2.3(B)。

2009 年，我国台湾清华大学的 Lee 学者通过气相沉积法在镍箔上生长了长度为几十微米、直径为 40～80 nm 的单晶 $NiSi_2$ 纳米线，且此纳米线拥有较低的电阻率和较优良的场电子发射性能，测试结果为：最大失效电流为 3.0×10^8 A/cm²、开启电场为 1.5 V/μm、场增强因子为 2 970，见图 5.2.4(A)，$NiSi_2$ 纳米线这种优异的场发射性能为纳米电子器件的应用提供了很大的前景。2008 年，韩国机械与材料研究院的 Kim 学者通过物理气相沉积法在不同的基底上制得了 Ni‐Si 纳米线，场发射测量发现：在硅和钨基底上生长的 Ni‐Si 纳米线的

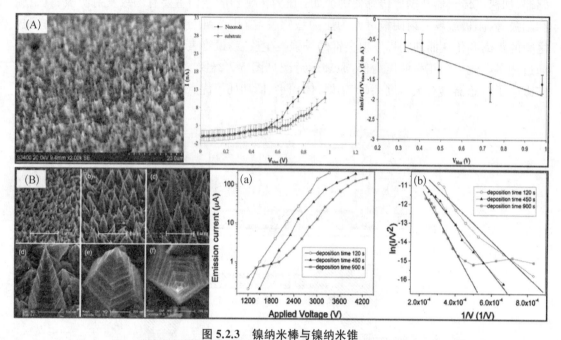

图 5.2.3　镍纳米棒与镍纳米锥

（A）镍纳米棒的合成及场电子发射性能；（B）镍纳米锥阵列的制备及场电子发射性能

场增强因子分别为 3 180 和 3 002；由于钨基底的优异传导性能导致在 5 V/μm 时发射电流为 172.5 μA/cm² （硅基底的发射电流为 76.5 μA/cm²），具体结果见图 5.2.4（B）。

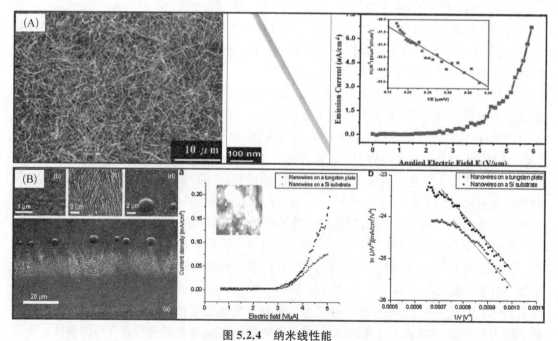

图 5.2.4　纳米线性能

（A）单晶 NiSi₂ 纳米线的合成及场电子发射性能；（B）Ni‐Si 纳米线的形成及场发射性能

5.3　镍纳米锥阵列的制备及场发射性能研究

5.3.1　引言

最近一些年,很多课题组专注于电子发射器,因为其应用极为广泛,如平板显示、平行电子束光刻、X射线源、扫描电镜、透射电镜、阴极射线管、高能加速器、真空微波放大器。电子通过高温加热(热电子发射)或者施加大电场能(场电子发射、冷电子发射)从金属或半导体表面发射进入真空环境。相对于热发射来说,冷电子发射方式无延迟性、功耗低、可实现大功率高密度电子流,因此场电子发射是一种非常有效的电子发射方式。在场电子发射中,一个很强的外电场使电子突破固体表面的潜在势垒进行隧穿。这个势垒等同于零电场下冷阴极材料的功函数,外电场作用下其变的很低、很窄,导致电子的随穿。对于场电子发射的商业应用来说,增大发射电流密度、降低开启电场强度是非常有必要的。一般来说,满足这些要求的最有效的方式就是降低冷发射材料的几何尺寸,如降低材料的尖端尺寸(纳米尖端)。

目前,生长在一个平板基底上的纳米尺度的尖端展示了非常优异的场电子发射特征,特别是在纳米尖端的局部区域发射较高密度的电子流。在场电子发射研究领域,很多学者付出了很大的努力去制备各种纳米结构,已制备的场发射尖端纳米材料有:碳纳米管、石墨烯、氧化石墨烯、半导体纳米尖、金属纳米尖。在这些纳米材料中,金属纳米锥展现了优异的导电性和优良的场电子发射特性,因此纳米金属锥很有可能应用于平板显示和扫描探针的电子发射枪。然而,金属纳米锥的制备报道较少,且制备方法主要集中在电沉积方法上。例如,Nagaura等学者利用电沉积和阳极氧化的方法合成了尖端间隔为100 nm的六角有序镍纳米锥。Huang等学者通过直流电沉积的方法制备了镍纳米锥阵列,且这种镍纳米锥阵列具有很好的场电子发射性能,如较低的开启电场(5~6.7 V/μm)和较大的发射电流(155~206 μA)。在这一章里,我们通过一个简单的水热反应在镍箔基底上生长了镍纳米锥;这些已经制备的拥有纳米尺度的尖端的镍纳米锥能有效地增加发射电流密度和见地开启电场强度,对于平面显示和电子显微来说这一点尤为重要。

5.3.2　镍纳米锥阵列的制备

为了在镍箔基底上生长镍纳米锥,我们将商业的镍箔分别在去离子水、丙酮、乙醇中超声清洗各20 min,然后镍箔浸入质量分数为20 wt%的硫酸水溶液,80℃保持60 min用以移除表面的氧化层。我们将0.952 g的$NiCl_2 \cdot 6H_2O$溶解在50 mL的去离子水中室温进行连续的磁力搅拌,之后半个小时的超声分数以确保镍离子均匀分散在水溶液中,获得了草绿色的溶液。随后,50 mL的水合肼的水溶液(水合肼10 mL)加入上述溶液得到反应混合液,连续搅拌致使溶液颜色变为蓝色透明,并和预处理的镍箔一同放入不锈钢反应釜。然后再100℃的条件下保温15 h。反应结束后,在镍箔上沉积的黑灰色产物分别用丙酮、乙醇、去离子水清洗三次,然而将产物在真空60℃的条件下10 h烘干。图5.3.1为镍纳米锥阵列的制备示意图。

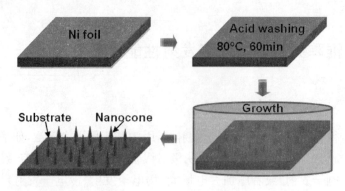

图 5.3.1　试样的制备流程

5.3.3　镍纳米锥的结构和形貌分析

六水氯化镍和水合肼的水溶液在不锈钢反应釜中通过水热法在镍箔基底上制得镍纳米锥阵列。典型的实验条件为：固定二价镍和水的摩尔比，反应温度为 100℃、反应时间为 15 h、水合肼浓度为 10%。图 5.3.2(A)为制备的镍纳米锥的 XRD 花样。从 XRD 的 PDF 卡片中检索可知，试样的所有衍射峰与纯的面心立方的镍匹配；衍射角(2θ)分别与晶体镍的 (111)、(200)、(220)、(311)晶面相对应；XRD 衍射峰中除了镍相无其他杂质峰，说明纯的镍晶体通过目前的水热反应获得。每一个晶面的织构系数可通过下式计算得到：

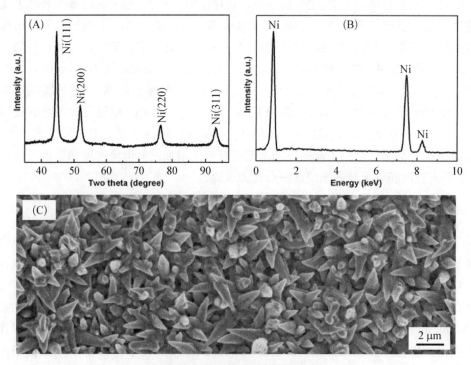

图 5.3.2　镍纳米锥的结构和形貌

（A）试样的 XRD 花样证实了其为面心立方的镍晶；（B）EDS 分析说明制备的产物仅含镍元素；（C）镍纳米锥阵列的低倍 SEM

$$TC_{hkl} = \frac{I_{(hkl)}/I_{0(hkl)}}{\sum I_{(hkl)}/I_{0(hkl)}} \times 100\%\tag{5-5}$$

其中 $I_{(hkl)}$ 为镍纳米锥的衍射强度；$I_{(hkl)}$ 为标准的镍晶体的衍射强度。测试和计算结果为：$TC_{111}=40\%$；$TC_{200}=23\%$；$TC_{220}=18\%$；$TC_{311}=19\%$。这说明了在镍箔基底上镍纳米锥的择优取向为(111)。纳米锥的 EDS 分析结果见图 5.3.2(B)，仅有镍的峰，而没有出现其他峰，说明生长的镍纳米锥在常温空气中较为稳定(没有被氧化)。图 5.3.2(C)为镍纳米锥的低倍 SEM 图，可以清晰地看到纳米锥的形状和尺寸分布较为均一。镍纳米锥的底部直径范围在 $50\sim450$ nm，高度范围在 $50\sim200$ nm；此外，镍纳米锥的纯度很高、产率很大。

图 5.3.3(A～C)清晰地展示了单个镍纳米锥的形貌(不同角度观察)。很明显，顶视图

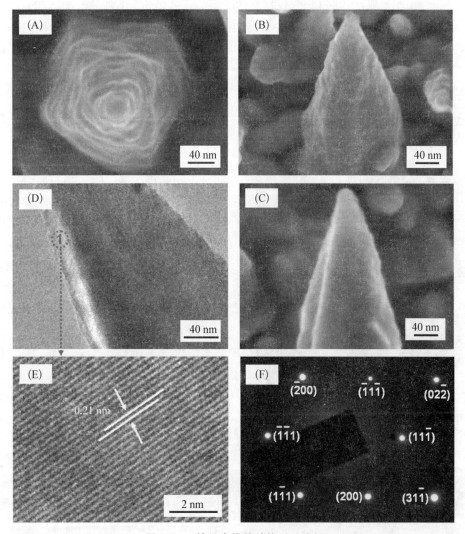

图 5.3.3　镍纳米锥的结构形貌分析

(A～C) 单个镍纳米锥不同角度的高倍 SEM 图：(A) 顶视，(B) 与地基成 $45°$，(C) 侧视；(D) 单个镍纳米锥的 TEM 图；(E) 纳米锥标识 1 部位(图 D 虚线圈)的 HRTEM 图；(F) 镍纳米锥的 SAED 花样

（见图 5.3.3(A)）显示纳米锥为四个三角形面组成的累四棱锥结构；从侧面观察，镍纳米锥的顶端直径约 10 nm，纳米锥的顶角约 40°。为了更好地理解锥晶结构，进一步的 TEM 测试（见图 5.3.3(D)）显示的表面非常平滑，且对称性很高。来自纳米锥边缘的 HRTEM 观测结果见图 5.3.3(E)，很详细地展示了纳米锥的晶格结构。这些清晰的晶格条纹说明纳米锥为单晶结构；由于没有明显的条纹损坏和缺陷，说明了镍纳米锥结晶度很高。相邻的晶格条纹之间的距离约 0.21 nm，对应于面心立方 Ni 的{111}面。这意味着 Ni 纳米锥的生长方向是沿着[111]的。其相应的选区电子衍射花样(SAED)见图 5.3.3(F)，图中的衍射斑点显示了纳米锥的单晶结构，并测量标注为面心立方的(111)、(200)、(220)、(311)。

5.3.4　镍纳米锥的生长机制

为了研究镍纳米锥的生长机制，保持其他的反应条件恒定，分别在 0、2、5、10 h 进行生长镍纳米锥。图 5.3.4 为不同时间制备的镍纳米锥的 SEM 图。水热反应之前，我们可以清晰地看到镍箔基底经过 80℃酸洗 60 min 后表面较为粗糙，见图 5.3.4(A)。当反应时间为 2 h 时(图 5.3.4(B))，镍箔基底上出现了平均尺寸为 100 nm 的岛状结构出现。随着反应时间进一步延长到 5 h(图 5.3.4(C))，我们发现一些小的纳米锥在镍箔基底上形成。从图 5.3.4(C)中我们可以清晰地看到纳米锥的底部直径和高度分别为 80 nm 和 100 nm。这些小的纳米锥的出现可能是镍原子的在纳米岛的基础上进行自组装和定向吸附的结果。同时，我们发现之前形成的纳米岛的尺寸变得较小。当反应时间为 10 h 时(图 5.3.4(D))，纳米锥的平均高度较之前有所增加，完美的锥体结构逐渐形成。如果生长时间进一步延长(如生长时间为 15 h)，纳米锥的尺寸和形貌基本维持不变。然而，延长生长时间有利于镍相的晶化，如图 5.3.3 所示。此外，镍箔基底上生长的镍纳米锥阵列持续的超声 2 h，纳米锥没有从基底上剥落或者破裂，这说明制备的镍纳米锥阵列在镍箔基底上非常稳定。

从上面镍纳米岛到镍纳米锥的形貌变化过程，我们提出了可能的镍纳米锥的形成机制，见图 5.3.5(A1～D1)和(A2～D2)。在反应溶液的配置过程中，水合肼加入氯化镍的水溶液时，溶液颜色从草绿色变为蓝色，说明

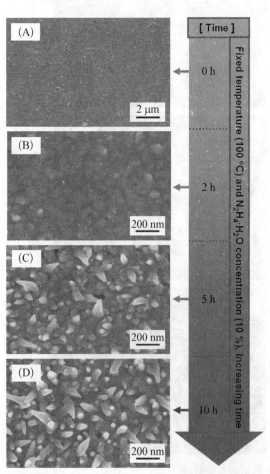

图 5.3.4　100℃制备的镍纳米锥阵列的 SEM 图

生长时间分别为：(A) 0 h；(B) 2 h；(C) 5 h；(D) 10 h

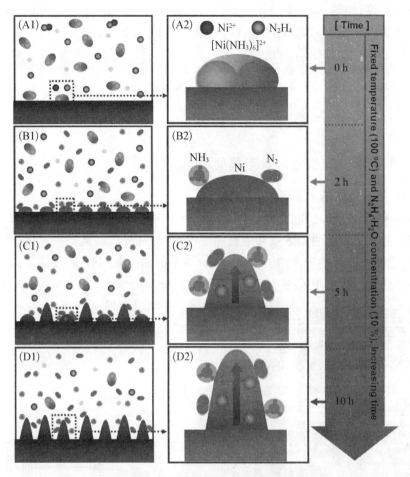

图 5.3.5　镍纳米锥阵列生长机制示意图

Ni^{2+}和N_2H_4在室温下形成了稳定的络合物$[Ni(N_2H_4)_2]Cl_2$(见式(5-6))。随着超声时间的延长,$[Ni(N_2H_4)_2]Cl_2$络合物开始分解为$[Ni(NH_3)_6]Cl_2$,且溶液颜色由蓝色变为亮紫色,见式(5-7)和图 5.3.5(A1)和(A2);随着时间的延长,镍的复合前躯体$[Ni(N_2H_4)_2]Cl_2$和$[Ni(NH_3)_6]Cl_2$逐渐地减少,且自由的Ni^{2+}离子在溶液中的浓度增大,这个过程降低了镍晶核的形成过程。目前的这种水热合成过程是一个典型的奥斯特瓦尔德成熟过程。当水热反应的温度提高到某一个点时,$[Ni(NH_3)_6]Cl_2$慢慢地溶解且被多余的水合肼还原成镍晶核,镍晶核随之聚集成纳米颗粒,见式(5-4)。生长的镍纳米颗粒吸附在镍箔基底上形成了镍纳米岛(图 5.3.5(B1)和(B2)),随之作为种子进一步生长成纳米锥。这个自组装和定向吸附在镍纳米锥的形成过程中起着极为重要的作用。自组装在水热反应体系中是通过熵和焓的相互作用而导向的,系统能够自发地形成有序的相变降低总的自由能。纳米尺度的小晶粒自组装成锥体超结构还需在定向吸附的辅助下完成。定向吸附主要在一维方向上以降低体系总能量。同时,我们知道锥体形貌生长的驱动力是表面能的降低。镍晶核通过定向吸附沿着[111]方向进行自组装主要依赖于两个因素:一个是相同的或类似的表面能,一个是晶面的晶格匹配度,如图 5.3.5(C1)和(C2)所示。随着反应时间的进一步延长,不发达的锥体结构进一步自组装形成完美的镍纳米锥,见图 5.3.5(D1)和(D2)。

$$NiCl_2 + 2N_2H_4 \longrightarrow [Ni(N_2H_4)_2]Cl_2 \qquad (5-6)$$

$$2[Ni(N_2H_4)_2]Cl_2 + 5N_2H_4 \longrightarrow 2[Ni(NH_3)_6]Cl_2 \downarrow + 3N_2 \uparrow \qquad (5-7)$$

$$2[Ni(NH_3)_6]Cl_2 + N_2H_4 \longrightarrow 2Ni \downarrow + N_2 \uparrow + 12NH_3 \uparrow + HCl \qquad (5-8)$$

5.3.5 实验参数对镍纳米锥形貌的影响

1)水合肼浓度对镍纳米锥形貌的影响

成核速率和结晶速率之间的平衡对于纳米尺度的镍纳米锥体结构的形成极为重要。反应速率能够通过调节水合肼的浓度和生长温度得到很好的控制,从而控制成核和结晶的动力学,最终有效地控制镍纳米锥的结构和形貌。在我们的控制实验中,发现不同水合肼浓度制备的镍纳米锥的形貌有很大的不同。水合肼浓度分别为 1%、5%、10%、20% 时制备的试

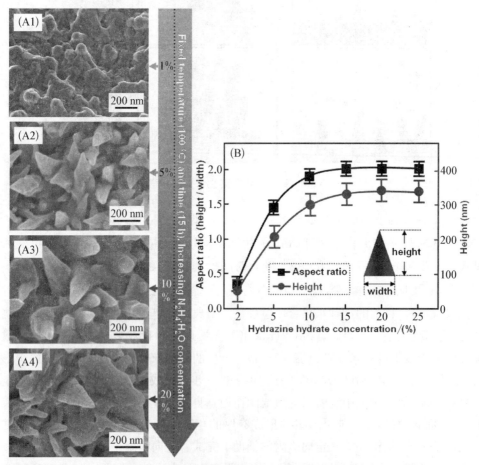

图 5.3.6　水合肼浓度对镍纳米锥形貌的影响

(A1～A4) 不同水合肼浓度下制备的镍纳米锥的 SEM 图;(B) 纳米锥的长径比和高度与水合肼浓度之间的相对关系

样 SEM 形貌图见图 5.3.6(A1～A4)。当水合肼浓度为 1％时,纳米尺度的岛状结构的平均高度为 40 nm、长径比为 0.3 左右,见图 5.3.6(A1);增加水合肼浓度到 5％,形成了结构的对称的锥体结构,其高度大约为 200 nm,基底直径约为 200 nm,见图 5.3.6(A2)和(B)。进一步增加水合肼浓度为 10％时,完美的锥体结构形成,见图 5.3.6(A3)。当水合肼浓度达到 20％时,完美发现较厚的纳米片出现,且纳米锥逐渐消失(图 5.3.6(A4))。这可以推测出,水合肼浓度过高促使了镍晶核的形成,高浓度的镍晶核聚集导致几个方向同时生长,最终形成了纳米片。

2) 生长温度对镍纳米锥形貌的影响

为了进一步研究生长温度在水热体系中对纳米锥形貌的影响,我们在不同温度在生长了镍纳米锥,并通过 SEM 检测,结果见图 5.3.7。当其他生长条件保持恒定,而生长温度从 90℃先提高到 120℃,最后提高到 180℃,产物的形貌很明显从锥状结构慢慢变为塔状结构。在较低的生长温度下(60℃),仅直径约 200 nm 的球形颗粒形成并吸附在镍箔基底上(见图 5.3.7(A1))。增加生长温度为 90℃时,形成完美的锥体结构(见图 5.3.7(A2));这些镍纳米锥的平均高度为 30 nm 左右,长径比约 2.0(见图 5.3.7(B))。因为最佳的生长温度对于生

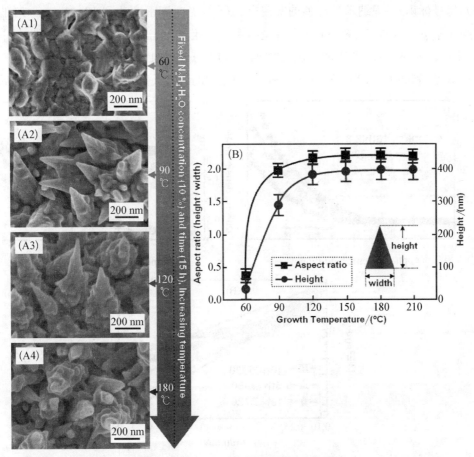

图 5.3.7　生产温度对镍纳米锥形貌的影响

(A) 不同温度环境下制备的镍纳米锥的 SEM 图;(B) 纳米锥的长径比和高度与生长温度之间的相对关系

长所需能量来说较为合适,热力学条件控制了高能量表面的组装和吸附速率,尽可能地降低了总能量。当生长温度进一步增加到120℃时,在镍纳米锥的下部开始出现了塔状结构,说明一些小的分支在部分锥的表面开始形成(见图5.3.7(A3))。当生长温度为180℃时,塔状结构变得更厚(见图5.3.7(A4))。基于上面的实验结果和我们的理解,通过控制生长条件来控制镍纳米锥的形貌是可行的,如改变水合肼浓度和生长温度。

5.3.6 镍纳米锥场电子发射性能分析

1)镍纳米锥场电子发射电流

我们认为在镍箔基底上生长的镍纳米锥阵列作为场电子发射器较为理想,因为纳米锥具有很小的纳米尖端和很好的导电性。到目前为止,与碳纳米管、石墨烯、氧化石墨烯、Co_3O_4 纳米片、ZnO四角结构的场发射性能研究相比,镍纳米锥的相关研究极少。我们用自己制备的镍纳米锥阵列进行场发射性能测试,真空度为 $5.0×10^{-4}$ Pa、纳米锥和阳极板之间的距离为 300 μm,阴阳极之间施加的最大电压为 3 000 V。

镍纳米锥的场发射电流密度和施加电场之间的曲线关系(J - E)(见图5.3.8(A1)和(A2))(星号标识)。镍纳米锥阵列的开启电场(E_{to},当电流密度达到 10 μA/cm^{-2} 时的电场值)为 4.1 V/μm^{-1}(图5.3.8(A1)),低于之前的相关报道。当施加 5 V/μm^{-1} 时,发射电流为 26 μA(图5.3.8(A1))。当施加的电场增加至 10 V/μm^{-1} 时,镍纳米锥的场发射电流高达 1 730 μA(见图5.3.8(A2))。$In(J/E^2)$ 和 $(1/E)$ 之间的线性关系说明了镍纳米锥阵列的场发

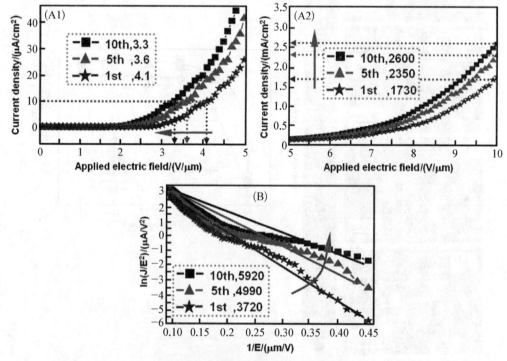

图5.3.8 镍纳米锥场电子发射电流

(A1)~(A2)镍箔基底上的镍纳米锥阵列的场发射电流密度和施加电场之间的关系;(B)镍纳米锥相应的 F - N 曲线

射遵循 F - N(Fowler-Nordheim，F - N)规则，且场增强因子 β 为 3 720(其可通过"ln(J/E²)和 (1/E)之间的线性关系"的斜率来获得)。作一个比较，镍箔基底上的镍纳米锥的场增强因子 (3 720)分别大于生长在 Si 基底上的 CdS 纳米线(555)、生长在铜基底上的镍纳米锥(2 000) 以及铜基底上的 ZnS 纳米线阵列(3 400)，这可能是因为镍箔基底上水热法合成的镍纳米锥 的尖端直径较小的原因所致。我们制备的其他的镍纳米锥阵列也展示了类似的、良好的场 发电子射性能：即低的开启电场，高的发射电流密度，以及大的场增强因子。

2) 气体分子对镍纳米锥场电子发射性能的影响

众所周知，吸附在发射体上的气体分子对场电子发射性能会造成很大的影响。为了使 镍纳米锥阵列的场发射性能非常稳定并说明其场电子发射的机制，理解残余气体的吸附和 解吸附对于场电子发射性能的影响是非常关键的一步。残余气体(空气)由各种各样的气体 分子组成，如氮气、氧气、水蒸气等。为了区别来自空气中的不同的气体分子对于场发射性 能的不同影响，我们分别单独引入了氮气、氧气进行实验。对于这种气体影响的测试实验， 测试腔的基压为 5.0×10^{-4} Pa，高纯的气体引入密封的测试腔直到压力增加到 2.0×10^{-4} Pa，保压 24 h。每次高纯气体保压之后，测试腔被重新降低为 5.0×10^{-4} Pa。

图 5.3.9(A1 和 A2；B1 和 B2；星号标识)为镍纳米锥阵列被分别暴露在两种不同的气体 环境中所测试的 J - E 曲线；测试结果如下：

(1) 氮气环境：开启电场为 4.0 V/μm^{-1}；发射电流密度为 1.94 mA/cm^{-2}（在 10 V/μm^{-1} 的电场条件下）。

(2) 氧气环境：开启电场为 4.5 V/μm^{-1}；发射电流密度为 1.54 mA/cm^{-2}（在 10 V/μm^{-1} 的电场条件下）。

(3) 氮气环境下的开启电场小于氧化环境；氮气环境下的发射电流密度大于氧气环境。

这种现象与气体分子的电负性有很大的关系，氧的电负性(3.44)比氮的电负性(3.04) 强。具有较强的电负性的气体分子吸附到纳米锥尖端表面时抑制电子发射的程度更强。此 外，吸附的氧分子在镍纳米锥电子发射时产生的热量条件下容易对锥尖产生腐蚀。这致使 尖端的毁坏可能会导致较差的场电子发射性能。因此，尽管空气中含有各种气体分子，但是 氧气分子对镍纳米锥的场电子发射性能影响较大(相比于其他气体分子来说)。

3) 提高镍纳米锥阵列的场电子发射性能的方案一

镍纳米锥的场电子发射性能测试实验中，我们发现一个非常有趣的现象：当我们重复 地从 0～3 000 V 施加电压一些次数之后，场电子发射电流密度有增大的趋势；类似的现象在 各种气体(如氮气、氧气)暴露实验中也被观察到。图 5.3.8 和图 5.3.9 中展示了镍纳米锥重 复加压时的场电子发射性能。用氮气暴露作为一个例子，起初，当施加的电场为 10 V/μm^{-1} 时，镍纳米锥阵列的场发射电流密度仅为 1.94 mA/cm^{-2}（图 5.3.9(A2)，星号标识)；开启电 场为 4.0 V/μm(见图 5.3.9(A1))；场增强因子为 3 720(见图 5.3.9(A3))。然而，通过重复的 施加电压 5 次且不改变其他实验产生，场电子发射电流密度上升为 2.86 mA/cm^{-2}（见 图 5.3.9(A2)，三角形标识)；且重复施压的次数越多，发射电流密度越大、开启电场越低。重 复 10 次施压之后，镍纳米锥的场电子发射电流密度达到了 3.32 mA/cm^{-2}（见图 5.3.9(A2)， 正方形标识)；场增强因子也提高到了 5 910(见图 5.3.9(A3))；开启电场降低到了 3.0 V/μm

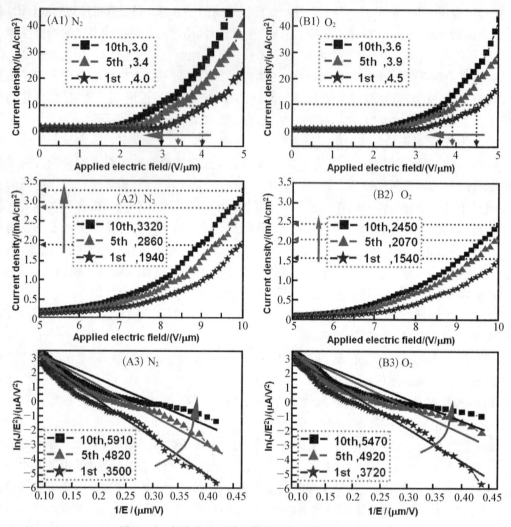

图 5.3.9　气体分子对镍纳米锥场电子发射性能的影响

氮气(A1 和 A2)和氧气(B1 和 B2)中暴露之后的镍纳米锥阵列的场发射电流密度和施加电场之间的关系；
(A3 和 B3)Ni 纳米锥阵列相应的 F－N 曲线

(见图 5.3.9(A1))。类似的场发射性能改善的结果在空气(见图 5.3.8)和氧气(见图 5.3.9
(B1~B3))实验中也被观察到了。这种有趣的现象意味着重复的施压可以很大地改善镍纳
米锥的场电子发射性能。

　　4)镍纳米锥阵列的场电子发射机制

　　基于上面的实验结果,我们提出了可能的镍纳米锥场电子发射机制,如图 5.3.10 所示。
当镍纳米锥阵列暴露在空气中时,各种气体分子(如氮气和氧气)吸附在镍纳米锥的表面和
尖端,能够很大地影响纳米锥的场电子发射性能。在高真空的测试腔内,仅真空泵的辅助下
是不足以移除吸附在纳米锥表层的所有气体分子的。电子通过纳米锥的缺陷或尖端在高压
下发射电子,同时产生焦耳热。当一个较高的电场施加在纳米锥阵列上时,较大的发射电流
致使电子在纳米锥之间流动并在锥体的缺陷处和尖端处产生大量的焦耳热。这些被加热了

的纳米锥能够解吸附掉吸附在其上的气体分子,并因此降低了气体吸附层的浓度(见图 5.3.10(B))。随着电场的增加,热量在被加热的纳米锥之间相互辐射,引起了吸附在纳米锥表面的气体分子解吸附,因此改善了其场电子发射性能。例如,10 次重复施压之后,氧气暴露的镍纳米锥的场电子发射电流密度增加了 1.6 倍(10 V/μm 的电场下,图 5.3.9(B2)),场增强因子增加了大约 1.5 倍(图 5.3.9(B3)),开启电场降低了约 0.8 倍(见图 5.3.9(B1))。也就是说,镍纳米锥的场电子发射性能通过解吸附气体分子可以得到很大的改善。

5) 提高镍纳米锥阵列的场电子发射性能的方案二

从镍纳米锥阵列的场发射测试的 J-E 曲线(见图 5.3.8 和图 5.3.9)中可以很明显地看到,场电子发射电流密度在 J-E 测量中波动很大,特别是在开始阶段。这种波动通过长时间的施加高电压来降低(我们称之为“真空 J-E 处理”),如图 5.3.11(A)所示。对镍纳米锥阵列进行“真空 J-E 处理”直到场电子发射电流密度的波动消失为止,在“真空 J-E 处理”期间,发射电流密度在不

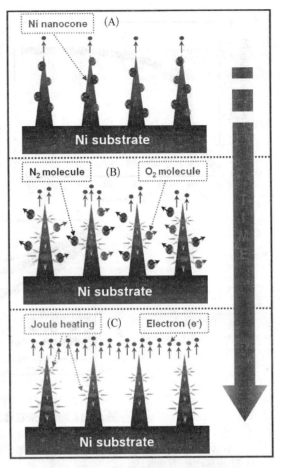

图 5.3.10　空气暴露后的镍纳米锥的场电子发射机理示意图

(A) 镍纳米锥;(B) 氮分子;(C) 焦耳加热

断的增加,且波动在逐渐地降低。图 5.3.11(B)展示了镍纳米锥在“真空 J-E 处理”前后的场电子发射的 J-E 曲线,从中我们可以清晰地看到长时间的“真空 J-E 处理”使发射电流密度的波动减小,且电流密度增大。在施加 10 V/μm 的电场下,镍纳米锥的场发射电流密度从“真空 J-E 处理”前的 1.6 mA/cm^{-2}增加到“真空 J-E 处理”后的 3.6 mA/cm^{-2}。这种场发射电流密度的增大可能是因为镍纳米锥表面和尖端吸附的残余气体被解析掉。我们对其再进行 10 次场发射循环试验之后,场电子发射电流密度维持在 3.6 mA/cm^{-2},没有较大的波动。对于镍纳米锥的开启电场和场增强因子来说,类似的现象被观察到。例如,镍纳米锥的场增强因子从“真空 J-E 处理”前的 3 720 增加到“真空 J-E 处理”后的 6 910,且在后续的场发射试验中较为稳定,如图 5.3.11(C)所示。

5.3.7　小结

通过水热法在镍箔基底上制备了镍纳米锥阵列,分析了纳米锥的相结构、结晶性、生长方向、纳米锥的形貌和尺寸,探讨了镍箔基底上镍纳米锥的生长机制,研究了水合肼浓度和

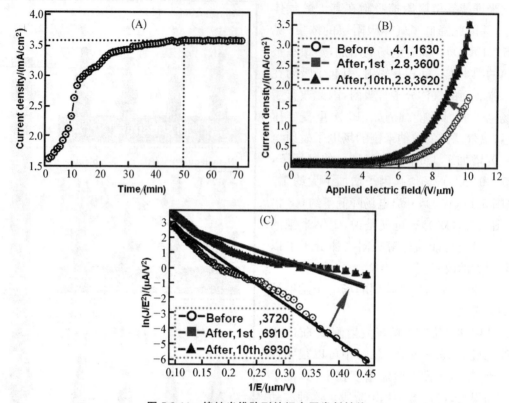

图 5.3.11　镍纳米锥阵列的场电子发射性能

（A）空气暴露后的 Ni 纳米锥阵列施加 3 000 V 的外电场条件时,其场发射电流密度和场发射时间的关系;
（B）镍纳米锥一个小时的"真空 J−E 热处理"前后的场发射 J−E 曲线;（C）镍纳米锥一个小时的"真空 J−E 热处理"前后的 F−N 曲线

生长温度对镍纳米锥阵的形貌的影响;随后我们用镍纳米锥作为阴极,镀有 ITO 玻璃作为阳极,测试了其场电子发射性能,研究了残余气体分子对其场发射性能的影响,探讨了纳米锥的场电子发射机理,最后总结得出通过除掉气体分子来改善镍纳米锥的场发射性能。通过实验和探讨分析得到的主要结论如下:

（1）水热法制得的镍纳米锥结晶度很高,择优取向为（111）,锥底直径范围在 50～450 nm、锥的高度范围在 50～200 nm,锥的顶部直径在 10 nm 左右,锥的顶角约 40°;镍纳米锥在镍箔基底上非常牢固,且锥体表面光滑,对称性高,每个锥体均为单晶结构,生长方向为[111]。

（2）水热法制备镍纳米锥的生长机制:首先溶液中的 Ni^{2+} 离子和 N_2H_4 形成稳定的络合物$[Ni(N_2H_4)_2]Cl_2$,随后逐渐分解为$[Ni(NH_3)_6]Cl_2$,镍的复合前躯体$[Ni(N_2H_4)_2]Cl_2$和$[Ni(NH_3)_6]Cl_2$的形成和分解降低了镍晶核的形成过程,使其有更多的时间进行结晶;当水热反应的温度提高到某一个点时,$[Ni(NH_3)_6]Cl_2$慢慢地溶解且被多余的水合肼还原成镍晶核,镍晶核随之聚集成纳米颗粒;生长的镍纳米颗粒吸附在镍箔基底上形成了镍纳米岛,随之作为种子进一步生长成纳米锥。

（3）水合肼浓度对镍纳米锥形貌的影响:水合肼浓度过高的话,使镍晶核快速的形成,高浓度的镍晶核聚集导致几个方向同时生长,最终形成了纳米片。生长温度对镍纳米锥形貌的影响:合理的生长温度对于纳米锥生长所需能量来说较为合适,热力学条件控制了高能量表面的组装和吸附速率,尽可能地降低了总能量。

(4) 气体分子对镍纳米锥场电子发射性能的影响:氮气环境下的开启电场($4.0\ \mathrm{V/\mu m^{-1}}$)小于氧化环境($4.5\ \mathrm{V/\mu m^{-1}}$),氮气环境下的发射电流密度($1.94\ \mathrm{mA/cm^{-2}}$,在 $10\ \mathrm{V/\mu m^{-1}}$ 的电场条件下)大于氧气环境($1.54\ \mathrm{mA/cm^{-2}}$);这一方面是因为氧的电负性($3.44$)比氮的电负性($3.04$)强,另一方面,吸附的氧分子在镍纳米锥电子发射时产生的热量条件下容易对锥尖产生腐蚀。

(5) 镍纳米锥场电子发射机理:在高真空的测试腔内,仅真空泵的辅助下是不足以移除吸附在镍纳米锥表层的所有气体分子的;当一个较高的电场施加在纳米锥阵列上时,较大的发射电流致使电子在纳米锥之间流动并在锥体的缺陷处和尖端处产生大量的焦耳热,这些被加热了的纳米锥能够解吸附掉吸附在其上的气体分子;随着电场的增加,热量在被加热的纳米锥之间相互辐射,引起了吸附在纳米锥表面的气体分子进一步解吸附。

(6) 改善镍纳米锥阵列的场电子发射性能的方案:一种方法是通过重复地从 $0\sim3\ 000\ \mathrm{V}$ 施加电压数次之后,镍纳米锥产生焦耳热使吸附在其上的气体分子脱附而提高了纳米锥的电子发射性能;另一种方法是通过长时间地对镍纳米锥施加高电压(我们称之为"真空 J‐E 处理")来产生焦耳热来解吸附掉之前吸附在纳米锥表层的气体分子(如氮气、氧气)来降低吸附的气体分子对锥阵列场发射的抑制。

第6章 氧化镍纳米材料的制备及传感器应用研究

6.1 氧化镍纳米材料的制备

6.1.1 氧化法

氧化法是将已经制备好的金属镍纳米材料在含氧气氛中加热到一定的温度,然后金属镍原子和氧原子发生反应形成氧化镍原子,最后反应形成氧化镍纳米材料。此方法极为简单,是氧化镍纳米材料制备中应用最为广泛的一种方法。如新加坡国立大学的 Chim 课题组首先用 AAO 模板电沉积制备了多晶镍纳米线,然后通过低温步进式热氧化法制得壁厚均匀的 NiO 纳米管,并利用空位的有限扩散和柯肯达尔效应很好地解释了均匀壁厚的形成机理(见图 6.1.1(A))。Wei 等学者通过基于气相的金属刻蚀氧化法制得了高质量单晶 NiO 纳米线垂直阵列,NiO 纳米线的直径和长度可通过调节生长温度和载气浓度得到控制;此方法中镍箔用作基底和镍源,镍盐作为附加镍源且提供氯气进行刻蚀(见图 6.1.1(B))。此外,德国弗莱堡大学的 Yang 和 Liu 课题组首先在 AAO 模板中通过脉冲电沉积制得 Ni/Pt 纳米线,然后通过控制 Ni - Pt 界面氧化条件,最后制得高度有序的 NiO/Pt 波浪形纳米豆荚;其中 Pt 的存在很好地控制了镍的氧化行为,具体成果见图 6.1.1(C)。更为新奇的是中国北京大学的 Liao 课题组和爱尔兰的都柏林三一学院的 Wu 课题组制得了 NiO/Ni 核壳结构,并发现其应用于阻变存储器可提高稳定性和重复性;他们首先在 AAO 模板中通过电沉积制得单晶镍纳米线,然后空气中自然氧化 3 天便制得 NiO/Ni 核壳结构,外层的 NiO 为无定形(见图 6.1.1(D))。

6.1.2 热分解法(有机配合物前驱体法)

热分解法的基本原理是通过使配合物与不同的金属离子发生配合,从而得到高度分散的复合前驱体,最后将前驱体热分解除去有机配体得到纳米材料。北京航空航天大学的周苇等学者用 PVP 作为表面活性剂,水合肼两次还原有机镍盐制得 $Ni(OH)_2$;然后 500℃热分解获得单晶 NiO 复杂凹面体结构,此凹面体由两个相对旋转了 60°的三棱柱连接而成,且每一个多面体尾部面为两个规则的三角形、侧面为六个三角形(具体见图 6.1.2(A))。中科院的 Yuan 等学者也通过热分解前驱体制得海胆状 NiO 纳米结构(见图 6.1.2(B))。山东大学的 Wu 等学者也通过热分解 $Ni_2(CO_3)(OH)_2$ 获得了直径约 10 nm 的多晶 NiO 纳米线

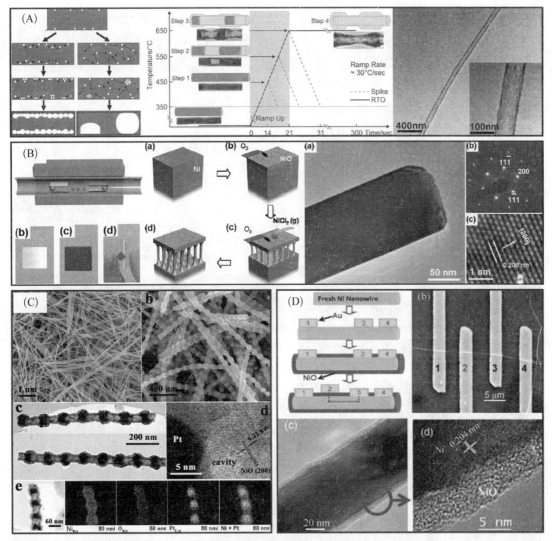

图 6.1.1　采用氧化法的制备

（A）壁厚均一的 NiO 纳米管；（B）垂直的镍纳米线阵列；（C）NiO/Pt 波浪形纳米豆荚；（D）Ni/NiO 核壳纳米线

（见图 6.1.2(C)）。

6.1.3　溶胶—凝胶法

溶胶—凝胶法是在低温或温和条件下合成无机纳米材料，是众多制备方法中最好的一个选择，尤其是在纳米氧化物的软化学合成研究中具有非常重要的意义和地位。具体原理见上述（1.3.1 节）。Yu 等学者首先将 AAO 模板浸泡在柠檬酸和硝酸镍制备的溶胶中一段时间，然后空气中室温干燥并去除 AAO 表层的多余溶胶，500℃保温 1 h 并自然冷却至室温；最后砂纸抛光去除 AAO 模板表层的 NiO 膜，得到高度有序的 NiO 纳米线阵列（见图 6.1.2(D)）。浙江大学的杨德仁课题组也通过类似方法在无模板的条件下成功制备出了 NiO 纳米线（见图 6.1.2(E)）。

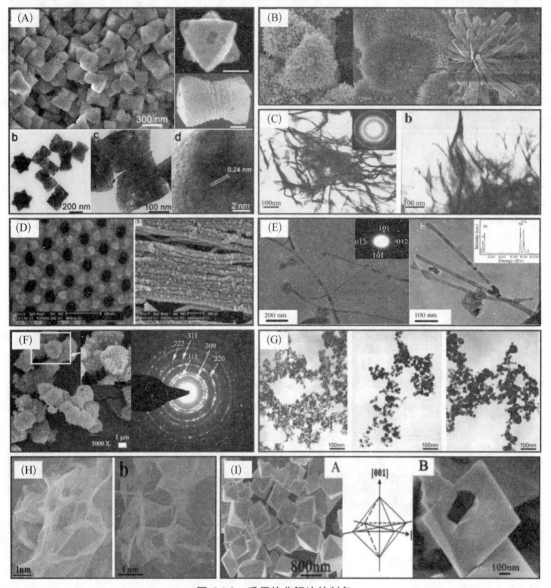

图 6.1.2　采用热分解法的制备

　　(A) 复杂的凹多面体 Ni(OH)$_2$ 和 NiO；(B) 海胆状 NiO 分层结构；(C) 多晶 NiO 纳米线；(D) 高度有序的 NiO 纳米线阵列；(E) Yang 等学者制备的 NiO 纳米线；(F) 球形 NiO 纳米颗粒；(G) Han 等学制合成的 NiO 纳米颗粒；(H) 超薄多孔的 NiO 纳米片分层结构；(I) 单晶中空八面体 NiO

6.1.4　微乳液法

　　微乳液是由碳氢化合物、水、表面活性剂组成的透明、各向异性的热力学稳定体系,其反应主要在微乳液液滴中进行。由于微乳液属于热力学稳定体系,产生的胶束在一定条件下非常稳定,能够长时间保持稳定尺寸,就算被干扰破坏也能自动重新组合,因此被称为智能微反应器。印度科学院的 Palanisamy 等学者首先通过均匀混合两种微乳液,然后乙醇清洗除去表面活性剂,最后在 600℃煅烧 3 h 获得了 NiO 纳米颗粒(见图 6.1.2(F))。中国科学院的 Han 等学者在"聚乙二醇辛基苯基醚 X - 100/n -己醇/环己烷/水(W/O)"微乳液体系成功制备了颗粒尺寸可控的 NiO 纳米颗粒(见图 6.1.2(G))。

6.1.5 其他方法

纳米氧化镍的制备方法众多,随着对纳米 NiO 材料的进一步研究,连续不断地涌现出许多制备纳米 NiO 的新工艺和新方法,比如水热法、碳热还原法、高分子网络微区沉淀法、低共熔化合物辅助化学沉淀法、熔盐法、微波辅助均相沉淀法、直流电弧等离子体法等。如中国科学院的 Huang 等学者采用水热法成功合成了超薄自组装层级结构 NiO 和花球状层级结构,并将其应用于锂离子电池,发现其具有高可逆比容量、优异的循环性能和良好的倍率性能,(见图 6.1.2(H))。此外,Wang 等学者将碳微球作为模板,通过碳热还原法成功制备了单晶中空八面体 NiO 纳米结构,具体成果见图 6.1.2(I)。

6.2 氧化镍纳米材料的应用

6.2.1 概述

氧化镍纳米材料具有高强度和高韧性,高比热和高膨胀率,高电导率和高磁化率,对电磁波有强的吸收性能,纳米氧化镍还可以提高催化剂效率和传感器灵敏度等。

1) 催化剂

纳米尺度的氧化镍是一种催化作用较好的氧化催化剂,Ni^{3+} 具有 3d 轨道,对多电子氧具有择优吸附倾向,对其他还原气体也有活化作用,并对还原性气体的氧化起催化作用。在有机物的分解、合成、转化过程中,如汽油氢化裂解,石油处理中烃类转化,制取氯代甲烷,氢化精炼原油,重油氢化过程中,氧化镍是良好的催化剂。在水净化处理系统中,净化水流过的多孔陶瓷过滤器中覆盖有氧化镍,有利于促进有机染料废物的分解。

2) 陶瓷添加剂

在陶瓷材料中,氧化镍被广泛用作添加剂。如搪瓷制品中用 NiO、Fe_2O_3 以提高其冲击力,当加入质量分数为 0.02% 的 NiO 时,还可提高其电学性能,如压电性能和介电性能;高强度铝基陶瓷中添加质量分数为 0.01%～5% 的 NiO,使其具有较高的弯曲强度和结构强度;用作磁头的非磁性陶瓷基片中都含有较多的 NiO。

3) 玻璃染色剂

氧化镍在玻璃中的应用主要用于控制其颜色,在能吸收紫外线的着色稳定的棕色透明玻璃中就含有少量的 NiO;透明玻璃中、透明发光玻璃陶瓷中、装饰用玻璃中均添加了适量的 NiO 作着色剂。

4) 电池电极

由于氧化镍的内阻较小、价格低廉且比热容大,因此在电池电极方面的应用备受关注。

如在多孔金属如镍、不锈钢上注入 ZnO、NiO、$NiCO_3$ 等浆状物,经干燥后烧结,可制得固体燃料电池的阳极;碳酸盐熔融燃料电池中阴极含有 NiO 的电池比普通电池的寿命要延长五分之一;而且纳米 NiO 电池与普通 NiO 电池相比有明显的放电优势,放电容量明显增大,电极电化学性能得到很大的改善。

5) 传感器

近年来,氧化镍也被广泛应用于气敏传感器领域。目前已有用纳米 NiO 制作成的甲醛传感器,CO 传感器,H_2 传感器,部分产品已应用于实际生产。

6.2.2 氧化镍纳米材料的气敏传感应用进展

1) 气敏传感器概述

(1) 气敏传感器的应用及定义。

当今社会,随着工业生产的发展,人类的生活和社会活动发生了相应的变化;各种可燃气体、有毒气体在工矿企业、科研部门和家庭生活中的使用越来越普遍,同时日益恶化的环境问题、频繁发生的灾害以及危害人类健康的食品卫生都成了亟待解决的社会问题。因此,对各种可燃、有毒、易爆气体的检测、监控、报警防灾等为研究开发气敏传感器提供了广阔的应用前景,气敏传感器的主要应用领域如图 6.2.1 所示。"气敏传感器"是指能够感知环境中气体种类、浓度的一种装置或器件;它能将被测气体的种类和浓度等有关信息转换为相应的电信号,根据这些电信号的强弱可得知待测气体在环境中的存在情况,从而可以精确的检测、监控、报警。

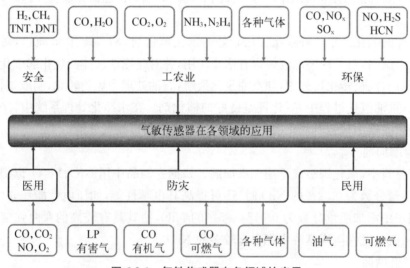

图 6.2.1 气敏传感器在各领域的应用

(2) 气敏传感器的主要特征。

一般来说,气敏传感器的主要特征如下:

① 灵敏度(响应和恢复)。主要指传感器输出变化量与被测输入变化量之比,主要依赖于传感器结构的设计和敏感材料的选择。一个优良的气敏传感器应该具有对被测气体快速

的响应和恢复特性。

② 选择性(交叉灵敏度)。通过测量由某一浓度的干扰气体所产生的传感器响应来确定。这个响应等价于一定浓度的目标气体所产生的传感器响应值。

③ 稳定性(重复性)。指传感器在整个工作时间内响应的稳定性,取决于零点漂移和区间漂移。零点漂移指在没有目标气体时,整个工作时间内传感器输出响应的变化。区间漂移是指传感器连续置于目标气体中的输出响应变换,表现为传感器输出信号在工作时间内的降低。

(3) 气敏传感器的主要分类。

按照气敏传感器的工作原理,其可分为以下五类:

① 半导体气敏传感器。采用金属氧化物或半导体氧化物材料做成的元器件,与气体相互作用时产生表面吸附或反应,引起以载流子运动为特征的电导率、伏安特性、表面电位的变化来检测气体的种类和浓度。

② 电化学型气敏传感器。将待测气体通过薄膜后溶入电解液中,利用待测气体分子与电解液发生电化学反应引起电极间电流变化来测量目标气体含量。

③ 石英晶体微天平(quartz crystal microbalance,QCM)。由直径为微米级的石英振动盘和盘两边的电极构成,振荡信号加在元件上导致其特征频率发生共振,振动盘淀积的有机聚合物在吸附气体后使元件质量增加,以石英振子的共振频率的变化来检测气体。

④ 接触燃烧式气敏传感器。当敏感材料接触到待测气体后,因氧化反应放出热量造成元件温度上升,将温度补偿元件测量到的温度补偿信号转换成特定的电信号从而测定气体的浓度。

⑤ 红外吸收式气敏传感器。把具有特定波长的一对平行光通入待测气体和参考气体后,根据两种气体对红外光吸收峰、吸收强度的不同来确定待测气体的种类和浓度。

在众多的气敏传感器中,半导体气敏传感器是目前最为普遍、最具实用价值的气敏传感器,因为此类传感器体积小、能耗低、灵敏度高、响应快、稳定性好、检测方便、制备简单、成本低廉、敏感材料的耐热性和抗腐蚀性好;这类传感器的灵敏度取决于敏感材料的特性和表面微结构,所以对半导体气敏传感器的研究重点是开发新的金属氧化物敏感材料,使其表面特性和比表面积增大,从而提高气敏传感器综合性能。

(4) 金属氧化物气敏传感器的敏感机理。

金属氧化物敏感材料的气敏响应机理主要从电子传导、吸附反应、催化反应等进行解释,其主要的气体敏感机理有以下三种模型:

① 晶界势垒模型。晶界势垒模型是基于由多晶粒组成的多晶半导体敏感材料。在晶粒接触的界面(晶界)处存在着势垒,当晶粒边界处吸附氧化性气体分子时(如空气中的氧),由于氧原子的电子亲和能较大,因此这些吸附态的氧从晶粒表面俘获电子,增加表面电子势垒并阻碍电子在晶粒间的运动,从而增大了敏感材料的电阻率;反之,当环境中有还原性气体时,则与吸附的氧发生反应,同时释放出电子,降低了晶粒界面的势垒高度,从而使敏感材料的电阻率降低。

② 表面电荷层模型。当氧化物半导体表面吸附了某种气体分子时,由于被吸附气体在

半导体表面形成的表面能级与半导体本身的费米能级不在同一水平,因此在表层形成空间电荷层。该电荷层的电导率随被吸附气体的性质和浓度的变化而变化,因而能定性甚至定量地反映出被测气体的种类和含量。

③ 原子价控制模型。金属氧化物半导体表面吸附某种气体分子后,半导体中元素的价态会发生相应的变化,从而改变敏感材料的电阻。

在实际检测中,气敏机理非常复杂,它不仅涉及吸附理论、表面物化性质、材料的表面状态及半导体电子理论等,而且同一气敏响应往往是多种敏感机理共同作用的结果。但可以肯定的是,敏感元件电阻的改变是由气体与金属氧化物之间的作用引起的;同时,气敏性能从本质上依赖于敏感材料的催化性能和表面化学性质,这就为通过掺杂、减小材料粒径等手段大幅度提高气敏元件的气敏性能提供了理论依据。

2) 氧化镍纳米晶气敏传感器

对于微尺度气敏传感器来说,纳米气敏材料是其研制的核心。纳米气敏材料(gas sensing nanomaterial)是纳米材料中重要的一员,与常规尺寸的气敏材料一样,它具有感知功能,能够检测并识别外界气体的刺激。纳米尺度的无机气敏材料主要有 NiO、ZnO、FeO、CoO、MnO、$BaTiO_3$、V_2O_5、In_2O_3、WO_3、Fe_2O_3、Cr_2O_3、TiO_2、等金属氧化物,此外还有 ZnS、CaF_2 之类的化合物,但压倒多数的是金属氧化物,因为金属氧化物的化学稳定性比其他无机化合物的要好。本节中我们对纳米尺度的 NiO 气敏材料及其气敏传感器的研究进展给予总结。纳米尺度的 NiO 气敏传感器的研究可以分为两个阶段:第一阶段(2000—2009 年)为薄膜 NiO 气敏传感器;第二阶段(2010 年—至今)为纤维和颗粒 NiO 气敏传感器。

(1) 二维纳米氧化镍(薄膜)气敏传感器。

2000 年,斯洛伐克的 Hotovy 学者首先通过磁控溅射的方法制备了不同 Ni 和 O 比例的 NiO 薄膜,然后空气中 500℃ 热处理 2 h,并将其制作为微型气敏传感器,测试了其在不同温度下对于 NH_3 的敏感性能,发现温度低于 275℃ 时,对于 NH_3(5Vol%)的响应较差,温度高于 300℃ 时,对于 NH_3 的响应明显增大,具体结果见图 6.2.2(A)。2002 年,Hotovy 学者延续之前的工作,通过溅射和热处理制备 NiO 薄膜并制备成气敏传感器,然后在相对湿度为 50% 的条件下测试了其对低浓度的 NO_2($1\sim10\times10^{-6}$)的敏感性能,结果发现:160℃ 时敏感电信号在暴露时间内无法稳定,即在此温度下响应速度非常低,然而在较高温度下(320℃ 时),响应速度非常快,其实验数据见图 6.2.2(B)。2004 年,Hotovy 学者在前序工作的基础上,又进一步通过在 NiO 薄膜表层修饰了厚度 3~5 nm 的铂,加强了其对 H_2($500\sim5\,000\times10^{-6}$)的敏感性能;实验中发现:220℃ 时,铂修饰的 NiO 试样的响应值和恢复速度远大于未修饰的 NiO 试样,此外,3 nm 和 5 nm 的铂分别在 H_2 浓度为 $1\,000\times10^{-6}$ 和 $1\,500\times10^{-6}$ 时修饰响应值达到最大,且 3 nm 的铂修饰试样的响应值远远大于 5nm 的铂修饰试样,具体实验数据见图 6.2.2(C)。

2007 年,希腊的 Brilis 学者首先利用脉冲激光沉积技术在高电阻的 Si - SiO_2 基底上沉积了 p 型 NiO 薄膜,以 NiO 薄膜作为基质材料形成 Au - NiO 肖特基二极管,随后通过 CVD 技术沉积 n 型 SiO_2 层形成 p - n 结,组装为传感器,气敏性能测试发现,其最佳的测试

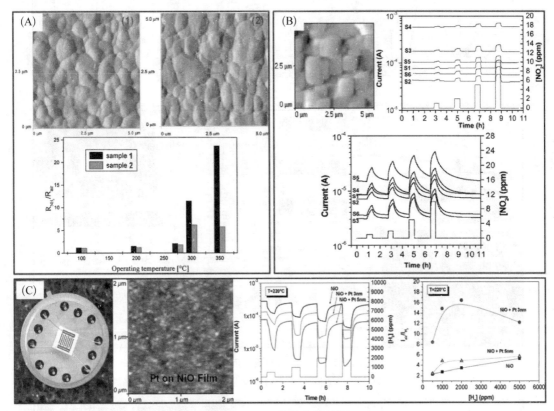

图 6.2.2　二维纳米氧化镍

(A) NiO 薄膜气敏传感器；(B) NiO 薄膜作为 NO₂ 气敏传感器；(C) 铂表面修饰的 NiO 薄膜气敏传感器

温度为 150℃，在此温度下，其敏感性达到了 94%，具体结果见图 6.2.3(A)。同年，中国台湾的 Lee 学者将黏覆有铂加热器的氮化硅微结构、NiO 薄膜气敏层、铂叉指电极组装为微型气敏传感器，测试在甲醛气氛中 NiO 薄层的电阻变化情况来评价传感器的气敏性；实验结果显示 NiO 薄膜具有较高的灵敏度（$0.33\Omega\times10^{-6}$）、较低的"磁滞"值（$0.7\,ppm$）、检测达到低于 0.8×10^{-6} 的水平、较快的响应时间（$13.2\,s$）以及较快的恢复时间（$40\,s$），具体实验数据见图 6.2.3(B)。

（2）一维纳米氧化镍（纤维）气敏传感器。

2010 年，中国吉林大学的 Wang 等学者通过合成了 p‑NiO/n‑SnO₂ 复合异质结纤维来改善了其传感器对于 H₂ 的检测；他们首先通过静电纺丝和煅烧技术制备了 NiO/SnO₂ 复合异质结，然后将其旋涂在一对金电极上制成 H₂ 传感器，气敏测试发现：相对于纯的 SnO₂ 纳米纤维来说，p 型 NiO 的加入大大改善了其对 H₂ 的敏感性能；作者将 NiO/SnO₂ 复合纤维传感器 320℃时连续暴露在 5、50、100、500、1 000 ppm 的 H₂ 中，传感器展示了快速的响应和恢复（约 3 s），具体数据见图 6.2.4。

2011 年，德国科隆大学的 Song 学者用水合肼还原镍盐制备了镍纳米线，然后空气中 500℃控制氧化 2 h 得到 NiO 多孔纳米管，然后将其涂覆在具有金叉指电极的铝板上制得气

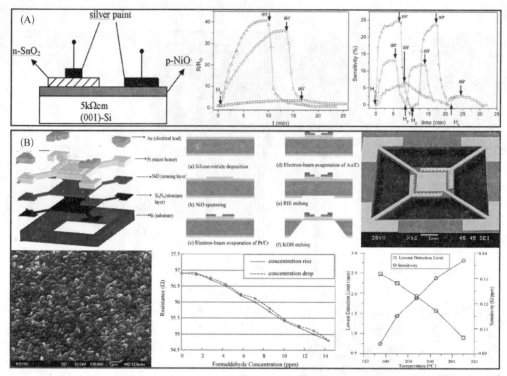

图 6.2.3　利用脉冲激光沉积技术

（A）Brilis 等学者制备的 NiO 薄膜气敏传感器；（B）Lee 等学者组装的 NiO 薄膜自加热气敏传感器

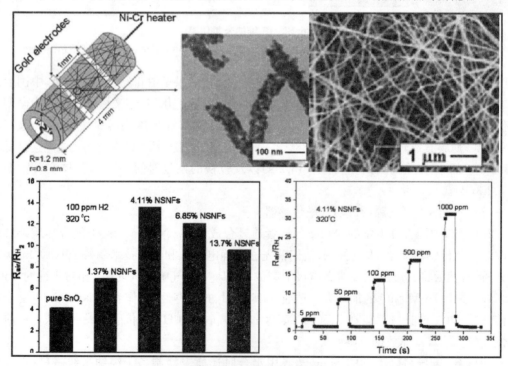

图 6.2.4　一维纳米氧化镍

基于 p‑NiO/n‑SnO$_2$ 异质结复合纤维改善氢气的检测性能

敏传感器,乙醇气敏性能测试发现:与之前的 NiO 纳米线相比,NiO 多孔纳米管对于乙醇更为敏感,这是由于多孔管内部具有较多的孔隙导致了较大的比表面积,可以快速地吸附较多的气体分子(见图 6.2.5(A))。同年,韩国科学技术研究院 Cho 学者通过纳米纤维模板和溅射技术制得了铂修饰的中空超薄 NiO 纳米管(即,形成 Pt - NiO - Pt 纳米管网络),然后600℃热处理,最后制得乙醇传感器;气敏性能测试发现:相比较于纯的 NiO、Pt - NiO、NiO - Pt 纳米管结构来说,Pt - NiO - Pt 纳米管结构的敏感性能最佳,且随着乙醇浓度的增加,效果更为明显;此外,铂修饰的 NiO 纳米管还具有很好的选择性,具体数据结构见图 6.2.5(B)。

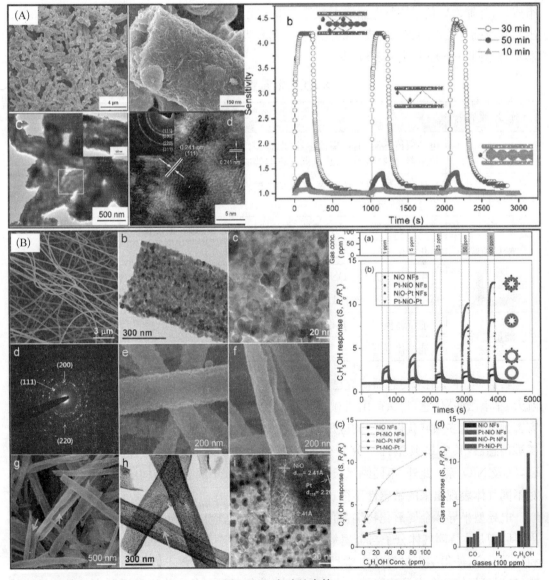

图 6.2.5　多孔纳米管

(A) 多孔 NiO 纳米管的气敏性能;(B) 对乙醇高选择性的铂修饰的薄壁管状 NiO 传感器

6.3 氧化镍纳米线的制备及传感器的应用

6.3.1 引言

传感器技术是当今全球发展最为迅猛的高新技术之一,也是当代科学技术发展的一个重要标志。依据国家标准(GB7665 - 87),"传感器(sensor)"是指能够感受规定的被测物理量并依照一定的规定转换成可用信号输出的器件或装置,主要由敏感元器件和转换元器件组成,另外辅之以信号调整电路或电源等。敏感元器件是指能够直接感受被测物理量,并输出与其成确定关系的其他物理量的元器件。传感器的种类繁多,根据不同的分类原则,传感器具有不同的分类(见表 6.3.1)。

表 6.3.1 传感器的分类

分类原则		传感器种类
工作原理		电导型传感器、电容型传感器、电感型传感器、压电型传感器、化学发光传感器、电化学传感器、生物传感器、热电偶传感器等
被测物理量		气体传感器、温度传感器、质量传感器、湿度传感器、流量传感器、速度传感器、力传感器、位移传感器等
学科领域	物理传感器	光传感器、声传感器、压力传感器、温度传感器等
	化学传感器	气体传感器、离子传感器等
	生物传感器	DNA 传感器、酶传感器、免疫传感器等
输出量		模拟式传感器、数字式传感器
能量关系	能量转换型	热电偶传感器、压力传感器等
	能量控制型	电导型传感器、电感型传感器、电容型传感器、霍尔型传感器等

目前,电导型纳米传感器研究已经成为纳米科技研究领域的重要分支之一,现已在航空航天、军事国防、信息科技、矿山机械、食品安全、石油能源、生物医学、化学环保、农林渔业、灾害预警等诸多领域获得广泛的应用和发展。尤其以金属氧化物纳米材料为代表的电导型气敏传感器,其中最典型且研究较多的金属氧化物纳米材料主要有 SnO_2、ZnO、In_2O_3、Fe_2O_3 及 NiO 等。此外,不同纳米尺度、不同制备环境、不同表面结构的同一种金属氧化物,对不同气体表现出来的敏感性不同、检测限度不同。

电导型半导体金属氧化物纳米传感器是研究较多、应用较为普遍的一类纳米传感器,其主要原理是:待测气体分子与金属氧化物纳米敏感材料接触时,便在材料的表面发生吸附和化学反应,使得纳米材料的电学性质发生改变,通过这种方式检测环境中有害、有毒、可燃、易爆等气体的存在及浓度的大小。本章中,我们通过氧化法将磁场诱导生长的镍纳米线阵列氧化为 p 型半导体氧化镍,再结合 lift - off 微加工工艺在氧化镍阵列表层制备微电极,封装为微型气敏传感器,在自制的气体传感器测试系统中对制备的传感器性能进行测试,分析其响应恢复特性、重复稳定性、选择性等。

6.3.2　氧化镍纳米线阵列的制备

首先利用磁场诱导肼还原法制备超长镍纳米线,并将其均匀分散在去离子水中,镍纳米线的制备工艺参数为:Ni^{2+}离子(来源于镍盐)浓度低为 0.010 mol/L、反应温度为 75℃、NaOH 浓度为 0.03 mol/L、乙二醇做溶剂、外磁场强度为 0.5 T、反应时间为 70 min、$N_2H_4 \cdot H_2O$ 浓度为 0.01 mol/L。将表层为 300 nm 的 SiO_2 层的硅片用丙酮、乙醇、去离子水分别超声 3 次,并将其置于平底烧杯中,烧杯中加入 1/2 体积的水,然后将整个烧杯置于平行磁场中,把均匀分散于去离子水中的镍纳米线逐滴从烧杯水面表层滴下,外磁场的作用下,镍纳米线按照平行磁场的磁力线排布形成镍纳米线阵列,最后用吸管从烧杯壁部分缓慢吸掉水溶液,将硅片烘干即可。

将带有镍纳米线阵列的硅片在高温氧化炉中进行不同温度氧化即可得到晶粒尺寸不同的 NiO 纳米线阵列,然后通过 lift‐off 工艺制备成微电极。Lift‐off 工艺的具体步骤如下:首先在组装有 NiO 纳米线阵列的硅片上覆盖掩模板,进行甩胶、烘干、曝光、显影后烘工艺,在硅片上得到叉指形光刻胶侧剖面几何图形;然后通过磁控溅射在基片表面获得金属(钛和金)层,最后剥离掉掩模层及其上层金属,则与基片紧密接触的金属电极图形保留了下来形成叉指电极。图 6.3.1 为 NiO 微电极的制备流程示意图。

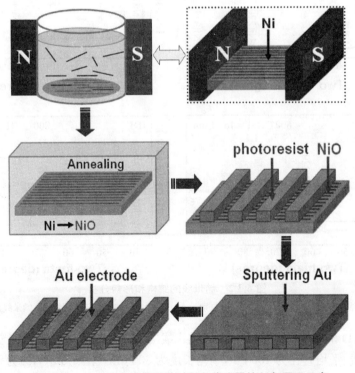

图 6.3.1　NiO 纳米线的组装过程和传感器的制备原理示意

6.3.3 NiO 纳米线的结构和形貌分析

图 6.3.2(A)为制备的镍纳米线的 XRD 花样。XRD 花样中所有的衍射峰和面心立方(fcc)结构的镍标准卡匹配,每个峰的位置(44.62°、51.94°、76.58°、93.02°)分别和晶体 Ni 的(111)、(200)、(220)、(311)晶面对应。从 XRD 花样中,我们没有看到其他杂质峰(如 NiO、Ni(OH)$_2$ 等)出现,说明我们已经合成了超纯的镍纳米线。我们利用谢乐公式(见式(2-4))和 XRD 的半高峰宽可计算出镍纳米线的平均晶粒尺寸,为 10.08 nm。图 6.3.2(B)、(C)、(D)分别为 400℃、600℃、800℃下氧化 3 h 获得的 NiO 纳米线的 XRD 花样。从 3 个 XRD 花样中我们可以看出,峰的位置和形状都比较类似;且 3 个 XRD 花样的衍射峰均和立方结构的 NiO(JCPDS 标准卡,No. 47-1049,空间群,fm3m(225))匹配。600℃和 800℃制备的 NiO 纳米线的 XRD 峰(在同样的测试条件下)的相对强度比 400℃的大,说明氧化温度越高,NiO 纳米线的结晶度越高。此外,我们利用谢乐公式计算得到三个 NiO 试样的平均晶粒尺寸分别为:12.22 nm(400℃,3 h)、16.71 nm(600℃,3 h)、24.03 nm(800℃,3 h),说明 NiO 纳米线的平均晶粒尺寸随着氧化温度的增加而增大。同时,我们还观察到 400℃得到的 NiO 试样颜色为亮绿色,而 800℃得到的 NiO 试样的颜色为暗绿色。

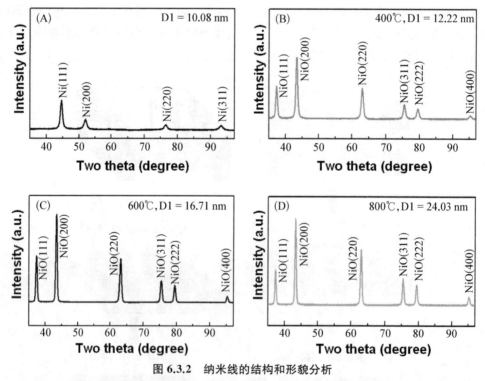

图 6.3.2 纳米线的结构和形貌分析

(A) 镍纳米线的 XRD 花样;(B),(C),(D) 分别为 400℃,600℃,800℃下获得的 NiO 纳米线的 XRD 花样

图 6.3.3(A1)和(A2)为制备的超长镍纳米线的 SEM 图,图中我们可以看到镍纳米线为一维针状纳米线,平均直径为 150 nm,平均长度为 300 μm。图 6.3.3(A3)为单根镍纳米线的 SEM 图,我们可以清晰地看到其直径非常均匀,且长径比较大。图 6.3.3(B1)和(B2)、(C1)

和(C2)、(D1)和(D2)分别为 400℃、600℃、800℃下氧化 3 h 获得的 NiO 纳米线的 SEM 图；图中我们可以清晰地看到超长的 NiO 纳米线由一些平均直径为 12～24 nm 的晶粒组成，NiO 纳米线的平均直径为 150 nm，且较为均一，长度约 300 μm，长径比高达 2 000。此外，从 SEM 图中，还可以明显看到 NiO 纳米线的表面随着氧化温度的增加而便得较为平滑（刺状结构随之消失）。

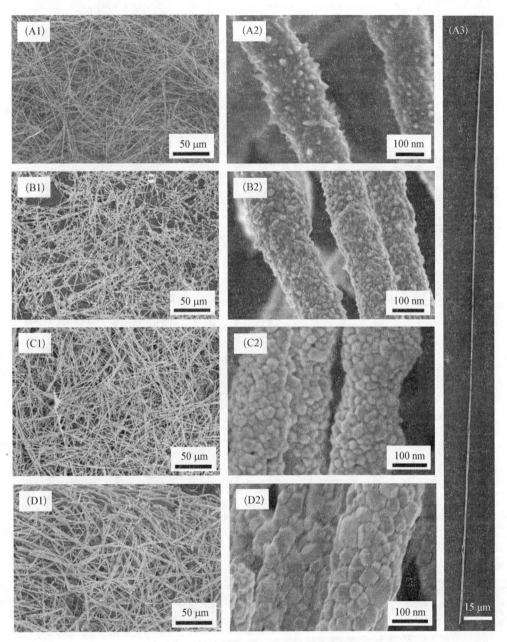

图 6.3.3　不同温度条件下的纳米线图

(A1)～(A3) 镍纳米线的 SEM 图；(B1)和(B2)，(C1)和(C2)，(D1)和(D2)分别为 400℃，600℃，800℃下获得的 NiO 纳米线的 SEM 图

6.3.4　NiO 纳米线的形成机制

为了探索镍纳米线到 NiO 纳米线的氧化过程，我们对镍纳米线进行了 400℃恒温空气中氧化 3 h 的 TGA 实验，图 6.3.4(A)为实验的热重曲线。从 TG 曲线中，我们可以观测到

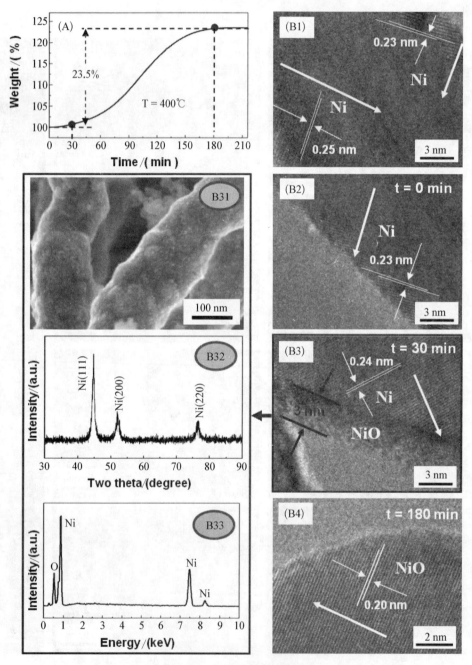

图 6.3.4　纳米线的形成机制

（A）镍纳米线的热重曲线；(B1),(B2),(B3),(B4) 是镍纳米线到 NiO 纳米线的转变过程中的 HRTEM 图；(B31),(B32),(B33) 分别为试样的 SEM,XRD,EDS

实验结束时总重量增重了 23.5%,非常接近于转换为 NiO 的理论增重值(21.4%);这个热重结果说明镍纳米线到 NiO 纳米线的转化过程在 400℃需要持续 3 h 以上。为了更深层的研究镍到 NiO 纳米线的氧化机制,我们对氧化了 30 min 的试样进行了 SEM、TEM、XRD、EDS表征。图 6.3.4(B3)中可以看到氧化了 30 min 的试样表层有一层厚度为 3 nm 左右的无定形的 NiO;即氧化的开始阶段,内部为晶体镍,外表层为无定形的 NiO。因此,在其 XRD 花样中没有 NiO 衍射峰出现(见图中 B32),但 EDS 元素分析中有氧元素的峰出现(见图中B33)。EDS 分析显示镍原子和氧原子比为 1:0.91,说明在无定形的 NiO 层有氧空位的存在。因为 NiO 层通过镍线表层开始氧化,即氧化是在富镍条件下开始的,大量的氧空位就存在于 NiO 层。这意味着空位在无定形的氧化层中的产生速度大于空位从氧化层向外部的扩散速度。

　　基于上面的实验结果,我们提出了一个可能的 Ni 到 NiO 纳米线的氧化机制(见图 6.3.5)。首先(氧化第一阶段),氧分子吸附在已经制备的镍纳米线表面并分解为氧原子(见图 6.3.5(B)),形成了氧原子吸附层。随着氧化的开始(氧化第二阶段),镍原子丢失两个电子成为 Ni^{2+} 离子,同时氧原子得到两个镍原子丢失的电子成为 O^{2-} 离子,在纳米线的表层

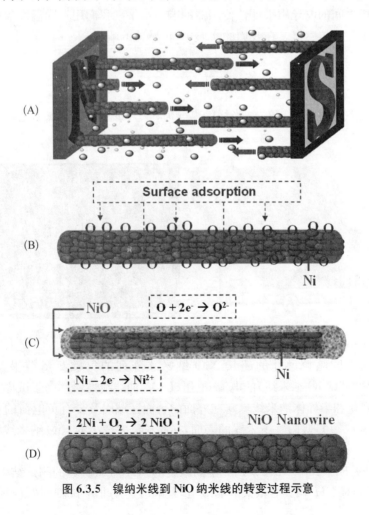

图 6.3.5　镍纳米线到 NiO 纳米线的转变过程示意

形成了一个电场,促使 Ni^{2+} 离子的运动。在氧化的开始阶段形成 NiO 晶相的趋势较低,是因为金属镍基底的局部氧化存在一个很大的氧化物成核自由能,要能够突破其能量障碍才能到达成核要求。这就导致了镍纳米线表层无定形 NiO 的形成(见图 6.3.5(C))。在氧化的第三阶段,在镍纳米线的表层形成 NiO 晶粒,且 NiO 晶层逐渐开始从外层向纳米线的内层生长。在镍和 NiO 的界面处,镍原子丢失两个电子形成 Ni^{2+} 离子,氧原子得到两个镍原子丢失的电子成为 O^{2-} 离子;随后,带正电荷的 Ni^{2+} 离子沿着氧化层的晶界向外部扩散,带有负电荷的 O^{2-} 离子由外部向内部扩散,Ni^{2+} 离子与 O^{2-} 离子相遇便形成了 NiO,这样随着高温氧化时间的延长,氧化层的厚度逐步增加,最终形成 NiO 纳米线(见图 6.3.5(D))。

6.3.5 NiO 纳米线气体传感器性能分析

1) NiO 纳米线气体传感器的敏感性

图 6.3.6 为 NiO 纳米线基气敏传感器示意图。在这个气敏传感器中,超长的 NiO 纳米线在叉指电极中用作导电沟道。交错的电极阵列直径的长度为 $600~\mu m$,线宽为 $10~\mu m$。NiO 半导体纳米线阵列被组装于这些交错的电极之下,NiO 纳米线阵列见图 6.3.6 中的放大部分。两个电极之间的电导用来评估传感器的响应水平。我们用不同温度氧化制备的 NiO 纳米线制作了三种传感器。在我们的实验中,传感器的响应(R_r)用下式来定义:

$$R_r = \frac{\Delta G}{G_0} = \frac{(G - G_0)}{G_0} \tag{6-1}$$

G_0 为暴露在测试气体之前的 NiO 纳米线的电导值;G 为暴露在测试气体之后的 NiO 纳米线的电导值。

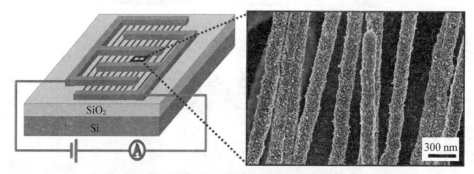

图 6.3.6　NiO 纳米线阵列组装在硅基底上的传感器结构示意

图 6.3.7 为不同晶粒尺寸的超长 NiO 纳米线阵列的气敏测量结果。晶粒尺寸为 12.22 nm 的试样"a"(NiO 纳米线)的电流-电压(I-V)曲线线性斜率高于试样"b"和"c"。这是因为电导的变化和半导体纳米线暴露在外面的表面区域以及带有负电荷的气体分子的浓度相关,如 O_2^-、O^{2-}、O^- 吸附在纳米线的表面,在晶粒尺寸较小的 NiO 纳米线将会吸附更多的氧。

图 6.3.8 为从 $50 \times 10^{-6} \sim 200 \times 10^{-6}$ 不同浓度的 NH_3 气敏实验的测试结果。结果显示:在常温下,传感器对 NH_3 均具有很大的响应值,且响应速度非常快。例如,当传感器暴露在

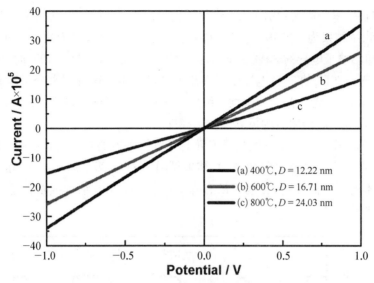

图 6.3.7　气敏传感器室温下的 I‑V 曲线

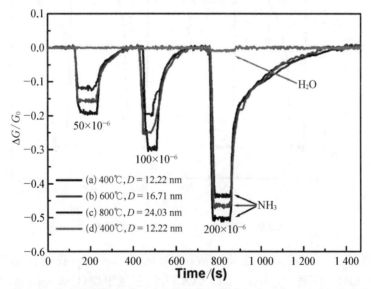

图 6.3.8　传感器暴露在不同浓度的氨气和水蒸气中时电导随时间的变化

$50×10^{-6}$ 的 NH_3 中 36 s，电导的变化率为 19％。同时，电导的变化随着 NH_3 浓度的增加而增大。更为重要的是，3 个气敏实验循环之后，利用背景气吹和红外灯照射，10 min 之内传感器恢复到起始值，这对于基于 NiO 纳米线阵列的气敏传感器实际应用来说具有很大的诱惑。这种快速的响应和恢复是由于 NiO 纳米线阵列和金电极之间的良好接触所致。此外，随着组成 NiO 纳米线的晶粒尺寸的增加，电导值降低；具体实验结果如下：

（1）电导值：R_r（试样"a"）＞R_r（试样"b"）＞R_r（试样"c"）。

（2）晶粒尺寸：D（试样"a"）＜D（试样"b"）＜D（试样"c"）。

这是由于晶粒尺寸越小，其晶界越多。之前的文献报道已经提到晶界或者晶粒连接处都是吸附气体分子的活性点，其将影响到电子的传输，导致了电导的变化。为了研究水分子对 NH₃ 气体敏感结果的影响,我们将气体分子仅暴露在水蒸气下,其他条件和氨气气敏测试条件相同。测试结果为:在 $100×10^{-6}$ 的水蒸气浓度下,水蒸气对电导几乎没有影响,然而,对于 NH₃ 却影响了电导的 30% 变化率;当水蒸气的浓度为 $200×10^{-6}$ 时,电导的变化率仅小于 1%,对比与 NH₃ 的 51% 电导变化率几乎可以忽略。这说明水分子没有影响我们的气敏测试结果,我们实验中基于 NiO 纳米线的气敏传感器测试结果比较精确。

2) NiO 纳米线气敏传感器的重复性和选择性

为了进一步地研究基于 NiO 纳米线阵列的气敏传感器的重复性,气体传感器被重复暴露的 $50×10^{-6}$ 的 NH₃ 中测试其气敏特性,结果见图 6.3.9。四个循环氨气暴露实验之后,电导变化率基本不变,传感器的恢复能力没有降低,这说明 NiO 纳米线基传感器具有很优异的重复性和再现性。

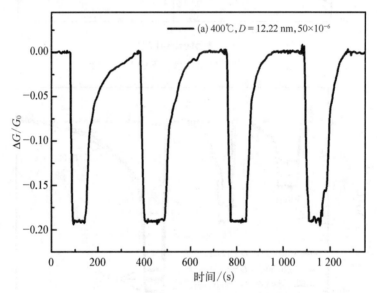

图 6.3.9 传感器在 50ppm 氨气中的重复性

NiO 纳米线基传感器的选择性被分析,结果见图 6.3.10。我们分别选用无水乙醇(Alcohol,C_2H_5OH)、丙酮(Acetone,CH_3COCH_3)、三氯甲烷(Chloroform,$CHCl_3$)、己烷(Hexane,C_6H_{14})、二氯甲烷(Dichloromethane,CH_2Cl_2)、甲醛(Formaldehyde,HCHO)、甲苯(Methylbenzene,C_7H_8)、氨气(Ammonia Water,NH₃)进行气敏测试实验。从图 6.3.10 中,我们可以清晰地看到 NiO 纳米线阵列基传感器对于 NH₃ 具有很优异的选择性。例如,当传感器暴露在 $200×10^{-6}$ 的 NH₃ 时,电导变化率为 51%,然而当传感器暴露在 1 000 ppm 的其他气体(如 C_2H_5OH、CH_3COCH_3、$CHCl_3$、C_6H_{14}、CH_2Cl_2、HCHO、C_7H_8)中时,电导变化率最高不超过 7%。NiO 基气敏传感器对于 NH₃ 这种优异的选择性能通过以下机理解释:

(1)氨气分子是一种很强的电子给体,且电子能够从氨分子转移到 p 型 NiO 纳米线,导致了传感器电导的很大变化率。

(2)对于氨分子的选择性物理吸附也是一个关键性的因素。氨分子的吸附存在于 NiO

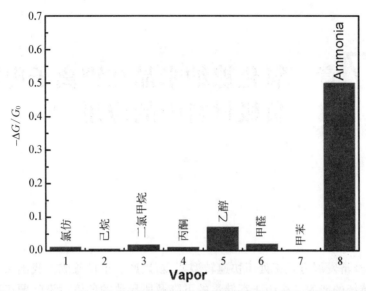

图 6.3.10　NiO 纳米线传感器暴露在氨气和其他有机气体中时的电导变化

纳米线阵列的各个活性点上(晶界、晶粒连接处、晶面等);对于氨分子的这种选择性物理吸附影响了电子运动,导致了其对氨气具有很好的选择性。

6.3.6　小结

本章通过高温氧化法将超长镍纳米线阵列转化为 NiO 纳米线阵列,研究了氧化温度对 NiO 纳米线的晶粒尺寸、纳米线形貌、光学能量带隙的影响,探讨了镍纳米线氧化为 NiO 纳米线的氧化机理;随后利用 lift－off 工艺将 NiO 纳米线阵列组装为微型传感器,并测试了传感器的气敏性能。通过实验和性能分析得到了主要的结论如下:

(1) 平均晶粒尺寸为 10.08 nm 的镍纳米线在 400℃、600℃、800℃氧化 3h 得到的 NiO 纳米线的平均晶粒尺寸分别为:12.22 nm、16.71 nm、24.03 nm;其纳米线直径均约为 150 nm,长度为 300 μm。

(2) 镍到 NiO 纳米线的氧化机理:氧分子首先吸附在镍纳米线表面并分解为氧原子吸附层;镍原子丢失两个电子成为 Ni^{2+} 离子,同时氧原子得到两个 Ni 原子丢失的电子成为 O^{2-} 离子,在纳米线的表层形成了一个电场,促使 Ni^{2+} 离子的运动。(氧化的开始阶段由于 NiO 成核自由能较大导致首先形成 NiO 无定形层)

(3) 随着晶粒尺寸的减小,吸收光谱出现蓝移,且半导体带隙随之变大。

① 400℃,平均晶粒尺寸 12.22 nm,吸收峰 271 nm,带隙为 4.2 eV;

② 600℃,平均晶粒尺寸 16.71 nm,吸收峰 284 nm,带隙为 4.0 eV;

③ 800℃,平均晶粒尺寸 24.03 nm,吸收峰 320 nm,带隙为 3.8 eV。

(4) 晶粒尺寸越小的 NiO 纳米线传感器灵敏度越大(电导值越大),这是因为其晶界越多,能够吸附的 NH_3 分子越多。三种传感器对 NH_3 均具有很好的响应、恢复性能,且具有很优异的重复性和选择性。

第7章 氧化镍纳米晶在锂离子电池负极材料中的应用

7.1 引言

当今社会,经济发展方式正处于快速转型期,新兴产业正日益成为我国未来经济发展的战略性目标。传统的能源结构由于存储量的下降及所导致的环境污染问题正面临着极大的挑战,主要集中在两个方面:一是将电能的获取方式从传统的燃烧燃料转换为利用可再生能源,二是将传统的交通工具向电力推进,以电力驱动代替内燃机驱动。为了应对这种能源格局的变化,开发新能源及研究改进能源储存技术是我国乃至全球都迫切关注的问题。在所有的固体电极中,锂金属具有最高的理论能量密度($2\,062\,\mathrm{mAh/cm^3}$)所以受到了广泛的关注,锂离子电池可以从材料中获取能源,将化学能与电能进行部分可逆或者近完全可逆转换,被证明是一种较成功的电化学储能器件。锂离子电池主要由正极、负极、电解液和隔膜组成。目前商用的正极材料主要为含锂金属氧化物,如 $LiCoO_2$、$LiMn_2O_4$、$LiFePO_4$ 等,负极材料主要为碳材料,如石墨、碳纤维等。由于石墨电极的理论容量低,对锂电位低易造成锂枝晶的形成,因而寻找可替代的负极材料是现在的研究热点。自从 P. Poizot 等报道了纳米结构的过渡金属氧化物可以作为锂离子电池负极材料且具有较好的性能后,金属氧化物负极便逐渐引起人们的重视。氧化镍(NiO)负极材料的理论比容量 $718\,\mathrm{mAh/g}$,能够与金属锂发生可逆的氧化还原反应,被证明是一种具有较好前景的新型锂离子电池负极材料。

7.2 一维 NiO 纳米管在锂离子电池中的应用

采用课题组制备的刺状镍纳米线为前驱体,分别在 400℃、500℃、600℃及 700℃条件下氧化得到一维 NiO 纳米管,图 7.2.1 为 NiO 样品的 SEM 图,由图中可以看出,随着氧化温度的升高,NiO 纳米颗粒尺寸增大,根据谢乐公式计算可知四组 NiO 的平均晶粒尺寸分别为 17 nm(NiO-400)、18 nm(NiO-600)、19 nm(NiO-600),23 nm(NiO-800)。

对这四组在不同温度下得到的 NiO 纳米管样品进行恒流充放电测试,测试电流密度为 $0.2\,\mathrm{C}$($143.6\,\mathrm{mAg^{-1}}$),电压区间为 0.01~3 V。这四组样品的首次充放电容量,首次库伦效率及 100 次循环后的容量如表 7.2.1 所示。由表中可以看出,材料的首次放电容量都很大,远

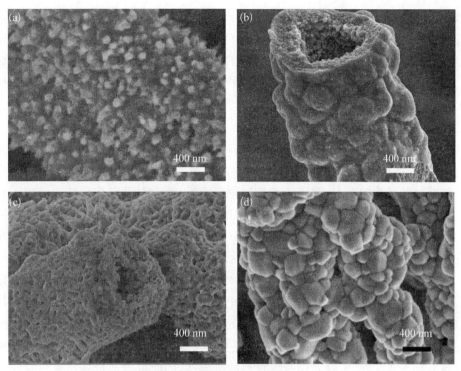

图 7.2.1　不同氧化温度下制备的 NiO

(a) 400℃；(b) 500℃；(c) 600℃；(d) 800℃

远超过 NiO 材料的理论容量，但是随着循环的进行放电容量下降幅度非常大。而且随着样品氧化温度的升高，材料的充放电容量逐渐下降。

表 7.2.1　不同温度下制备的 NiO 电极材料的电化学性能

氧化温度 /(℃)	首次放电容量 /(mAhg⁻¹)	首次充电容量 /(mAhg⁻¹)	首次库仑效率 /(%)	循环 100 次后的 放电容量/(mAhg⁻¹)
400	1 118	670	60	178
500	1 017	661	65	216
600	982	638	65	202
800	960	595	62	189

这些现象可以通过 NiO 的充放电机理来解释。NiO 在充放电时发生的电极反应为：

$$NiO + 2Li \Longleftrightarrow Ni + Li_2O \tag{7-1}$$

在首次反应过程中，NiO 首先与电解液发生反应，在表面形成一层固态电解质薄膜（SEI 膜），然后再与锂发生反应，锂离子进入 NiO 晶格中导致很大的畸变，随着放电过程的继续进行，大量的晶格畸变会导致电极材料体积发生膨胀，最终发生粉碎化转化为镍和 Li_2O；在随后的充电过程中，Li_2O 发生分解被还原为锂，镍重新被氧化为 NiO，放电反应的进行与纳米镍的高度活性有很大的关系，同时，在放电过程中，会伴随着 SEI 膜的分解，主要原因归结为镍的催化活性。无论是 SEI 膜的生成还是分解,都伴随着锂离子的参与,以及电解液的分解,因此会带来额外的容量,这也是为什么材料首次放电容量远远超过理论容量的原因之一。虽然材料的放电容量较大,但是,其容量衰减非常严重,不足以满足实际应用需求,最主要的原因是 SEI 膜在充电过程中不能完全分解,造成不可逆容量损失;其次,在充电逆反应中,Li_2O 也不能完全分解,部分 Li_2O 和 Ni 会变惰性使充电反应不能彻底进行,同样也造成容量损失。

在镍线氧化过程中,随着氧化温度的升高,NiO 的晶粒尺寸变大,颗粒尺寸的增大可以降低材料的比表面积,进而减少生成的 SEI 膜的总量,从而降低材料的首次不可逆容量损失,但是随着颗粒尺寸的变大,锂离子的扩散距离变长,反而对其电化学性能造成不利的影响。所以随着氧化温度的升高,NiO 电极材料的首次库伦效率先升高后降低。这四组 NiO 材料中,在 500℃ 下氧化制得的 NiO 纳米管具有最好的电化学性能,其首次库伦效率为 65%,在 0.2 C($143.6\ mAg^{-1}$)电流密度下循环 100 次后容量为 $216\ mAhg^{-1}$。

另一方面,NiO 材料的本身电导率很低($< 10^{-13}\ \Omega^{-1}cm^{-1}$),在充放电过程中极化现象比较严重导致容量大幅衰减。为了改善 NiO 电极材料的充放电循环性能,除了可以从减少不可逆容量损失方面入手,还可以从提高 NiO 材料电导率方面考虑,本次工作中四组 NiO 样品都是从镍纳米线氧化得到的,镍本身就是一种非常好的催化剂,可以催化 SEI 膜的分解,而且镍电导率非常好,可以大幅改善材料的电导性,因此可以通过控制氧化时间原位制备镍掺杂 NiO 的复合电极材料,以期达到改善电极材料充放电循环性能。

图 7.2.2 为镍纳米线在 500℃ 恒温氧化的 TG 曲线,升温时间设为 50 min,氧化 5 h 后产物的重量基本不在变化,说明已经彻底氧化为 NiO,最终增重量为 23.33%,非常接近于镍氧化为 NiO 的理论值 21.4%。当氧化时间分别设为 2 h 和 3 h 时,通过计算可知样品的增重分别为 21.78% 和 22.84%,将此两组样品分别记为 Ni/NiO‐2 和 Ni/NiO‐3,可以大致推算

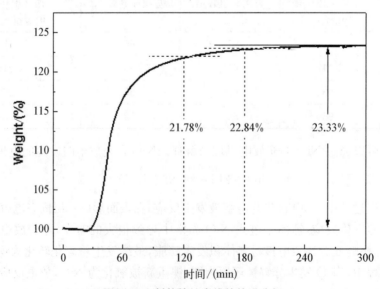

图 7.2.2 刺状镍纳米线的热重分析

Ni/NiO-2 和 Ni/NiO-3 复合样品中镍的含量分别为 6.6 wt%（～9 at%）和 2.1 wt%（～3 at%）。

通过控制氧化时间制备的 Ni/NiO-2 和 Ni/NiO-3 样品以及纯 NiO 样品的 XRD 表征如图 7.2.3 所示，从图中可以看出 Ni/NiO-2 和 Ni/NiO-3 样品中镍的衍射峰很明显，而在 NiO 样品中，只有，体心立方结构的 NiO 相（JCPDS Card No.47-1049）的衍射峰，2θ 角度为 37.9°、44°、63.6°、76.1°及 80°的衍射峰分别对应于 NiO 的（111）、（200）、（220）、（311）、（222）晶向。

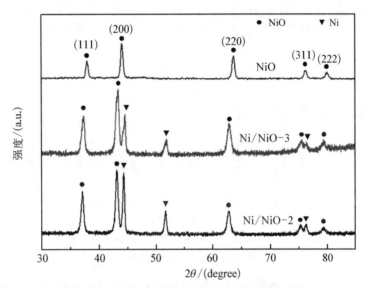

图 7.2.3　Ni/NiO 复合样品及 NiO 样品的 XRD 图谱

图 7.2.4 为 500℃下不同氧化时间制得的 Ni/NiO-2、Ni/NiO-3 样品和纯 NiO 的首次充放电曲线，Ni/NiO-2、Ni/NiO-3 及 NiO 的首次放电比容量分别为 719.4 mAh/g、1 779.7 mAh/g、1 016.6 mAh/g，首次充电比容量分别为 466.7 mAh/g、1 277.9 mAh/g、661.1 mAh/g 可以看出，三组样品的首次放电容量差别很大，其中，氧化 2 h 的样品 Ni/NiO-2 的首次放电容量最小，氧化 3 h 的样品 Ni/NiO-3 的首次放电容量最大，主要原因可能是在 Ni/NiO-2 样品中镍的含量过高，使得参与电极反应的活性物质 NiO 的量相对最低，因此产生的放电比容量较小，而且镍也被证明具有抑制 SEI 膜形成的作用，更加会抑制首次放电容量；随着氧化时间的延长，Ni/NiO-3 样品中镍的含量降低，加大了电极材料中 NiO 的转换反应幅度，并且一定量镍的存在增加了电极材料的电导率，使得电极反应更大程度的进行，因此大大提高了 Ni/NiO-3 的首次放电比容量；NiO 的首次放电比容量为 1 016.6 mAh/g，介于 Ni/NiO-2 与 Ni/NiO-3 之间，三组样品的对比说明适当比例的镍含量对电极材料的首次充放电比容量有较大的影响。从另一方面来看，NiO 的库伦效率只有 65%，与 J. M. Tarascon 课题组所得的实验结果一致，Ni/NiO-2 的首次库伦效率与纯 NiO 相差不大，而 Ni/NiO-3 具有最高的首次库伦效率 72%，Ni/NiO 复合电极材料的充放电反应如下：

$$(x)Ni/NiO + 2Li \rightleftharpoons (1+x)Ni + Li_2O \qquad (7-2)$$

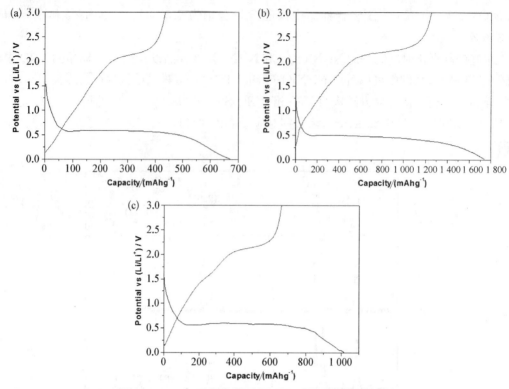

图 7.2.4　500℃下氧化得到三组样品的首次充放电曲线
(a) Ni/NiO-2;(b) Ni/NiO-3;(c) NiO

由以上反应式可知,在复合电极材料 Ni/NiO 中,放电过程结束后电极材料中的镍有两个来源,一方面是镍线氧化为 NiO 的过程中未参与氧化的镍核,另一部分是电极反应过程中 NiO 与锂反应生成的镍颗粒,这部分镍颗粒尺寸在 2~8 nm 左右,分散在 LiO_2 基质上,当发生充电反应时,这两部分镍都可以成为催化 LiO_2 分解的催化剂,尤其是内部不发生反应的镍核,更具有促进 SEI 膜分解的作用,并且镍的存在增加了电极材料的导电性,一定程度上使 Ni/NiO 的充电反应的可逆度更高,使得其首次库伦效率高于 NiO。由此可知,适当比例的镍含量对电极材料的首次库伦效率也有较大的影响。

为了进一步研究 Ni/NiO 复合样品的电化学性能,对三组样品进行了循环伏安测试,测试采用的扫描速度为 0.5 mV/s,电压区间为 0.01~3 V。结果如图 7.2.5 所示。从图中可以看出,三组曲线比较相似,第一次循环中,在 0.2~0.3 V 之间存在一个较强的阴极峰,对应着 NiO 的电极反应还原为 Ni,以及 SEI 膜的形成过程,第一个较强的阳极峰出现在 2.0~2.5 V 之间,对应着 SEI 膜和 LiO_2 的分解以及镍氧化为 NiO 的过程,在第二次循环中,三组样品的阴极峰都转移到 1.0 V 左右,阳极峰的位置相对于第一次循环存在向高电位偏移,经过 3 次循环后,可以看出 Ni/NiO-2 样品的曲线重复度最好,说明具有最好的循环稳定性,而 NiO 的峰强度衰减最明显,说明其电极反应的可逆度最低。

图 7.2.6 为 Ni/NiO 复合样品与纯 NiO 的交流阻抗频谱,通过该图可以更直观地分析复合样品与纯 NiO 的极化区别。测试之前所有的样品均恒流充放电 5 次,然后静置至开路电

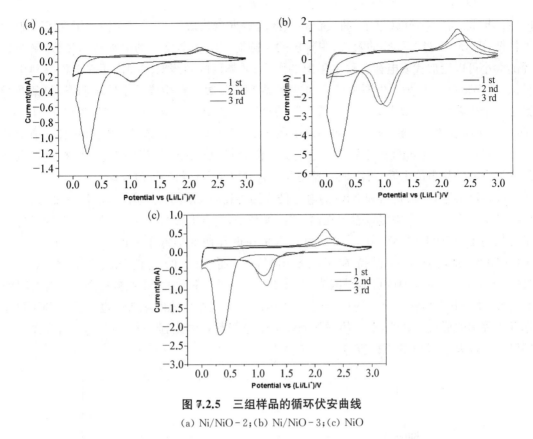

图 7.2.5　三组样品的循环伏安曲线

(a) Ni/NiO-2；(b) Ni/NiO-3；(c) NiO

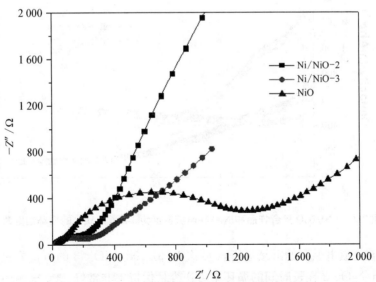

图 7.2.6　Ni/NiO 复合样品与 NiO 的交流阻抗谱

压稳定后进行测试,测试采用的频率范围为 $10^{-2} \sim 10^5$ Hz,电压振幅为 5 mV。在锂离子电池的电极反应过程中,锂离子通过电解液向电极材料表面迁移,首先要通过固体电解质界面膜(SEI)然后到达电极材料表面,接下来在电极材料界面处发生电荷迁移,最后向电极材料的内部扩散。在 Nyquist 谱中,曲线在高频区的数据点构成的半圆对应锂离子在 SEI 膜中的扩散,即 Li$^+$ 穿过 SEI 膜的阻抗,中频区的半圆对应电化学反应的电荷转移过程,半圆直径的大小可以近似代表电荷转移电阻值的大小;低频区的斜线对应锂离子在电极材料中的扩散,即 Warburg 行为。由图中可见,样品在高频区的数据点构成的半圆不明显,每条曲线都是一个中频区的近似半圆和一条低频区的直线组成,由图中可以看出 Ni/NiO‐2 与 Ni/NiO‐3 的半圆直径差别不大,说明锂离子在两组 Ni/NiO 电极材料中的电荷转移阻值相差不大。对比之下,纯 NiO 的半圆直径远远大于复合材料 Ni/NiO,说明 Ni/NiO 样品中电极反应的电荷转移阻值更低,再次证明镍的存在大大提高了材料的导电性能。

Ni/NiO 复合电极材料和 NiO 的电池循环性能比较如图 7.2.7 所示,电流密度为 0.2 C (143.6 mAg^{-1})。从图中可以看出在前 50 次循环中,复合电极材料中 Ni/NiO‐3 的可逆容量远远高于纯 NiO,而 Ni/NiO‐2 的可逆容量在循环初期却低于 NiO。50 次循环后 Ni/NiO‐3 的放电比容量保持在 731.8 mAhg^{-1},而 NiO 的放电比容量已经衰减为 420.4 mAhg^{-1}。究其原因可能是因为在 Ni/NiO‐3 中未氧化的 Ni 颗粒提高了复合材料的导电性,使得其电极转换反应的可逆度大大提高,并且镍本身的催化活性也促进了 SEI 膜在循环过程中的形成与分解,从而使得 Ni/NiO‐3 电极材料的比容量大大提高,并且在循环初期可逆容量大于 NiO 的理论容量值。

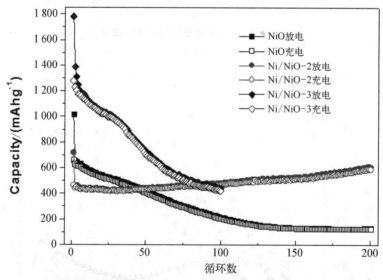

图 7.2.7　Ni/NiO 复合样品和 NiO 在电流密度为 143.6 mAg^{-1} 的循环性能曲线

然而,随着充放电循环的继续进行,100 次循环后 Ni/NiO‐3 的可逆容量已经低于 Ni/NiO‐2,而 Ni/NiO‐2 在长时间的循环中可逆容量保持率非常好,200 次循环后放电比容量保持为 606.7 mAhg^{-1},可逆容量保持率为 84.3%,而且 200 次循环后的容量反而高于循环初期。这个结果说明 Ni/NiO‐3 在短时间循环过程中具有较高的充放电比容量,而 Ni/NiO‐2 在长时间循环过程中具有稳定的充放电比容量,这说明镍的复合对于 Ni/NiO‐2 的循环稳定性有较大的提升。对比 Ni/NiO‐3 与 Ni/NiO‐2,由前面的分析中已知两者最大

区别为镍的含量,镍在 Ni/NiO‐3 与 Ni/NiO‐2 两者中占的原子分数分别为～3％和
～9％,这意味着,较低比例的镍复合对于 NiO 的电化学性能有明显的提升作用,而更高比
例的镍的复合可以提高活性颗粒之间良好的电接触,从而减少材料在循环过程中因体积收
缩膨胀等原因引起的活性物质失去电接触而产生惰性颗粒的数量,因此可以大幅度的抑制
容量的衰减,并且随着循环的进行,复合材料中因为在每次放电结束后产物中有更多的镍,
促进了逆反应的进行,从而使得 SEI 膜和 Li$_2$O 可以更大程度的分解,进一步改善了材料的
导电性,所以 Ni/NiO‐2 材料表现出非常好的循环性能。

　　为了全面研究镍复合后 NiO 的电化学性能,对循环性能好的 Ni/NiO‐2 样品进行了倍
率性能测试,图 7.2.8 为 Ni/NiO‐2 与 NiO 的倍率性能测试结果。图中(a)为 NiO 的倍率
循环性能,在不同倍率 0.2 C(143.6 mAg^{-1})、0.5 C(359 mAg^{-1})、1 C(718 mAg^{-1})、

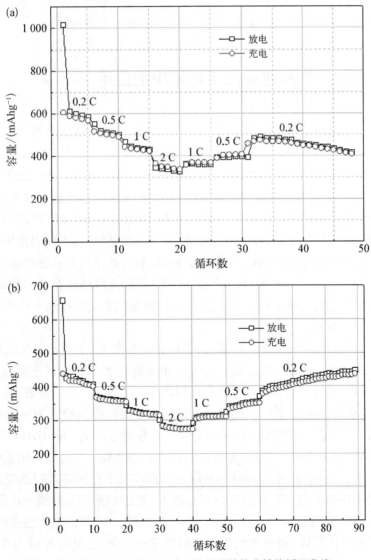

图 7.2.8　(a) Ni/NiO‐2 与(b) NiO 的倍率性能循环曲线

2 C(1 436 mAg^{-1})各循环 5 次后分别具有 585.5 mAhg^{-1}、501.4 mAhg^{-1}、432.7 mAhg^{-1}、329.8 mAhg^{-1} 的可逆容量;在经历了大电流密度循环后,循环电流依次回复到 1 C (718 mAg^{-1})、0.5 C(359 mAg^{-1})、0.2 C (143.6 mAg^{-1})各循环 5 次后可逆容量分别为 362.4 mAhg^{-1}、399.3 mAhg^{-1}、482 mAhg^{-1},可以看出,倍率回复到 0.2 C 后 NiO 材料的循环容量一直下降;相比较而言,由(b)图可以看出 Ni/NiO - 2 样品具有非常好的倍率循环性能,在电流密度为 0.2 C(143.6 mAg^{-1})、0.5 C(359 mAg^{-1})、1 C(718 mAg^{-1})、2 C(1 436 mAg^{-1})各循环 10 次后分别具有 407.4 mAhg^{-1}、346.1 mAhg^{-1}、300.4 mAhg^{-1}、291.4 mAhg^{-1} 的可逆容量;在经历了大电流密度循环后,循环电流依次回复到 1 C (718 mAg^{-1})、0.5 C(359 mAg^{-1})、0.2 C(143.6 mAg^{-1})各循环 10 次后可逆容量分别为 323.9 mAhg^{-1}、370.9 mAhg^{-1}、414.8 mAhg^{-1},与第一次 0.2 C 倍率下第二次放电容量相比,倍率回复为 0.2 C 后容量保持率为 95%,在同类材料中具有非常好的优势;并且回复到 0.2 C 倍率循环后容量逐渐升高,循环 30 次后可逆容量为 448.5 mAhg^{-1},甚至高于材料的第二次循环可逆比容量,说明了 Ni/NiO 复合材料优越的倍率循环性能。

7.3　二维 NiO 纳米片在锂离子电池中的应用

采用一步简单水热法制备二维片状 β - Ni(OH)$_2$ 前驱体,并分别在 300℃、500℃ 及 700℃下进行退火制得多孔 NiO 纳米片,分别记为 NiO - 300、NiO - 500 和 NiO - 700。图 7.3.1 为不同温度下制备 NiO 样品的 SEM 表征,从图 7.3.1(a,d,g)中可以看出所有的样品均为六角形片状结构,并且随着退火温度的升高,NiO 晶体纳米片的小孔结构愈加明显,这主要是由于在退火过程中水分子的逸出导致。对 NiO 进行高倍透射电镜(HRTEM)和选区电子衍射(SAED)分析,见图图 7.3.1(c,f,i),结果显示 NiO 为单晶结构,不同温度下样品的晶面间距都为 0.21 nm,对应于与 NiO 的(200)晶面,并可以看出晶体具有良好的结晶性。此外,从图 7.3.1(g-i)NiO - 700 的表征中可以看出 NiO - 700 的片状结构存在部分坍塌,说明在更高的温度下 NiO 的结构完整性有一定的破坏,有可能是纳米晶在高温下长大重结晶的过程中产生的应力所导致的。

不同退火温度下体制备的 NiO 样品的 XRD 表征如图 7.3.2 所示。从图中可以看出三条谱线都在 37.1°、43.1°、62.7°、75.2°和 79.1°左右出现衍射峰,分别对应于面心立方结构 NiO 的(111)、(200)、(220)、(311)和(222)晶面(JCPDS 卡片 47~1 049)。随着退火温度的升高,衍射峰的峰宽变窄并且强度增强,说明在更高的温度下得到的 NiO 具有更好的结晶性。根据谢乐公式可以计算得知三组 NiO 的平均晶粒尺寸分别为: 11.5 nm(NiO - 300)、14.5 nm (NiO - 500)及 18.3 nm(NiO - 700),说明 NiO 纳米晶的晶粒尺寸随着氧化温度的升高而增大,同时可以观察到 300℃得到的 NiO 为灰绿色,而 700℃下得到的 NiO 为亮绿色。

图 7.3.3 为不同退火温度下得到 NiO 样品的 N$_2$ 吸附-脱附等温曲线及孔径分布图,其中图 7.3.3(a)、(c)、(e)分别为 NiO - 300、NiO - 500 及 NiO - 700 样品的等温曲线,与国际纯化学与应用化学学会(IUPAC)所定义的Ⅳ型等温曲线相吻合,这说明 NiO 为介孔结构,三种样品皆具有 H3 类型的等温线迟滞环,说明样品为狭缝或裂缝形孔的层状结构材料。经公

图 7.3.1　不同温度下制 NiO 样品的 SEM&TEM 表征

(a~c) NiO‐300；(d~f) NiO‐500；(g~i) NiO‐700

式计算 NiO‐500 及 NiO‐700 样品的比表面积分别为 103.9 m^2/g、27.3 m^2/g 和 18.6 m^2/g。对于 NiO‐300 样品，其等温线的吸附分支在相对压力 $P/P_0=0.5\sim0.9$ 范围内先后有两个明显的拐点，对应着吸附过程中的毛细凝结现象，由分析可知，NiO‐300 样品中孔的分布范围比较窄，这一现象与图 7.3.3(b) 中其孔径分布曲线相一致，图 7.3.3(b) 显示 NiO‐300 样品在 3.9 nm 处有明显的峰，说明 NiO‐300 中主要为介孔分布。经公式计算 NiO‐300 样品的比表面积为 103.9 m^2/g，孔径直径平均值为 4.6 nm，孔容为 0.137 8 cm^3/g。随着退火温度的升高，NiO‐500 的孔径平均值为 16.9 nm(见图 7.3.3(b))，这很有可能是因为晶粒在重结晶的过程中一些小孔互相连接成为大孔所致，当温度继续升高为 700℃后，图 7.3.3(f) 显示 NiO‐700 表现出三个主要的孔径分布峰值，这有可能是因为在高的退火温度下，样品的结构出现坍塌所致。通常情况下，毛细凝聚发生的 P/P_0 越小，说明样品的孔径越小，由图可知 NiO‐300 样品中孔径平均值最低，与孔径分别曲线相吻合。

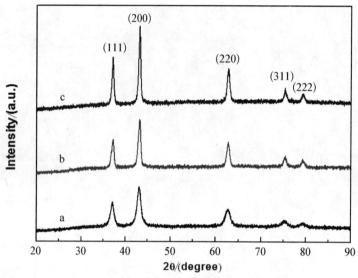

图 7.3.2　不同温度下制备 NiO 的 XRD 图谱

（a) 300℃；(b) 500℃；(c) 700℃

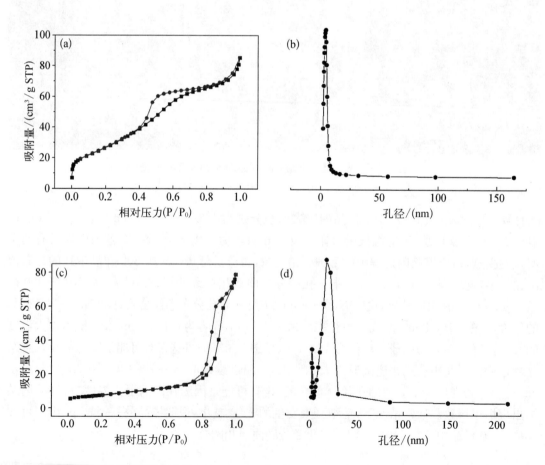

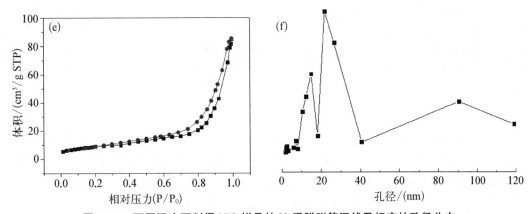

图 7.3.3　不同温度下制得 NiO 样品的 N₂ 吸脱附等温线及相应的孔径分布

(a～b) NiO-300；(c～d) NiO-500；(e～f) NiO-700

　　将 NiO 组装为半电池进行锂离子电池性能测试，CV 测试用来表征其具体的电化学反应过程，扫描电压为 0.01～3.0 V，扫描速率为 0.5 mV/s。图 7.3.4(a)、(b) 和 (c) 分别对应 NiO-300、NiO-500 及 NiO-700 样品的循环伏安曲线，由图中可以看出，所有样品的曲线都比较类似，在首次阴极扫描中，在 0.2～0.3 V 之间存在一个较强的峰，对应着 NiO 被还原

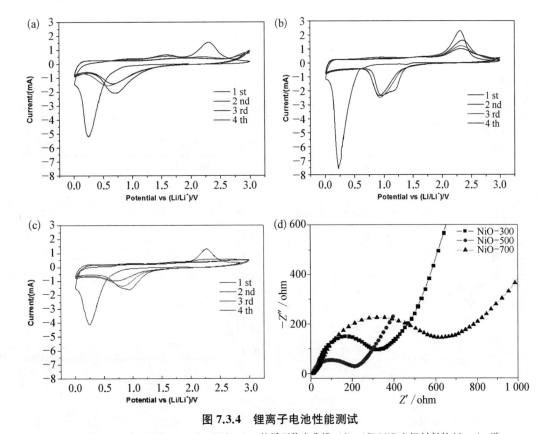

图 7.3.4　锂离子电池性能测试

(a) NiO-300；(b) NiO-500；(c) NiO-700 的循环伏安曲线；(d) 三组 NiO 电极材料的 Nyquist 谱

为镍单质的电极反应（$NiO + 2Li^{2+} + 2e^{-} \longrightarrow Ni + 2Li_2O$）以及固体电解质界面膜（SEI）的形成。由于 SEI 的生成,使得首次阴极扫描过程中氧化峰的位置与随后氧化峰的位置不同。在首次阳极扫描中,在 2.32 V 左右存在一个强的还原峰,对应着 NiO 的形成和 Li_2O 的分解,以及 SEI 膜的分解。在接下去的循环中,还原峰的强度发生变化,说明电容量有衰减,与后面 NiO 锂离子半电池的循环性能结果保持一致。

图 7.3.4(d)为 NiO 电极材料的电化学阻抗曲线,在锂离子电池的电极反应过程中,锂离子首先通过固体电解质界面膜（SEI）到达电极材料表面,然后在界面处发生电荷转移,最终向电极材料的内部扩散。在 Nyquist 谱中,曲线在高频区的数据点构成的半圆对应锂离子在 SEI 膜中的扩散,即 Li^+ 穿过 SEI 膜的阻抗,中频区的半圆对应电化学反应的电荷转移过程,半圆直径的大小可以近似代表电荷转移电阻值的大小;低频区的斜线对应锂离子在电极材料中的扩散,即 Warburg 行为。由图中可见,样品在高频区的数据点构成的半圆不明显,每条曲线都是一个中频区的半圆和一条低频区的直线组成,三组样品中,NiO - 500 半圆直径最小,说明 500℃条件下退火得到的 NiO 样品的电荷转移电阻最小,意味着 NiO - 500 样品的锂离子电池性能最佳。

图 7.3.5 是不同退火温度下得到 NiO 样品的充放电曲线,测试电流密度为 0.2 C

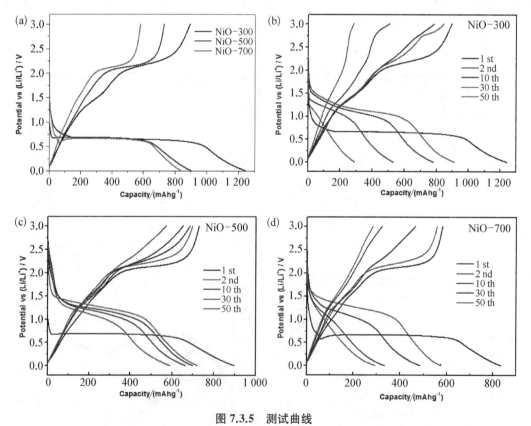

图 7.3.5 测试曲线

（a）不同退火温度得到的 NiO 样品的首次充放电曲线,以及第 2、10、30、50 次充放电循环曲线;（b）NiO - 300;（c）NiO - 500;（d）NiO - 700

$(143.6\ \mathrm{mAg^{-1}})$,三组样品的首次充放电曲线如图 7.3.5(a)所示,可以看出三组曲线形状非常相似,充放电平台十分接近,约为 0.7 V。其中,NiO - 500 的放电平台电压为 0.69 V,略高于 NiO - 300(0.67 V)和 NiO - 700(0.68 V)样品,其充电平台电压略低于 NiO - 300 及 NiO - 700,说明 NiO - 500 样品具有相对较低的内阻及相对较小的电压滞后,与 Nyquist 谱中的结果相符合。在 0.7 V 与 0.01 V 之间的倾斜电压区间对应于固体电解质膜层的形成(SEI 膜)。此外,可以发现 NiO - 300 样品的首次放电容量最高,为 1 228.6 $\mathrm{mAhg^{-1}}$,其可逆容量为 883 $\mathrm{mAhg^{-1}}$,首次库伦效率为 71.8%;NiO - 500 及 NiO - 700 的首次放电容量分别为 899.1 $\mathrm{mAhg^{-1}}$ 及 840.4 $\mathrm{mAhg^{-1}}$,可逆容量分别为 727.1 $\mathrm{mAhg^{-1}}$ 及 579.9 $\mathrm{mAhg^{-1}}$,二者的首次库伦效率分别为 80.9% 及 69%。首次容量的不可逆损失主要是由于基于转换机制的不完全反应及 SEI 膜的形成,在过渡族的金属氧化物负极材料中这种容量损失比较常见。理论上,NiO 的放电过程如式(7-1)所示,根据式(7-1),可以计算出该反应的标准摩尔吉布斯自由能,公式如下所示:

$$\Delta_r G_m^\theta = \sum_B \upsilon_B \cdot \Delta_f G_m^\theta(B) \tag{7-3}$$

其中,各物质的标准生成吉布斯自由能如表 7.3.1 所示,将表中数据带入式(7-3),可以计算出 NiO 放电反应的吉布斯自由能变为 $-349.5\ \mathrm{kJ \cdot mol^{-1}}$,这说明放电反应可以自发进行。再次,根据

$$\Delta_r G_m^\theta = -nFE^\theta \tag{7-4}$$

可以计算出该反应的标准电动势

$$E^\theta = -\Delta_r G_m^\theta/nF = 349.5 \times 10^3/(2 \times 96\ 485) = 1.81\ \mathrm{V}$$

这说明,在理论条件下,NiO 的充放电平台应该出现在 1.81 V,而实际上,三组样品的首次放电平台都出现在 0.7 V 附近,这说明 NiO 电极材料存在着较大的极化偏差,在接下来的首次充电过程中,电压平台出现在 2.1 V 左右。

表 7.3.1　不同物质的标准生成吉布斯自由能

材料	Ni	Li₂O	NiO	Li
$\Delta_f G_m^\theta/(\mathrm{kJ \cdot mol^{-1}})$	0	-561.2	-211.7	0

图 7.3.5(b~d)为 NiO - 300、NiO - 500 及 NiO - 700 样品分别在 1、2、10、30 及 50 次循环的充放电曲线,各比容量值列入表 7.3.2 中,可以看出首次充放电之后,NiO 电极的电压平台有所变化,在第二次放电过程中,三组样品的放电平台出现在 1.3 V 左右,说明首次循环之后,$\mathrm{Li^+}$ 与电极材料的反应变得相对容易;除此之外,随着循环的进行,材料在后续的充放电过程中极化现象逐渐减弱,表现为放电平台呈现下降趋势。有可能是因为首次充放电后,NiO 在反应过程中发生了分解、细化,降低了反应的激活能。比较图 7.3.5(b~d)可以看出 NiO - 500 样品的不同循环充放电曲线具有最好的稳定性,并且在 143.6 $\mathrm{mAg^{-1}}$ 的电流密度条件下循环 50 次后,容量值保持为 591 $\mathrm{mAhg^{-1}}$,远远高于 NiO - 300 和 NiO - 700 及常用

的石墨电极的容量值（372 mAhg^{-1}），这说明在 500℃下退火的样品具有较好的电池循环性能。

表 7.3.2　三组 NiO 样品的充、放电比容量值

Samples		NiO - 300	NiO - 500	NiO - 700
1 st 容量 /(mAhg^{-1})	放电	1 229	899	840
	充电	883	727	580
2 nd 容量 /(mAhg^{-1})	放电	902	722	574
	充电	833	696	557
10 th 容量 /(mAhg^{-1})	放电	779	698	484
	充电	778	684	462
30 th 容量 /(mAhg^{-1})	放电	529	664	334
	充电	504	651	321
50 th 容量 /(mAhg^{-1})	放电	292	591	294
	充电	281	571	282

　　由图 7.3.5 还可以发现，三组 NiO 样品的首次放电容量均大于 NiO 的理论容量值 718 mAhg^{-1}，这主要归因于在首次放电时电极材料与电解液之间发生反应形成 SEI 膜的过程中会消耗一部分的 Li$^+$，因而增加了电极材料的首次容量值。三组样品中 NiO - 300 的首次放电容量最大，为理论容量的 1.7 倍（1 229 mAhg^{-1}），结合前面的分析已知 NiO - 300 的比表面积最大，远远高于后两者，所以在首次放电过程中形成的 SEI 膜面积最大，自然会消耗更多的 Li$^+$，因此 NiO - 300 的首次放电容量远远高于 NiO - 500 与 NiO - 700。但是，从另一方面来讲，越多 SEI 膜的形成会导致越高比例的不可逆分解程度，因此，电极表面越多 SEI 膜的形成反而会降低材料的首次库伦效率，并影响材料的循环性能；三组样品中，NiO - 500 的首次库伦效率最高（80.9％），NiO - 300 次之（71.8％），皆高于 NiO - 700（69％）。

　　三组样品在 0.2 C 电流密度下的恒流充放电曲线如图 7.3.6 所示，其电势区间为 0.01～3.0 V。由图中可见，NiO - 500 样品的循环曲线下降相对平缓，50 次循环后可逆比容量为 591 mAhg^{-1}，相对第二次的放电容量保持率为 82％；而 NiO - 300 样品的循环曲线下降非常明显，其可逆比容量保持率最低，仅为 32％；NiO - 700 样品的可逆比容量保持率为 51％。从图中可以直观地看出，NiO - 500 具有最好的循环性能及最小的不可逆容量损失。分析其原因可能与几个因素有关：材料的比表面积、晶粒尺寸、结晶度及结构稳定性等；随着退火温度的升高，NiO 材料的比表面积变小，晶粒尺寸变大，所以在首次放电时生成的 SEI 膜减少，使得 NiO 材料的首次放电容量降低；另一方面，晶粒尺寸的大小与锂离子的扩散时间成正比，所以相对较小的晶粒尺寸可以有效地减少离子的传输距离而有利于快速充放电。同时，材料良好的结晶度也被证明对锂离子电池的循环性能起着重要的作用，退火温度越低，材料的结晶度越低，因此，虽然 NiO - 300 具有很高的比表面积，但是晶体结晶性相对较差，

从而影响了其循环性能;但是,在较高的退火温度下,NiO-700 样品的结构存在部分坍塌,颗粒尺寸变大及结构坍塌会导致电极反应不彻底,降低材料的容量发挥程度,从而影响材料的循环性能。在这三组样品中,NiO-500 表现出最好的电化学性能,这主要归因于它良好的结晶度及结构稳定性。

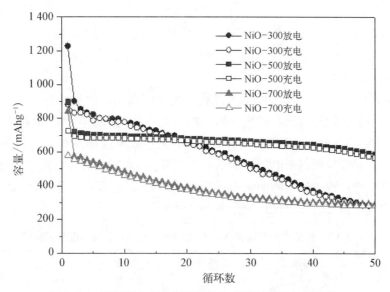

图 7.3.6　不同退火温度得到的 NiO 样品的循环性能曲线

图 7.3.7 为三组样品的倍率曲线,随着测试电流密度的增大,三组样品呈现出不同的下降趋势,其中 NiO-300 的下降幅度最大,NiO-500 与 NiO-700 呈现出类似的下降趋势,总体而言 NiO-500 表现出最优的倍率性能。当充放电电流密度较低时,Li^+ 的扩散相对较慢因此电荷转移电阻较小,此时 NiO 电极表现出较好的充放电性能。随着充放电电流密度

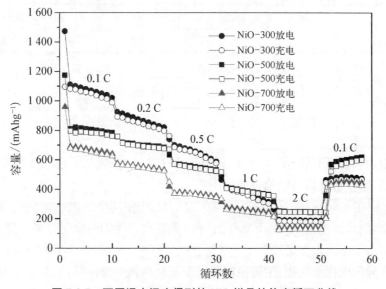

图 7.3.7　不同退火温度得到的 NiO 样品的倍率循环曲线

的增大,电池的比容量下降明显,这可归因于在大电流充放电密度下,基于转换机制的电极反应导致电极材料在不断地体积膨胀与收缩过程中结构受到破坏,并且随着反应的进行电解液不断被消耗,这也影响着电极材料的容量。当最大电流密度为 2 C($1\,436\ \text{mAg}^{-1}$)时,300℃、500℃、700℃下样品的容量值分别为 264 mAhg^{-1}、317 mAhg^{-1}、218 mAhg^{-1},当电流密度回复至 0.1 C($71.8\ \text{mAg}^{-1}$)时,三组容量值分别为 265 mAhg^{-1}、360 mAhg^{-1}、214 mAhg^{-1},在 0.1 C 电流密度下充放电循环 8 次后三组样品的放电容量分别为 475 mAhg^{-1}、620 mAhg^{-1}、445 mAhg^{-1},因此可以证明在本次工作中 500℃ 下的样品最适合做锂离子电池电极材料。

表 7.3.3 列举了一些其他 NiO 纳米结构应用于锂离子电池负极材料,例如:NiO 纳米管,基于纳米片组装的结构,网状结构,纳米球,以及球状纳米结构和纳米粉末,与这些材料相比,本次工作中的 NiO-500 样品具有相对较好的锂离子循环性能。众所周知,锂离子和电子的扩散路径是影响锂离子电池性能的一个重要因素,NiO 的片状形貌及多孔结构为锂离子的扩散及反应过程中体积的膨胀提供了有力的支持,更重要的是 NiO-500 较好的结晶度及结构稳定性使得其表现出优良的循环和倍率性能。

表 7.3.3　部分文献报道的 NiO 作为锂离子电池负极材料的性能比较

样　　品	电流密度 /(mA/g)	电位范围 /(V)	初始容量 /(mAh/g)	容量保持率 /(mAh/g)	参考值
NiO-500 纳米片	143.6	0.01~3	899	591 循环 50 次后	同此
NiO 纳米管	25	0.01~3	610	200 循环 20 次后	29
纳米片基 NiO	50	0.01~3	1 570	100 循环 30 次后	30
网状结构 NiO	71.8	0.02~3	1 190	178 循环 40 次后	31
NiO 纳米球	100	0~3	1 220	518 循环 60 次后	32
球形 NiO	100	0.01~3	1 147	367 循环 50 次后	33
NiO 纳米粉	100	0.02~3	997	~500 循环 30 次后	34

7.4　结论

在本章中,我们分别制备了一维及二维的 NiO 纳米材料,然后应用于锂离子电池负极材料中,通过实验分析得到的结论主要如下:

(1) 首先将在 400℃、500℃、600℃ 和 800℃ 下得到的 NiO 一维纳米管应用于锂离子电池负极材料中,结果发现在 500℃ 下制得的 NiO 表现出最优的电化学性能。然后采用 500℃ 的氧化温度制备了不同镍含量的 Ni/NiO 复合纳米材料,与 NiO-500 相比,Ni/NiO 复合材料表现出更优异的电化学性能,主要原因归因于复合材料中的镍颗粒,提高了材料的导电性并且促进了电极的逆反应过程。

(2) 将在 300℃、500℃及 700℃退火温度下得到二维 NiO 纳米片应用于锂离子电池负极材料中,其中,NiO - 500 表现出最优的循环性能及倍率性能,在充放电电流密度为 143.6 mAg^{-1}下其首次库仑效率为 80.9%,循环 50 次后容量保持在 591 mAhg^{-1}。在倍率循环测试中,当电流密度由 71.8 到 1 436 mAg^{-1}时,电池容量仍然保持了 317 mAhg^{-1},电流密度继续恢复到 71.8 mAg^{-1}循环 8 次后,电池容量为 620 mAhg^{-1}。这种性能的提高主要归因于 NiO 纳米片优良的结晶度及结构稳定性。

第8章 镍基杂化纳米材料及催化应用

8.1 引言

作为纳米材料前沿研究领域,金属纳米粒子已经成为一种重要的新型功能材料。与单个原子和块状材料相比,金属纳米粒子具有优异的光学、电学和磁性能等。更重要的是,金属纳米粒子的性能可通过改变尺寸或结构进行调控。通过金属纳米粒子杂化可实现优势互补,有效发挥各组分的协同优势,从而研制出性能优异的新型功能材料。金属杂化结构纳米材料因其独特的形态和结构而呈现出诸多优异的物理化学特性,使其在催化、生物医药及光电磁等领域具有广阔的应用前景。单一组分纳米材料的催化性能已经陷入了研究瓶颈,难以满足实际应用过程中需要达到的要求。而具有两种或多种组分的杂化结构纳米材料的性能优于单体,并且具有可控的结构及功能性接触界面。因此通过设计具有不同结构和组分的杂化纳米材料以提高纳米粒子的应用性能已成为一种有效手段。

8.2 镍基杂化结构纳米材料的制备

镍纳米材料具有独特的磁、光、光电、催化等性能,在磁存储器、磁传感器、纳米光学器件、纳米电子器件和储氢材料等领域具有广阔的应用前景。纳米镍作为一种新型功能材料引起了广泛的关注和研发。为了要制备出符合设计要求且具有各种预期特性的镍纳米材料,镍纳米粒子制备方法日益多样化,包括溶胶—凝胶法、模板法、化学还原法、水热法、γ射线辐照法和微波辅助法等,通过这些方法实现了镍纳米粒子形貌、尺寸及性能的可控制备。镍纳米材料结构及制备方法的灵活多样化为设计功能化镍基杂化结构纳米粒子提供了更多可能性。

8.2.1 镍与贵金属杂化结构纳米材料的制备

1) Ni - Au 杂化结构纳米粒子

我国台湾学者 Chiu 等人在表面活性剂 CTAB 的辅助下,采用微乳法以水合肼同时还原镍盐和金盐制备了 AuNi 纳米粒子,并且进一步以 AuNi 纳米粒子为核制备了 AuNi@Au 纳米粒子(见图 8.2.1(A))。Lv 等学者在油胺和十八烯酸的辅助下制备了 NiAu 合金纳米粒子,该方法制备的 NiAu 合金纳米粒子呈规则的球形,粒径十分均一,分散性良好(见图 8.2.1(B))。印度学者 Sarkar 等人先采用化学还原法制备镍纳米线,利用金属标准还原电势的不同,再以其作为被刻蚀的模板与 $HAuCl_4$ 反应制备了 Ni@Au 纳米粒子。通过调节与氯金酸的反应时间可控制 Ni@Au 纳米粒子的形貌(见图 8.2.1(C))。新加坡国立大学学者 Zhang 等人以 PVP 为稳定剂,室温条件下用 $NaBH_4$ 同时还原镍盐和金盐制备了 NiAu 杂化结构纳米粒子,同时利用该方法还制备了多种镍基金属杂化结构纳米粒子(见图 8.2.1(D))。

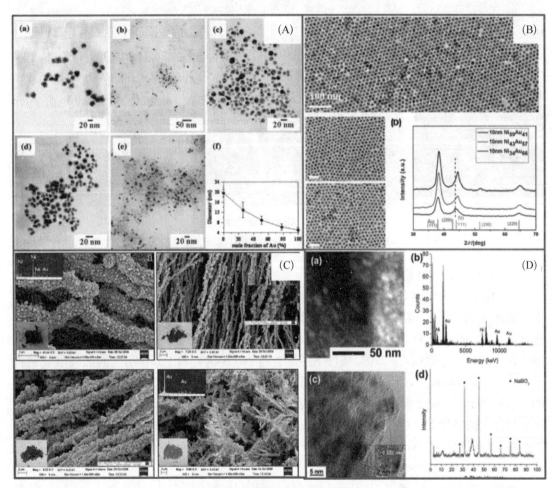

图 8.2.1　杂化结构纳米粒子制备

(A) NiAu 杂化结构纳米粒子;(B) NiAu 合金纳米粒子;(C) Ni@Au 核壳结构纳米线;(D) Ni_7Au_3 纳米粒子

2) Ni－Ag 杂化结构纳米粒子

厦门大学 Guo 等人在三苯基膦作为表面活性剂的条件下以油胺作为溶剂和还原剂,通过一步种子生长法制备了核壳结构的 Ni@Ag 杂化结构纳米粒子,该纳米粒子粒径分布窄(14.9±1.2 nm),且具有一定的单分散性(见图 8.2.2(A))。印度学者 Senapati 等人利用微乳模板辅助,先以水合肼还原 $NiCl_2$ 制备镍纳米线,再将镍纳米线与 Tollens 试剂反应制得

Ni/Ag 核壳纳米粒子,图 8.2.2(B)。印度学者 Kumar 和 Deka 以 1-十八烷烯为溶剂,以十六烷基胺还原 $NiNO_3 \cdot 6H_2O$ 和 $AgNO_3$ 制备了具有 5 对孪晶面独特结构的 AgNi 合金(见图 8.2.2(C))。

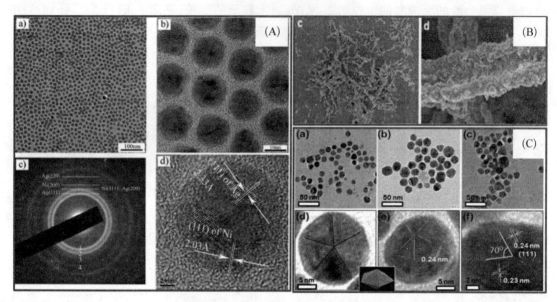

图 8.2.2　Ni-Ag 杂化结构纳米粒子

(A) Ag-Ni 核壳纳米粒;(B) 核壳结构的 Ni/Ag 纳米线;(C) 五面孪晶的 AgNi 合金纳米粒子

3) Ni-Pd 杂化结构纳米粒子

新加坡国立大学的 Zhang 等学者采用湿法化学方法以 PVP 为稳定剂,将 $NiCl_2 \cdot 6H_2O$ 水溶液加入 Na_2PdCl_4 溶液中,以 $NaBH_4$ 作为还原剂制得 NiPd 合金纳米粒子,利用该方法还制备了 Ni_xRu_{100-x} 和 Ni_xRh_{100-x} 合金纳米粒子(见图 8.2.3(A))。西北大学 Zhang 等人以油胺作为溶剂和还原剂,在 220℃条件下还原含有 $Ni(NO_3)_2$ 和 $Pd(NO_3)_2$ 的油胺溶液制备了 NiPd 合金纳米粒子,为了避免粒子的团聚和提高其在溶液中的分散性,进一步利用超声的方法将 NiPd 合金纳米粒子负载于炭黑表面(见图 8.2.3(B))。Costa 等学者在十六烷基胺和氢气存在的条件下,以有机金属盐 $Ni(cod)_2$ 和 $Pd_2(dba)_3$ 作为前驱体在高压和无氧条件下制备了粒径可控的 NiPd 合金纳米粒子(见图 8.2.3(C))。

4) Ni-Pt 杂化结构纳米粒子

清华大学 Wu 等学者以 PVP 为封端剂,采用水热法还原 $Pt(acac)_2$ 和 $Ni(acac)_2$ 制备 Pt-Ni 杂化结构纳米粒子,并且通过改变生长抑制剂可制备出 Pt-Ni 八面体、截角八面体和立方体三种可控形貌,制备的纳米粒子粒径均一、单分散性良好且具有高度的结晶性(见图 8.2.4(A))。在此基础上,国内 Yang 等学者将 Wu 等人的工作经过一定的改善,利用水热法制备了 Pt-Ni-Ir 三元体系杂化结构纳米粒子(见图 8.2.4(B))。北京大学 Wang 课题组以柠檬酸为还原剂,室温条件下采用绿色湿法化学以 $NaBH_4$ 先还原 $NiCl_2$,当形成 Ni-B 键后再向溶液中滴加 H_2PtCl_6 溶液从而制备出超薄壁 Pt-Ni 空心球,利用该方法可以可控制备不同粒径和组成的单分散 Pt-Ni 空心球(见图 8.2.4(C))。2016 年,该课题组采用一步

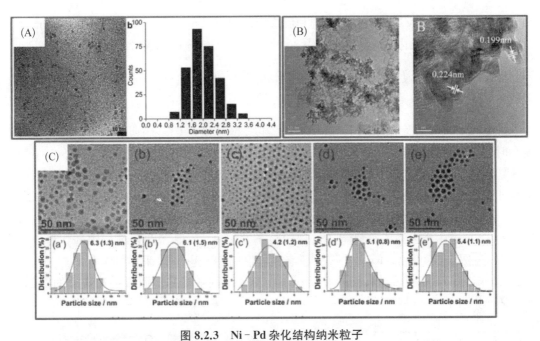

图 8.2.3　Ni‑Pd 杂化结构纳米粒子

(A) Ni₈₅Ru₁₅ 杂化结构纳米粒子；(B) NiPd 纳米晶体；(C) NiPd 纳米粒子

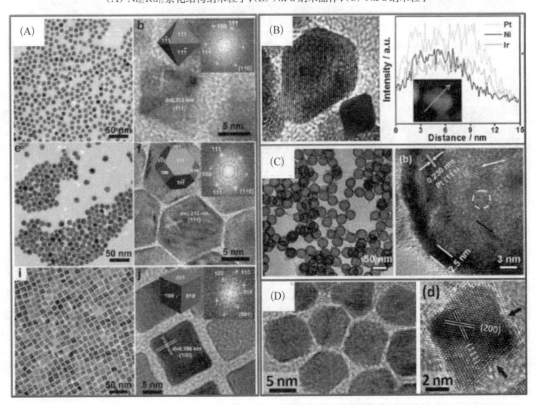

图 8.2.4　Ni‑Pt 杂化结构纳米粒子

PtNi₂ (A) 八面体、截角八面体、立方体纳米粒子；(B) 单个 Pt‑Ni‑Ir 截角八面体纳米粒子；(C) NiPt 空心球；(D) NiPt 截角八面体

水热法,以 PVP 和 DMF 分别为封端剂和反应溶剂制备了超细 Pt-Ni 截角八面体粒子,平均粒径为 7.5 nm,并且杂化结构纳米粒子中 Ni 和 Pt 元素均匀分布(见图 8.2.4(D))。

8.2.2 镍与过渡金属杂化结构纳米材料的制备

1) Ni-Fe 杂化结构纳米粒子

加拿大 Leung 课题组采用电沉积的方法,以 NiCl₂ 和 FeCl₂ 为前驱体,通过改变反应温度和时间及电解液的组成制备出了边线凹陷的 FeNi 纳米立方体和纳米笼(见图 8.2.5(A))。该课题还曾报道了利用该方法制备的 FeNi 杂化结构纳米粒子的形貌随着镍含量的增加,由边线凹陷纳米立方体逐渐演变为截顶的纳米球,同时晶相由 *bcc* 转变为 *fcc*(见图 8.2.5(B))。Zhao 等人采用液相还原法,以水合肼还原不同比例的 NiSO₄ 和 FeSO₄ 混合溶液制备 FeNi 纳米粉末,报道中指出为了避免制备过程中粒子发生氧化,Ni 在杂化结构中的含量应不低于 50%(见图 8.2.5(C))。Ramazani 等学者同样以 AAO 为模板,采用电沉积的方法制备了 FeNi 纳米线阵列,通过调节模板的孔径和长度参数可制备具有不同直径和长度的 FeNi 纳米线阵列(见图 8.2.5(D))。

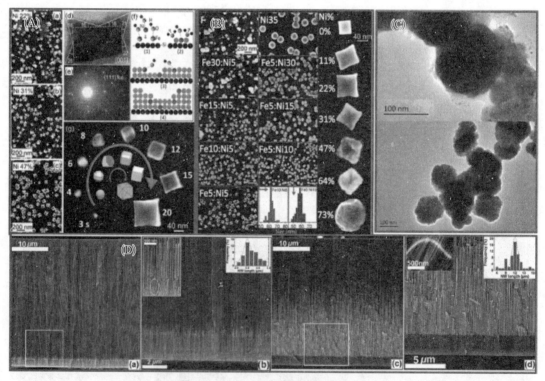

图 8.2.5　Ni-Fe 杂化结构纳米粒子

(A) 边缘凹陷的 FeNi 立方体;(B) FeNi 合金纳米粒子;(C) Fe₅₀Ni₅₀ 纳米粉体;(D) FeNi 纳米线阵列

2) Ni-Co 杂化结构纳米粒子

同济大学 Cheng 课题组采用水热法,以丙二醇为溶剂,在碱性条件下利用甲醛还原 Ni(AC)₂·4H₂O 和 Co(AC)₂·4H₂O 的醇溶液,制备了具有六边形结构的 CoNi 纳米盘(见

图 8.2.6（A））。北京科技大学 Cao 课题组采用水热法，以水合肼还原 Ni（NO₃）₂ 和 Co（NO₃）₂的混合溶液制备 CoNi 合金纳米粒子，并进一步将纳米粒子负载于粒径～1 cm 的碳球上（见图 8.2.6（B））。印度学者 Arief 和 Mukhopadhyay 在两亲性三嵌段共聚物的辅助下，采用一步均相多元醇还原法，以 Co 和 Ni 的醋酸盐为前驱体制备了具有 *fcc* 晶相分层花瓣状结构的 CoNi 纳米粒子（见图 8.2.6（C））。

图 8.2.6　Ni－Co 杂化结构纳米粒子
（A）NiCo 六边形纳米盘；（B）CoNi－C 杂化结构纳米粒子；（C）NiCo 纳米花

3）Ni－Cu 杂化结构纳米粒子

Wang 等学者采用化学还原法，以 Cu（acac）₂ 和 Ni（acac）₂作为前驱体，利用还原剂硼烷吗啉在高温条件下（240℃）快速产生的大量 H₂作为成核点制备八面体结构的 CuNi 合金纳米粒子，经过增加还原剂硼烷吗啉用量可制备立方体结构的 CuNi 合金纳米粒子（见图 8.2.7（A））。印度学者 Borah 和 Bharali 采用水热方法，在不加入表面活性剂和碱性条件下，以水合肼还原含有不同比例 CuCl₂·2H₂O 和 NiCl₂·6H₂O 混合溶液，制备了不同组分 CuNi 合金纳米粒子（见图 8.2.7（B））。Guisbiers 等学者从理论角度分析了 CuNi 双金属体系中原子排布结构对性能的影响，报道中指出反应温度决定铜和镍在混合物中形成的方式。韩国学者 Qiu 等人采用电化学的方法，在中性溶液中（Na₂SO₄）以 NiSO₄ 和 CuCl₂ 为前驱体，通过调价电势大小可制备不同树枝状形貌的 CuNi 纳米粒子（见图 8.2.7（C））。

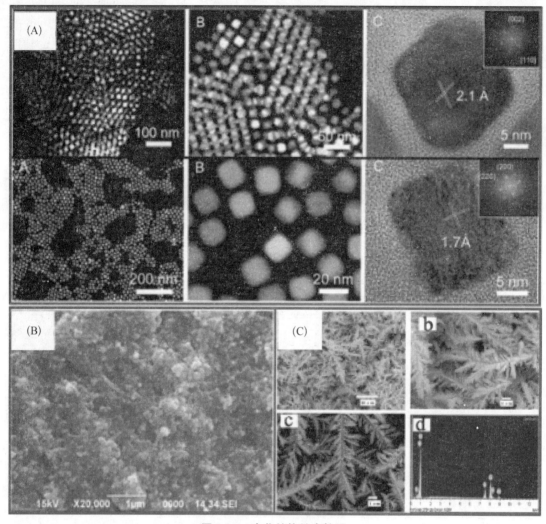

图 8.2.7　杂化结构纳米粒子

（A）CuNi 合金八面体、立方体；（B）Cu₃Ni₂ 纳米晶体；（C）树枝状 CuNi 纳米粒子

8.2.3　负载型金属杂化结构纳米材料的制备

制备负载型、小尺寸、无表面活性剂的双金属纳米粒子在催化领域中具有十分重要的意义。因为载体可以提高金属催化纳米粒子的活性、稳定性和选择性。理想的载体应具有大的表面及较强的亲和力以更好的负载和分散金属纳米粒子，还需在反应环境中具有良好的化学稳定性，另外载体如果还兼具磁性、良好的导电性等其他优异性能则更有助于制备多功能的催化剂。目前，已有多种固态载体用以负载金属纳米粒子，如碳纳米材料（碳纳米管、石墨烯、碳纤维等）、导电聚合物、沸石和金属氧化物等。其中，石墨烯被认为是最具有应用前景的纳米粒子载体。石墨烯具有 sp² 杂化碳网状单层结构，具有超高的电导率（$10^5 \sim 10^6$ Sm⁻¹）、大的表面积（2 000～3 000 m²g⁻¹）、制备成本低、易于大量制备及良好的机械、光

学、热力学等优异性能。目前,金属-石墨烯杂化结构纳米粒子体系已经成为一个新的研究领域。研究表明负载的金属纳米粒子能够增强石墨烯的固有性质,而石墨烯通过其共轭二维网络结构可以促进反应中的电子转移过程,并且石墨烯作为载体可以防止金属纳米粒子的团聚以提高纳米粒子的分散性和稳定性。因此,金属-石墨烯杂化结构纳米粒子体系由于其超高的表面积、室温环境下的稳定性和加速电子传输等特性在催化领域有着广泛的应用。一般制备石墨烯的方法是通过氧化剥离石墨制备氧化石墨烯,然后再经过进一步化学还原或热还原方法制备还原氧化石墨烯(RGO)。目前,制备金属-石墨烯杂化结构纳米粒子体系的方法很多,例如水热法、湿法化学、静电纺丝和磁控溅射等。其中,利用湿法化学一步共还原金属盐和石墨烯的方法最为简便节能,并且有大量报道表明利用该方法制备的金属-石墨烯纳米粒子能够增强性能和提升功能。基于本论文研究的内容,在此我们主要探讨石墨烯镍基杂化结构纳米粒子体系的研究现状。

镍纳米粒子由于具有磁性,在溶液中很容易团聚沉积,这在一定程度上限制其应用。将镍纳米粒子负载于石墨烯表面可明显提高其分散性和稳定性。江苏大学 Yuan 课题组以水合肼为还原剂,将 $NiCl_2$ 和氧化石墨烯的混合溶液通过原位共还原的方法制备了 RGO-Ni 杂化结构纳米粒子,并且通过调节镍盐的含量制备了两种形貌的 RGO-Ni 杂化结构纳米粒子(见图 8.2.8(A))。印度学者 Bhowmik 等人以环六亚甲基四胺为还原剂,首先采用水热法将 $NiCl_2$ 和氧化石墨烯合成为 $Ni(OH)_2$-GO 粉末,然后经过高温煅烧(380℃)将其转化为 NiO-RGO,再由高温氢气还原制得 Ni-RGO 纳米粒子,利用该方法制备的镍具有高度的结晶性,并且报道中指出载体 RGO 能够在一定程度上防止镍纳米粒子的氧化(见图 8.2.8(B))。

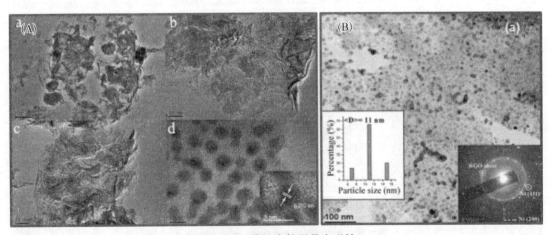

图 8.2.8　镍纳米粒子具有磁性
(A) RGO/Ni 杂化结构纳米粒子;(B) 镍纳米粒子负载在 RGO 表面

利用合金中各金属之间的协同作用可以提高其在实际应用中的性能和活性,而负载型的合金纳米粒子能够在循环使用过程中保持较高的活性。负载型镍基纳米材料一方面由于其具有磁性易于回收,另一方面过渡金属镍比较便宜,因此常被用来与贵金属制备负载型双金属杂化结构纳米粒子。Ritu Dhanda 和 Mazaahir Kidwai 采用湿法化学,在氮气氛围的保护下以 $NaBH_4$ 还原不同浓度比例的 $NiNO_3 6H_2O$ 和 $AgNO_3$ 的混合液,制备 RGO-Ag_xNi_{100-x} 杂化结构纳米粒子,研究表明 $Ag_{50}Ni_{50}/RGO$ 样品具有最佳的催化活性,报道中还比较了不同载体(活性炭、SBA-15、RGO)对杂化结构纳米粒子催化性能的影响,如图 8.2.9(A)所示。Göksu 等人以十八烷烯和油胺分别作为溶剂和表面活性剂,利用硼铵烷还原 $Ni(ac)_2$、$Pd(acac)_2$ 和石墨烯的混合溶液,通过液相自组装过程合金纳米粒子负载与 RGO 表面。该方法制备的 NiPd 合金平均粒径仅为 3.4 nm,并且十分均匀地分布在石墨烯表面,如图 8.2.9(B)所示。

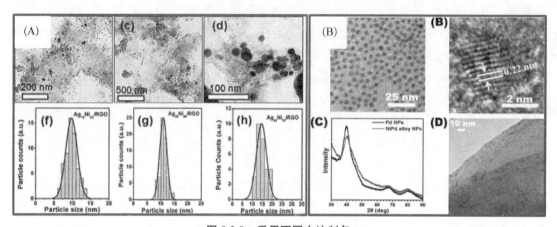

图 8.2.9 采用不同方法制备

(A) AgNi/RGO;(B) G-NiPd 杂化结构纳米粒子

除了贵金属负载型镍基杂化结构纳米粒子,非贵金属负载型镍基杂化结构纳米粒子由于其可媲美贵金属的性能同样受到广泛关注和深入研究。同济大学 Fang 等人以乙二醇作

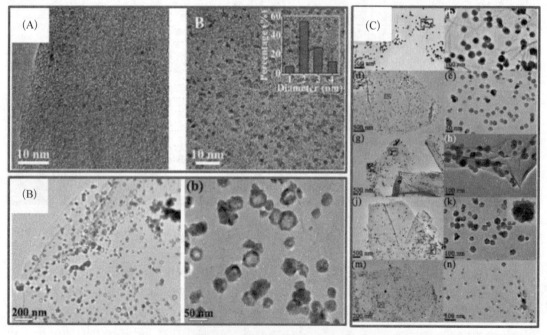

图 8.2.10 采用其他方法制备

(A) Graphene/CuNi 杂化结构纳米粒子;(B) RGO 负载空心 CuNi 纳米晶体;(C) RGO-Ni_xCo_{100-x} 杂化结构纳米粒子

为溶剂和还原剂,在 180℃ 条件下还原 $CuCl_2$、$NiCl_2$ 和氧化石墨烯的混合溶液制备了超小 CuNi 合金负载于 RGO 表面,该尺寸的合金纳米粒子不仅是在结构上的突破,同时表现出显著的催化活性和稳定性(见图 8.2.10(A))。江苏大学 Chen 课题组在碱性条件下氮气氛围中,以乙二醇为溶剂,利用水合肼还原 $Ni(NO_3)_2 \cdot 6H_2O$,$Cu(NO_3)_2 \cdot 6H_2O$ 和氧化石墨烯的混合溶液制备了具有空心结构的 RGO-NiCu 杂化结构纳米粒子(见图 8.2.10(B))。研究表明与 RGO-Ni、RGO-Cu、无载体的 CuNi 合金相比,RGO-NiCu 杂化结构纳米粒子具有更加优异的电化学和催化性能。该课题组首次采用共还原法制备了 RGO-Ni_xCo_{100-x} 杂化结构纳米粒子,该杂化结构纳米粒子催化 $NaBH_4$ 还原对硝基苯酚的反应表现出优异的催化性能(见图 8.2.10(C))。

8.3　镍合金纳米材料的催化应用

随着纳米技术的发展,纳米材料的制备和应用受到越来越多的关注和研究,其在催化、环境修复、信息存储和生物医药等方面都表现出极大的应用优势。纳米催化剂的优异性能更是引起了人们的广泛关注,更为水体污染的处理提供了新的途径。纳米催化剂由于具有独特的晶体结构和表面特性,同时兼具比表面积大、表面活性高等特点,从而表现出许多传统催化剂无法比拟的优异特性。特别是金属纳米催化剂因其较好的催化活性以及较高的选择性而成为新型催化材料的研究重点,人们对其制备方法、形貌及性能进行了深入的研究,目前可制备出尺寸、结构及组成可控的金属纳米催化剂。为了提高催化性能,大量研究投入制备多功能杂化结构纳米粒子催化剂,从初期简单的制备到后期精细结构的控制,设计合成了许多具有优异催化性能的新型金属杂化结构纳米粒子。其中,镍基纳米粒子催化剂以其合成简便、易于回收和催化活性高等优点开辟了一个独特的催化领域。因此,探索简便高效的金属纳米材料以及多组分杂化结构纳米材料的制备方法并对其催化性能进行深入探究,对于新型的纳米催化剂材料的发掘以及合成具有重要的指导意义和实际应用意义。

8.3.1　硝基化合物的催化还原

通过还原硝基化合物制备芳香胺类化合物在合成化学领域和化工生产中发挥着重要的作用。因为,芳香胺类化合物是一种重要的化合物,广泛应用于农药、染料、医药、高分子材料等领域。以最具代表性的芳香胺类化合物苯胺为例,目前全球年产量高达 460 万吨,其中我国年产量约为 205 万吨。随着合成方法和生产工艺的不断改善提高,芳胺化合物的应用范围将不断扩大,据世界知名市场情报公司 GIA(Global Industry Analysts, Inc) 2010 年的报告称:2015 年,全球苯胺的消耗量将达 620 万吨。目前,已经研发建立多种硝基化合物催化还原体系,例如硼氢化物体系、CO/H_2O 体系、水合肼体系、醇类体系、硅烷体系等。在不同催化剂和反应条件下可将芳香硝基化合物催化为不同的芳香氨基化合物,主要有:亚硝基苯、N-苯基轻胺、氧化偶氮苯、偶氮苯、氢化偶氮苯和苯胺(见图 8.3.1)。因此,选择合适的催化剂和反应条件,通过催化还原芳香硝基化合物可有选择性地制备组分单一的产物。

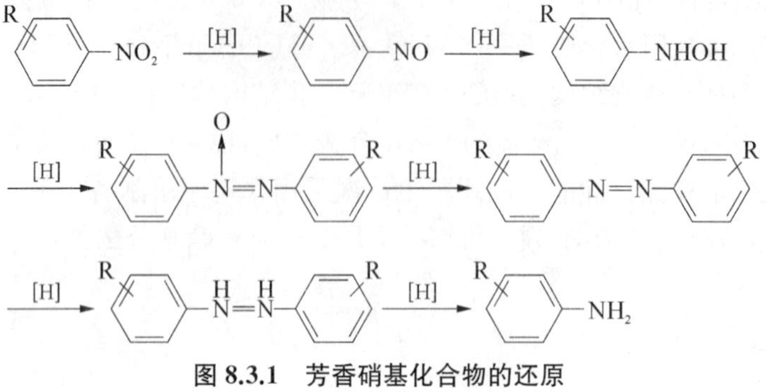

图 8.3.1　芳香硝基化合物的还原

对氨基苯酚(4-AP)作为硝基化合物的重要还原产物之一,是非常重要的化工合成中间体,利用 4-AP 可以制备染料、显影剂、止痛和退热药剂、腐蚀抑制剂和抗腐蚀润滑剂等化工产品。近年来,我国对氨基苯酚的消费量增长迅猛,由 2002 年的 3.2 万吨升至 2009 年的 9.25 万吨。目前,合成对氨基苯酚的方法很多,主要包括对硝基苯酚催化加氢法、对硝基苯酚铁粉还原法、硝基苯催化加氢法及硝基苯电解还原法等。工业生产主要采用对硝基苯酚催化加氢工艺制备对氨基苯酚,该方法具有产率高、产物质量好等优点。现今工业生产中大多采用 Raney 镍作为催化剂催化硝基化合物的氢化还原,但是反应存在选择性低、耐热性差和难以保存等缺点,因此限制了生产能力和催化剂寿命,而纳米镍催化剂由于尺寸小、比表面积大和表面活性位多等特点成为新型高效催化剂。镍纳米粒子作为磁性材料其尺寸、形貌、结构和组成等与其本身的物理和化学性质密切相关。因此,多种组分及不同结构的镍基纳米材料具有不同于常规磁性材料的独特性质,这不仅提升了镍纳米材料的催化性能同时还拓宽了其催化应用领域。

8.3.2　硝基化合物催化还原机理

金属纳米粒子催化剂在 $NaBH_4$ 还原硝基化合物反应中主要是将电子供体 BH_4^- 传递给电子受体硝基化合物,同时 $NaBH_4$ 水解产生的活性氢原子攻击硝基使其还原为氨基。在此电子诱导的氢化还原反应中,催化剂的导电能力强弱决定反应进行的程度。目前广泛采用的机理为 Langmuir-Hinshelwood 模型和 Eley-Rideal 模型。

1) Langmuir-Hinshelwood 模型(L-H)

Langmuir-Hinshelwood 机理认为在催化体系中还原剂(分子或离子)及硝基化合物分子均是先吸附在催化剂的表面,然后在催化剂的表面完成由电子诱导的氢化还原过程。Ballauff 等人根据 Langmuir 吸附等温式,详细讨论了贵金属纳米粒子 Pt、Au 催化 $NaBH_4$ 还原 4-硝基苯酚的机理(见图 8.3.2),研究中假设 BH_4^- 以一种可逆的过程与金属纳米粒子的表面发生反应同时转移表面氢原子,然后 4-硝基苯酚分子以可逆的方式吸附在金属纳米粒子表面,并且反应物扩散过程及吸附/脱附平衡过程进行的很快,那么 4-硝基苯酚分子被

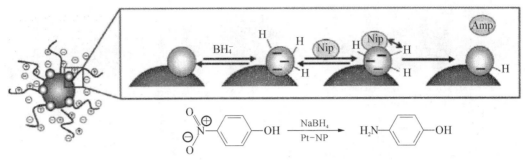

图 8.3.2　L-H 机理示意图

表面氢还原这一过程应该是控速步骤,还原产物 4-氨基苯酚分子脱离金属纳米粒子表面后,又会进行新一轮的催化还原过程。根据 Langmuir-Freundlich 等温公式,推导出该催化还原体系的表观反应速率公式:

$$k_{app} = \frac{kS \cdot K_{Nip}^m c_{Nip}^{n-1} (K_{BH_4} c_{BH_4})^m}{(1 + (K_{Nip} c_{Nip})^n + (K_{BH_4} c_{BH_4})^m)^2} \tag{8-1}$$

其中,S 为纳米粒子的总表面积,k 为催化纳米粒子单位面积内的摩尔速率常数,K_{Nip} 和 K_{BH_4} 分别为 4-硝基苯酚和 BH_4^- 的吸附常数,c_{Nip} 和 c_{BH_4} 分别为 4-硝基苯酚和 BH_4^- 在溶液中的浓度。

根据等式(8-1)得出结论以贵金属纳米粒子 Pt、Au 催化 $NaBH_4$ 还原 4-硝基苯酚的表观速率常数 k_{app} 值与催化剂纳米粒子的总表面积 S、动力学常数 k、4-硝基苯酚和 BH_4^- 的吸附常数 K_{Nip} 和 K_{BH_4} 有关。

2) Eley-Rideal(E-R)模型

以 Eley-Rideal 模型讨论催化 $NaBH_4$ 还原 4-硝基苯酚体系时并没有过多地考虑分子在催化剂纳米粒子表面吸附的情况,而是更加强调 4-硝基苯酚分子通过碰撞捕获吸附在催化剂表面的氢原子从而发生氢化还原的过程,如图 8.3.3 所示。氢原子离开催化纳米粒子表面的阈能值等于催化纳米粒子的功函与被还原分子电离能之差。

根据催化剂的结构和组成,目前有多种理论用以解释催化 $NaBH_4$ 还原硝基化合物的机理,其中 Langmuir-Hinshelwood 和 Eley-Rideal 模型常被用以讨论金属纳米粒子催化 $NaBH_4$ 还原硝基化合物体系的原理。此外,还有关于半导体催化机理、光催化机理讨论等。

8.3.3　金属纳米催化剂在硝基化合物氢化还原反应中的应用

$NaBH_4$ 作为一种常用的硼氢化物还原剂,在很多化工反应中发挥着十分重要的作用。在 $NaBH_4$ 还原硝基酚化合物的体系中,$NaBH_4$ 除了作为电子供体还为硝基的还原提供活泼氢,同时还为催化过程提供了碱性环境。在没有催化剂的条件下,$NaBH_4$ 还原硝基酚化合物的反应很难进行。例如,在溶液中对硝基苯酚转化为对氨基苯酚的活化能值为 -0.76 V,硼氢化钠的还原电势为 -1.33 V,虽然该反应在热力学上可行,但是动力学势垒阻碍了反应的进行。由于该催化还原反应的过程可以直接、实时通过紫外分光光度计进行监测,产物可通

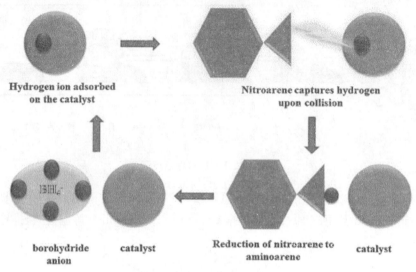

Hydrogen ion adsorbed on the catalyst

Nitroarene captures hydrogen upon collision

borohydride anion   catalyst

Reduction of nitroarene to aminoarene   catalyst

图 8.3.3　E－R 机理示意图

过 NMR、GC－MS 等多种分析方法进行鉴定,当 NaBH$_4$ 过量时催化反应符合一阶反应速率,并且一般催化过程在常温常压条件下即可进行,因此该催化还原体系被广泛用于检测金属纳米粒子催化性能的模型反应。

最初是以贵金属铂或钯催化 NaBH$_4$ 还原硝基化合物的反应,一方面为了降低催化剂的成本,另一方面为了提高催化活性和选择性,大量研究用以设计含有 Pt 或 Pd 的合金纳米粒子。Pt 和 Pd 的价格分别是相同物质量镍的 1 000 倍和 2 000 倍。此外,金属镍具有磁性且自身对 NaBH$_4$ 还原硝基化合物的反应也有催化作用。因此,金属镍是与贵金属作为合金增强催化性能的理想选择。大量研究报道了贵金属-镍催化剂体系在 NaBH$_4$ 还原硝基化合物反应中的应用,研究表明磁性纳米粒子镍与表面等离子共振贵金属之间的协同作用能够促进反应过程中的电子转移从而提高催化效率,例如 Kumar 等人制备的五面孪晶 AgNi 合金纳米粒子对 NaBH$_4$ 还原硝基化合物体系表现出优异的催化性能,反应速率常数为 156 s^{-1}g^{-1};但是金属纳米粒子催化剂循环使用性能较差,因为在多次使用后金属纳米粒子催化剂易团聚,导致催化性能明显下降。为了克服这一问题,人们研发出负载型纳米催化剂,这一设计明显改善了磁性及表面能大的纳米粒子的分散性和稳定性。与贵金属合金相比,负载型镍-贵金属纳米催化剂一般采用化学共还原法合成,制备过程简单、耗能少且易于大量生产。研究负载型金属纳米催化剂与其对应的无载体纳米催化剂相比具有更加优异的催化性能,例如 Dhanda 等人制备的还原氧化石墨烯负载的 Ag$_x$Ni$_{100-x}$ 杂化结构纳米粒子催化 NaBH$_4$ 还原硝基化合物体系的反应速率常数高达 968 s^{-1}g^{-1};随着对负载型金属纳米催化剂体系中载体的深入探索,人们尝试着舍弃贵金属通过选择合适载体提高金属纳米粒子催化性能,一些石墨烯负载镍基非贵金属合金纳米催化剂确实对 NaBH$_4$ 还原硝基化合物的反应具有十分优异的催化性能。例如 Fang 等人制备的还原氧化石墨烯负载的 CuNi 杂化结构纳米粒子催化芳环硝基化合物的最优性能为 45.62 s^{-1}g^{-1};总体分析,镍基纳米催化剂的研发正朝着高效、可循环使用、成本低的方向发展。

1) 金属纳米粒子催化剂

金属纳米粒子被广泛应用于催化领域,并且正在掀起一场全新的催化革命。目前已有大量研究报道了金属纳米粒子催化 NaBH₄ 还原硝基化合物体系。Tarasankar Pal 课题组针对贵金属纳米粒子催化该体系发表了一系列的研究报道。该课题组通过制备的 Au、Ag、Cu 纳米微电极催化 NaBH₄ 还原硝基化合物体系,探究金属纳米粒子的大小对催化效率的影响。他们还制备了克量级的铁磁性超长镍纳米线用以催化该还原反应。除了单金属纳米粒子,他们还研究了 Pt - Ni 合金的组成对催化 NaBH₄ 还原 4 - 硝基苯酚反应的影响。此外,该课题组制备 Ag-polystyrene 核壳结构纳米粒子催化 NaBH₄ 还原多种硝基酚化合物,研究表明硝基酚还原速率的大小关系为 4 - 硝基苯酚＞2 - 硝基苯酚＞3 - 硝基苯酚。

2) 负载型金属纳米粒子催化剂

Tarasankar Pal 课题组首次以阳离子交换树脂为载体搭载金纳米粒子用于催化 NaBH₄ 还原 4 - 硝基苯酚反应,研究表明以树脂作为载体可以保持杂化结构纳米粒子的循环催化活性,并且从载体中回收金纳米粒子不会影响粒子的形貌。Kim 等人利用静电自组装的方法制备了 RGO - Au 体系,研究表明该体系在催化 NaBH₄ 还原硝基酚化合物体系时,对 3 - 硝基苯酚的催化还原效果最佳。Ma 等人以具有纤维蒲公英结构的 SiO₂(KCC - 1)作为载体搭载 Ni@Au 纳米粒子催化 NaBH₄ 还原硝基酚化合物体系,该纳米粒子对 4 - 硝基苯酚和 2 - 硝基苯酚均表现良好的催化性能。

应用于催化 NaBH₄ 还原硝基化合物的纳米粒子不仅限于金属,还包括金属氧化物、金属硫化物、负载型金属氧化物等。

8.4　RGO 负载 Ni - Au 纳米复合材料催化性能研究

8.4.1　引言

负载型纳米催化剂由于具有高效的催化性能和良好的稳定性,因此在催化领域受到了广泛的关注和应用。目前,各种载体用于制备负载型纳米催化剂以提高催化活性,例如碳材料、导电聚合物和金属氧化物。其中,氧化石墨烯(graphene oxide, GO)由于其具有大的表面积、快速电子传输特性、制备成本低、独特热力学、光学及机械性能等优点,被认为是最具有应用前景的用来稳定和分散纳米粒子的载体。以氧化石墨烯作为载体,一方面石墨烯片能够防止具有高表面能的活性粒子团聚,尤其是对于具有磁性的纳米粒子。另一方面,负载在氧化石墨表面的活性纳米粒子可以起到隔层的作用,能够有效减缓石墨烯片的凝聚结块。据报道,催化反应中活性纳米粒子具有良好的分散性和均一的粒径大小能够明显提高催化性能。此外,石墨烯与负载纳米粒子之间的协同作用对增强催化能力起着至关重要的作用。

最近,镍基复合纳米粒子由于其在一些特定催化过程中表现出良好的催化性能而受到广泛关注。尤其是镍-贵金属复合纳米粒子,研究表明贵金属与磁性镍纳米粒子之间的耦合作用可以产生强烈协同作用,从而大幅增强对反应的催化效率。此外,制备镍与贵金属纳米复合纳米粒子催化剂,在一定程度上降低了制备成本并且镍的磁性使得催化剂易于回收便于重复利用。目前,已采用多种技术制备具有不同结构的镍基及镍基纳米材料,例如溅射法、静电纺丝法、水热法及湿法化学,其中大部分合成技术的实验条件要求严格、制备过程耗时长且耗资较多。因此,为了简化制备过程和降低实验成本,亟需研发一种操作简便且易于重复的制备镍-贵金属复合纳米粒子的方法。

出于实际应用的目的,硼氢化钠将对硝基苯酚(4 - nitrophenol,4 - NP)还原为对氨基苯酚(4 - aminophenol,4 - AP)这一反应被广泛用于探究催化剂的催化性能。因为在该反应体系中,产物 4 - AP 是非常重要的化工合成中间体,利用 4 - AP 可以制备染料、显影剂、止痛和退热药剂、腐蚀抑制剂和抗腐蚀润滑剂等化工产品,而反应物 4 - NP 是常见的工业或农业废水中的有机污染物。由于反应中存在较高的动力学势垒及负离子硼氢酸根离子(BH_4^-)和对硝基苯酚离子($C_6H_4NO_3^-$)之间的相互排除作用,导致该环境友好型反应在没有催化剂的条件下很难进行。目前,大量工作报道了关于催化 4 - NP 还原反应的负载型双金属纳米粒子的制备及性能研究。Kidwai 等人通过原位化学共还原的方法制备了还原氧化石墨烯负载 Ag_xNi_{100-x} 合金纳米粒子,该可重复使用的催化剂对于硝基化合物的还原具有良好的催化活性。Wang 等人在室温条件下通过金属溅射方法合成了石墨烯负载 PdAu 纳米粒子,通过控制合金中铂和金的比例,该催化剂对于氧化和还原反应均表现出优异的催化性能。最近,Hatamifard 与其同事利用鸡蛋壳这一自然资源作为环境友好型的载体制备负载型 Cu/Fe_2O_3 复合纳米粒子,该纳米粒子对 4 - NP 还原反应表现出良好的催化活性和稳定性。并且,该工作为合成低廉、高活性及良好稳定性的催化剂提供了新的设计思路。

因此,本章通过原位共还原方法制备了还原氧化石墨烯负载的镍-金复合纳米粒子(RGO - Ni - Au),制备过程中以水合肼为还原剂并且没有添加任何表面活性剂。我们对制备粒子的条件进行了探究,发现水合肼的用量对 RGO - Ni 的形貌和镍的分散性有很大的影响,而与氯金酸的反应时间会影响 RGO - Ni - Au 的形貌,并且金纳米粒子以多种结合方式负载于 RGO - Ni 表面。所制备的 RGO - Ni - Au 复合纳米粒子,其组成中 RGO 具有良好的导电性,镍纳米粒子具有磁性且 Ni - Au 均有催化性能。为了探究该可回收复合纳米粒子的催化性能,我们研究了其对 $NaBH_4$ 诱导的 4 - NP 还原反应和染料降解的催化行为。将其催化性能与 RGO 负载的单金属纳米粒子(RGO - Ni、RGO - Au)和无载体的 Ni - Au 复合纳米粒子进行对比。并且探讨了载体 RGO 及双金属 Ni - Au 的协同作用对增强催化作用的影响。

8.4.2 RGO - Ni - Au 制备机理

图 8.4.1 为还原氧化石墨烯负载镍-金纳米复合纳米粒子的制备原理示意图。我们通过两步还原制备 RGO - Ni - Au 复合纳米粒子。首先以水合肼为还原剂在外加磁场存在条件下通过共还原 GO 和镍盐的分散液制备 RGO - Ni 复合纳米粒子。第二步反应不外加任何还原剂且常温条件下,利用金属镍与金的还原电势差别较大($\varphi_{AuCl_4^-/Au}^{\theta} = +0.99$ V vs SHE,$\varphi_{Ni/Ni^{2+}}^{\theta} = -0.25$ V vs SHE),通过 RGO - Ni 与 $HAuCl_4$ 之间的原位还原制备 RGO -Ni - Au

复合纳米粒子。该方法在制备过程中没有引入表面活性剂,这使得 RGO - Ni - Au 复合纳米粒子在催化反应过程中直接与被催化的物质接触。

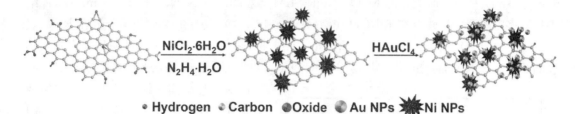

图 8.4.1　还原氧化石墨烯负载镍-金复合结构纳米粒子的制备原理示意

8.4.3　还原剂用量对 Ni NPs 在 RGO 表面分散性的影响

由图 8.4.2 SEM 图分析可知,镍纳米粒子呈多刺球状颗粒负载在还原氧化石墨烯两个

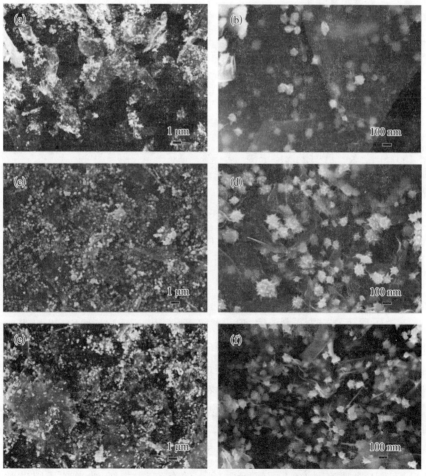

图 8.4.2　不同水合肼条件下所制备 RGO - Ni 的 SEM 图

(a)和(b) 5 mL;(c)和(d) 10 mL;(e)和(f) 15 mL

表面。为了探究还原剂水合肼对 RGO-Ni 形貌的影响,在保持其他条件不变的情况下,仅改变水合肼的用量进行实验。图 8.4.2(a)和(b),(c)和(d),(e)和(f)分别为水合肼的用量为5 mL、10 mL、15 mL 时制备的 RGO-Ni 的 SEM 形貌图。当 $N_2H_4 \cdot H_2O = 5$ mL 时,镍纳米粒子多以团聚的形式存在于 RGO 表面(见图 8.4.2(a)),只有少量粒子单分散在 RGO 表面(见图 8.4.2(b)),当 $N_2H_4 \cdot H_2O$ 增加至 10 mL 时,镍纳米粒子的分散性明显提高并且其表面的刺状结构更加突出,进一步增加 $N_2H_4 \cdot H_2O$ 的用量时,由高倍 SEM(见图 8.4.2(f))可以明显观察到镍纳米粒子更加均匀地分布在 RGO 表面并且粒径较均一。因此,得出结论随着水合肼含量的增加,还原氧化石墨烯表面的镍纳米粒子增多且分散性更好。根据优化条件,我们选取 $N_2H_4 \cdot H_2O$ 用量为 15 mL 时制备的 RGO-Ni 来制备下一步的 RGO-Ni-Au 复合纳米粒子。

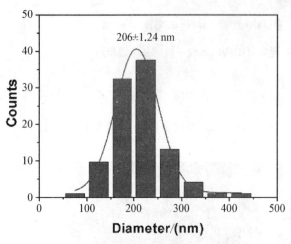

图 8.4.3 RGO-Ni 复合结构纳米粒子中 Ni 纳米粒子的粒径分布

图 8.4.3 为 $N_2H_4 \cdot H_2O$ 用量为 15 mL 时制备的 RGO-Ni 复合纳米粒子中镍纳米粒子的粒径分布高斯拟合曲线。由图可知,镍纳米粒子的粒径分布比较集中,分布区间为 125～325 nm,平均粒径大小为 206 nm。

8.4.4 RGO-Ni-Au 形貌及组成探究

1) RGO-Ni-Au 形貌表征

利用 SEM、TEM 和 HRTEM 测试技术探究 RGO-Ni-Au 复合纳米粒子的形貌及结构特征。由图 8.4.4 SEM 测试观察可知,利用该方法制备的样品中 RGO 具有很多的褶皱并且呈现薄片多层的结构。对比图 8.4.4(a)和(b)、(c)、(d)可知,随着与氯金酸反应时间的增长,RGO 表面镍纳米粒子的形貌变化越明显。当与氯金酸反应为 1 h 时,仍可以观察到 RGO 表面镍纳米粒子的刺状结构,当反应时间增至 3 h 时,部分镍纳米粒子具有刺状结构,部分镍纳米粒子的刺状结构消失表面变得光滑形成 Ni@Au 核壳结构,进一步增加反应时间至 6 h 时,镍纳米粒子基本以表面光滑的 Ni@Au 核壳结构存在于 RGO 表面。需要强调的是在制备 RGO-Ni-Au 过程中在 RGO 表面不仅形成 Ni-Au 复合结构同时存在 Au 纳米粒子直接生长在 RGO 表面的结构(如图中虚线圈标注的区域)。

图 8.4.5 TEM 的结果进一步揭示了复合纳米粒子的微观结构。如图 8.4.5(a)所示表面多刺的金属纳米粒子均匀地分布在 RGO 表面,并没有观察到分散在载体以外的纳米粒子,说明在该原位方法合成过程中金属与 RGO 之间有良好的相互作用。由高倍 TEM(见图 8.4.5(b))可以清洗观察到 RGO 表面 Ni-Au 的存在形式,金纳米粒子以球状生长在镍纳米粒子表面且粒径小于 20 nm。由 HRTEM(见图 8.4.5(c))可以清晰分辨出晶格条纹,说

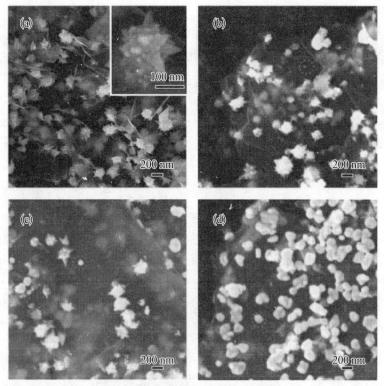

图 8.4.4　RGO‐Ni‐Au 形貌表征

（a）RGO‐Ni；（b）RGO‐Ni‐Au‐1 h；（c）RGO‐Ni‐Au‐3 h 和（d）RGO‐Ni‐Au‐6 h 的 SEM 形貌图

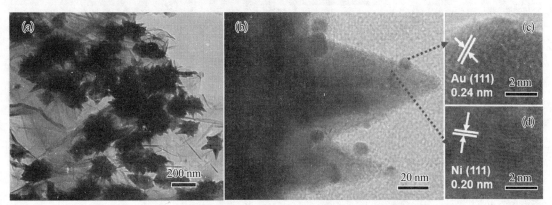

图 8.4.5　RGO‐Ni‐Au‐3 h 复合结构纳米粒子

（a）低倍，（b）高倍 TEM 及（c）HRTEM 形貌

明利用该方法制备的复合纳米粒子中的镍与金具有较高的结晶度。晶格大小为 0.24 nm 和 0.20 nm，分别对应立方晶系的金和镍的 d_{111} 晶面。

如图 8.4.6 所示，RGO 表面负载的纳米粒子像隔层一样防止其堆叠，避免表面积降低。另外，在溶液中即使由于镍的磁性导致 RGO‐Ni‐Au 复合纳米粒子沉聚为块体，RGO‐Ni‐Au 仍能保持层状结构形成三维导电网络，这种独特的结构有利于催化过程中的电荷空

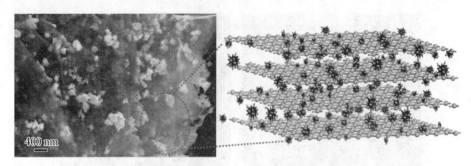

图 8.4.6　RGO‑Ni‑Au 的三维结构示意

间传导过程。

2）RGO‑Au 和 Ni‑Au NPs 形貌及组成分析

为了探究复合前后催化性能的改变，我们同样制备了 RGO‑Au 和无载体的 Ni‑Au 复合纳米粒子。如图 8.4.7（a）所示，在没有 RGO 作为载体的条件下，制备的镍纳米粒子有明显的团聚现象且粒径变大分布区间变宽，平均粒径为 567 nm，与氯金酸反应后，由于金纳米粒子具有很高的表面能，生成的 Ni‑Au 纳米粒子团聚更加严重。相反，在石墨烯存在条件下制备的 RGO‑Au 复合纳米粒子，金纳米粒子均匀地分布在 RGO 表面且粒径分布区间较

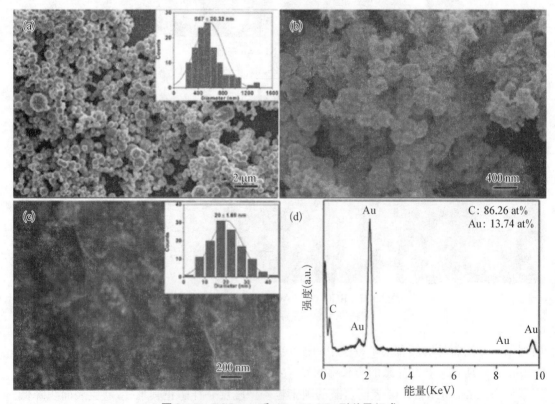

图 8.4.7　RGO‑Au 和 Ni‑Au NPs 形貌及组成

（a）镍纳米粒子；（b）镍-金纳米复合结构纳米粒子；（c）还原氧化石墨烯-金复合结构纳米粒子的 SEM 形貌图；（d）还原氧化石墨烯-金的 EDX 谱图。（a）和（c）中的插图分别对应复合结构中镍和金纳米粒子的粒径分布

窄,平均粒径为 20 nm,粒径比 RGO－Ni－Au 复合纳米粒子中金纳米粒子的粒径大,是因为外加还原剂水合肼加速了反应速率。EDX 测试结果表明,RGO－Au 中金含有 C 和 Au 两种元素,且金元素的原子百分含量为 13.74%,此值高于 RGO－Ni－Au 复合纳米粒子中 Au 的含量(测试数据见下一节)。

　　3) RGO－Ni－Au 组成分析

　　由图 8.4.8 中 RGO－Ni－Au－3 h 复合纳米粒子的元素分布可知,所制备的复合纳米粒子由碳(蓝色)、氧(黄色)、镍(红色)及金(绿色)四种元素组成,并且镍和金均匀地分布在 RGO 表面。另外,由分布组合图分析可知镍和金元素存在的位置很匹配,说明在 RGO－Ni－Au－3 h复合纳米粒子中镍和金多以复合的形式存在,而单独的金纳米粒子生长在 RGO 表面的结构较少。

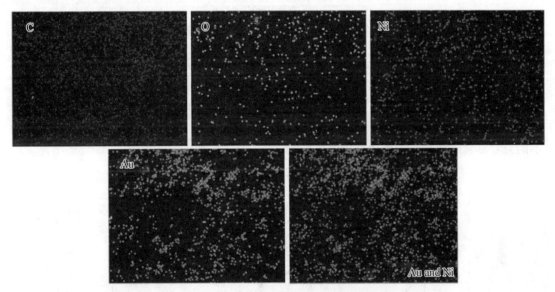

图 8.4.8　RGO－Ni－Au－3 h 复合结构纳米粒子的元素分布

　　图 8.4.9 为合成纳米粒子的 EDX 能谱,表明制备过程中复合纳米粒子组成的变化。EDX 测试同样证明复合纳米粒子由碳、氧、镍、金四种元素组成。RGO－Ni 与氯金酸反应后,由能谱中可以明显观察到增加的金元素,且随着反应时间的增长,金的含量逐渐增加,相应的镍的含量变少,这种变化与制备原理相符。

　　为了进一步探究 GO、RGO－Ni 和 RGO－Ni－Au 复合纳米粒子的晶体结构和化学组成,我们对样品进行了 XRD 测试。如图 8.4.10 所示,GO 的 XRD 曲线中有两个特征峰,其中 $2\theta=10.4°$ 和 20.7°峰位分别对应氧化石墨烯的(001)和(002)晶面,这两个特征峰在复合纳米粒子中均未检测到,表明在复合过程中 GO 被还原为 RGO 并且类石墨结构较少。RGO－Ni 的 XRD 测试结果展现出四个特征峰,与 PDF 标准卡片对比(JCPDS No. 04－0805),其中 $2\theta=44.5°,51.8°,76.4°$ 和 92.9°分别对应 $Fm\overline{3}5$(225)空间群中立方系镍的(111),(200),(220)和(311)晶面。形成 RGO－Ni－Au 后,XRD 测试曲线可以明显观察到金的(111),(220),(311)和(222)晶面特征峰,与 PDF 标准卡片对比(JCPDS No. 04－0784),其中 $2\theta=$

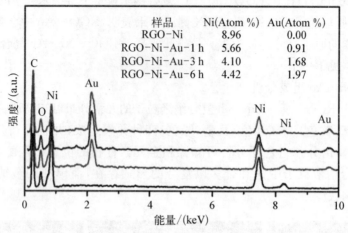

图 8.4.9　合成纳米粒子的 EDX 能谱

44.4°对应金(200)晶面峰被镍(111)峰位覆盖。XRD 测试中所有样品的峰型尖锐，说明本章采用的方法制备出的复合纳米粒子结晶度很高，结果与 HRTEM 晶格一致。通过峰强度对比，可以进一步验证反应原理，随着 RGO-Ni 与氯金酸反应时间的增长，Ni(111)峰逐渐降低同时 Au(111)峰明显增强，该结果与 EDX 谱图变化一致。我们认为这些结构和组成上的不同会对复合纳米粒子的催化性能产生影响。

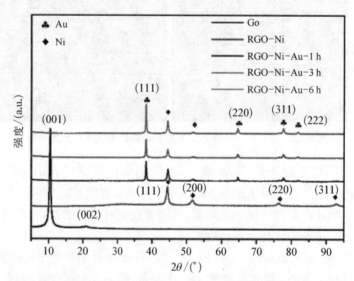

图 8.4.10　GO,RGO-Ni 和 RGO-Ni-Au 纳米粒子的 XRD 谱图

　　制备复合纳米粒子过程中，GO 结构及表面官能团的变化进一步通过 FTIR 进行证明。图 8.4.11 为 GO,RGO-Ni 和 RGO-Ni-Au-3 h 纳米粒子的 FTIR 谱图。分析 GO 的 IR 曲线可知，3 417 cm^{-1} 处强度较大的宽峰由 O-H 伸缩振动引起，而 1 724,1 390,1 230 和 1 058 cm^{-1} 处的峰分别归因于 C=O 伸缩模式、O—H 弯曲模式、C—O—C 和 C—OH 伸缩振动，这些特征峰表明 GO 表面存在大量的含氧官能团。与 GO 的 IR 测试曲线相比，

RGO‐Ni 和 RGO‐Ni‐Au 复合纳米粒子中 GO 含氧官能团的峰变弱甚至消失,说明 GO 被还原为 RGO。而且,复合纳米粒子在 1 627 cm⁻¹ 处峰位的消失表明利用该方法制备 RGO‐Ni 或 RGO‐Ni‐Au 的过程中去除了 GO 表面的水分子。此外,复合纳米粒子中新出现的 1 571 cm⁻¹ 的弱峰由 RGO 片层的骨架振动引起。

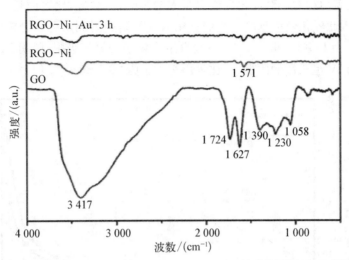

图 8.4.11　GO,RGO‐Ni 和 RGO‐Ni‐Au‐3 h 纳米粒子的 FTIR 谱图

Raman 测试技术是探究碳材料结构有序度的有效方法。如图 8.4.12 所示三组测试样品均呈现了碳基材料典型的 1 345 cm⁻¹ 位置的 D 峰和 1 585 cm⁻¹ 位置的 G 峰。其中 G 峰是由石墨微晶结构 sp² 杂化的碳原子面内振动引起的,而 D 峰则表示石墨微晶结构中缺陷和不饱和碳原子引起的,其中 D 峰与 G 峰强度的比值(I_D/I_G)可部分反映碳材料石墨微晶结构。然而,与 GO 的 G 峰 1 593 cm⁻¹ 在 RGO‐Ni‐Au 复合纳米粒子中移至 1 579 cm⁻¹ 处,此值与石墨的 G 峰值更为接近,再次证明复合过程中 GO 还原为 RGO。并且,I_D/I_G 的

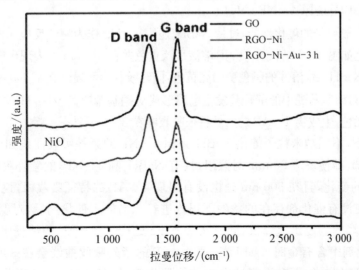

图 8.4.12　GO,RGO‐Ni 和 RGO‐Ni‐Au‐3 h 纳米粒子的拉曼谱图

比值 GO 小于 RGO‐Ni‐Au,复合后 I_D/I_G 的比值变大是由于石墨烯 sp^2 共轭结构重组导致的。此外,在 533 cm^{-1} 出 NiO 的 Raman 峰表明在制备过程中 Ni 的表面发生氧化,而在 XRD 中并没有检测出 NiO,可能是因为 NiO 具有无定型结构或达到 XRD 的检测极限。

4) RGO‐Ni‐Au 比表面积分析

催化剂的比表面积大小对催化性能有很大的影响,一般地,比表面越大可提供的吸附/催化位点越多,因此催化效率越高。我们利用氮气吸附脱附测试可以分析样品的比表面积大小。图 8.4.13 为 RGO‐Ni‐Au‐3 h 复合纳米粒子的氮气吸附-脱附 BET 等温线,曲线表现出了典型的 IV 型吸附脱附曲线,比表面积大小为 28.5 m^2g^{-1}。

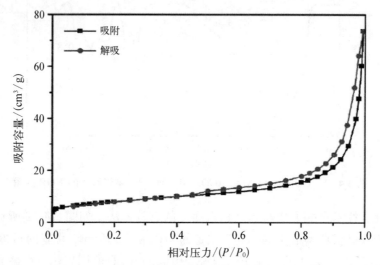

图 8.4.13　RGO‐Ni‐Au‐3 h 复合结构纳米粒子的氮气吸附-脱附 BET 等温线

8.4.5　催化结果与讨论

1) 催化 NaBH₄ 还原 4‐NP 的反应

为了测试合成粒子的催化性能,过量 NaBH₄ 还原 4‐NP 作为测试反应。该反应溶液颜色及紫外吸收变化如图 8.4.14 所示,4‐NP 溶液呈淡黄色并在 317 nm 出表现出明显的紫外特征吸收峰。加入 NaBH₄ 后,溶液的颜色变为亮黄色,同时吸收峰明显红移至 400 nm 处,这是由于在碱性条件下,对硝基苯酚中的酚羟基发生电离形成对硝基苯酚离子($C_6H_4NO_3^-$)。催化后亮黄的溶液变为无色,生成物 4‐AP 的紫外特征吸收峰在 300 nm 处。

室温条件下,不同纳米粒子催化 NaBH₄ 还原 4‐NP 的紫外吸收曲线如图 8.4.15 所示。由催化曲线可知,即使反应 60 min 对照组(仅有 NaBH₄ 和 4‐NP)的紫外吸收峰在 400 nm 处仍没有明显的变化,且在 300 nm 处也没有出现 4‐AP 的特征吸收峰,说明 NaBH₄ 还原 4‐NP 的反应在没有催化剂存在的条件下很难进行。当加入催化剂后,对氨基苯酚离子在 400 nm 处吸收峰的强度迅速降低,同时在 300 nm 处产生 4‐AP 的特征吸收峰。对比可知,使用的催化剂中含有金时,NaBH₄ 还原 4‐NP 的紫外吸收曲线会在 300 nm 处立即产生 4‐AP 的特征吸收峰,而对于测试中的其他催化剂,虽然 400 nm 处吸收峰的强度迅速

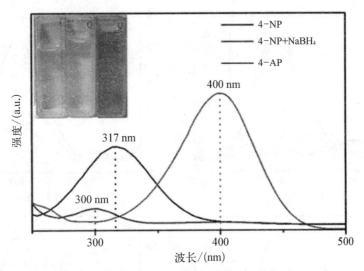

图 8.4.14　室温条件下 $(26 \pm 1\,^\circ\mathrm{C})$，4 - AP 及 4 - NP(0.1 mM)加入 $NaBH_4$ (0.2 M)前后的紫外吸收谱图。插图为溶液颜色变化的相应照片

降低，但 300 nm 处并没有立即产生特征吸收峰，说明金属 Ni 对 $NaBH_4$ 还原 4 - NP 反应的催化存在诱导期，曾有文献报道在 Ni - Au 复合结构中 4 - NP 分子更加倾向于与金进行相互作用。

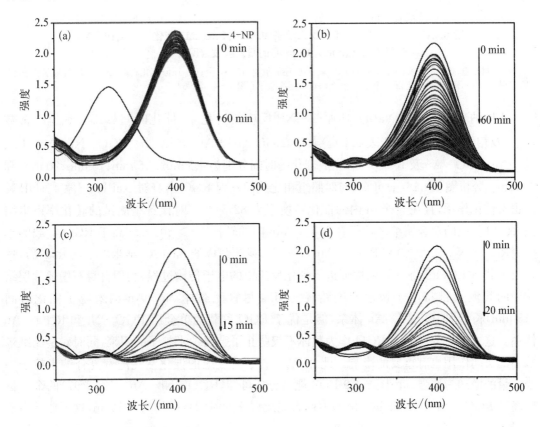

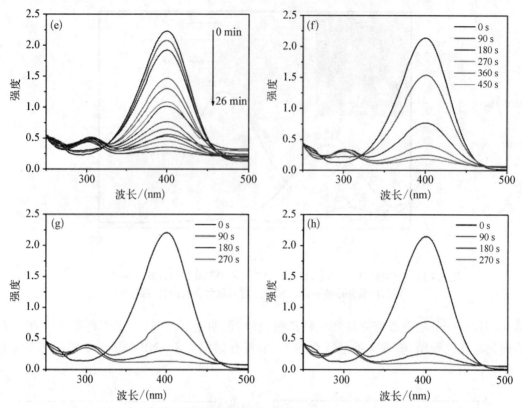

图 8.4.15　室温条件下,不同纳米粒子(0.3 mL,1 mg/mL)催化 NaBH₄(0.2 M)
还原 4-NP(3 mL,0.1 mM)的紫外吸收谱图

(a)对照组;(b)还原氧化石墨烯;(c)镍-金;(d)还原氧化石墨烯-金;(e)还原氧化石墨烯-镍;(f)还原氧化石墨烯-镍-金-1 h;(g)还原氧化石墨烯-镍-金-3 h;(h)还原氧化石墨烯-镍-金-6 h

不同纳米粒子催化 NaBH₄ 还原 4-NP 反应的转化率、催化时间(t)、表观速率常数(k_{app})及相关系数(R^2)列于表 8.4.1。其中,RGO-Ni-Au-6 h(3 h)、RGO-Ni-Au-1 h、Ni-Au、RGO-Au 及 RGO-Ni 完成催化的时间分别为 4.5 min、7.5 min、15 min、20 min 和 26 min。分析图 8.4.16(a)可知,与对照组相比我们发现 RGO 本身对 NaBH₄ 还原 4-NP 反应也有催化作用,且在 60 min 内的催化转换率为 82.54%。对比各组测试的转化率得出结论,RGO 负载的双金属纳米粒子在催化 5 min 内的转换率(>80%)均高于 RGO 负载的单金属 RGO-Ni(34.29%)和 RGO-Au(53.25%)或无载体的 Ni-Au 纳米粒子(69.34%),这是由于载体 RGO 良好的导电性促进了催化反应中的电子传输过程,利用自身石墨烯片层结构中的共轭 π 键将电子快速传输给 4-NP。尽管无载体 Ni-Au 纳米粒子催化时间(15 min)长于 RGO-Ni-Au 体系,但是优于 RGO 负载的单金属 RGO-Ni 和 RGO-Au 体系。这一点充分说明了 RGO 作为载体不仅防止了金属纳米粒子的团聚,同时对金属纳米粒子的协同作用也有重要的影响。此外,纳米粒子对反应的催化活性随着复合纳米粒子中金含量的增加为增强。由图 8.4.9 EDX 能谱分析可知,RGO-Ni-Au-6 h(1.97)的金含量率高于 RGO-Ni-Au-3 h(1.68),但两者完成催化的时间相同均为 4.5 min,这可能是由于

结构不同造成的。对比 RGO－Ni－Au－6 h(见图 8.4.4(d))和 RGO－Ni－Au－3 h(见图 8.4.4(c))的 SEM 可知,RGO－Ni－Au－6 h 样品中金属 Ni 和 Au 多以核壳结构(Ni@Au)存在于载体 RGO 表面,因此在反应过程中更多的是金外壳参与催化,而 RGO－Ni－Au－3 h 样品中金属镍和金的复合形式能够使两种金属同时参与催化过程,从而表现出良好的协同作用。这一结果表明催化性能与催化剂的组成、结构及粒子大小等因素密切相关。

众所周知,当 $NaBH_4$ 用量过量时,$NaBH_4$ 还原 4－NP 的反应符合准一阶反应动力学方程。为了进一步对比研究制备纳米粒子的催化性能,通过计算 $-\ln(C/C_0)$ 与反应时间 t 之间的线性关系得出纳米粒子催化反应的表观速率常数 k_{app},其中 C 和 C_0 分别为催化时间 t 及初始时 4－NP 的浓度。如图 8.4.16(b)和表 8.4.1 所示 $-\ln(C/C_0)$ 与反应时间 t 之间呈现良好的线性关系,且相关系数 R^2 均大于 0.96,这对实际催化应用具有十分重要的指导意义。不同催化纳米粒的 k_{app} 值比较为 RGONi－Au－6 h(0.662 min^{-1})≈RGO－Ni－Au－3 h(0.622 min^{-1})＞RGO－Ni－Au－1 h(0.352 min^{-1})＞Ni－Au(0.169 min^{-1})＞RGO－Au(0.126 min^{-1})＞RGO－Ni(0.073 min^{-1})。虽然 RGONi－Au－6 h 与 RGONi－Au－3 h 完成催化的时间相同,但由 k_{app} 值可以看出 RGONi－Au－6 h 的催化性能率优于 RGONi－Au－3 h。对比 k_{app} 值分析,RGO－Ni－Au－3/6 h 复合纳米粒子的 k_{app} 值分别是 Ni－Au,RGO－Au 和 RGO－Ni 的 4、5 和 9 倍,这一结果表明通过与 RGO 复合,可明显提高金属镍和金的催化性能。

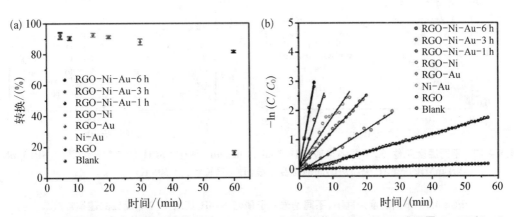

图 8.4.16　室温条件下,不同纳米粒子(0.3 mL, 1 mg/mL)催化 $NaBH_4$(0.2 M)还原 4－NP(3 mL, 0.1 mM)的(a) 转化率和(b) $-\ln(C/C_0)$ 对时间的拟合曲线

表 8.4.1　$NaBH_4$ 还原 4－NP 反应的转化率、催化时间(t)、表观速率常数(k_{app})及相关系数(R^2)

材　料	转换/(%)	t/(min)	k_{app}/(min^{-1})	R^2
Blank	14.97	60	0.003	0.982
RGO	82.54	60	0.031	0.997
Ni－Au	92.58	15	0.169	0.964
RGO－Au	91.26	20	0.126	0.995

（续表）

材　料	转换/（%）	t/（min）	k_{app}/（min^{-1}）	R^2
RGO－Ni	86.07	26	0.073	0.987
RGO－Ni－Au－1 h	91.57	7.5	0.352	0.982
RGO－Ni－Au－3 h	94.04	4.5	0.622	0.997
RGO－Ni－Au－6 h	94.79	4.5	0.662	0.997

2）反应温度对催化性能的影响

为了探究不同反应温度条件下催化剂的活性，在其他催化条件不变的情况下对 RGO－Ni－Au－3 h 在 288 K 和 308 K 条件下催化 $NaBH_4$ 氢化还原 4－NP 的反应进行测试。测试结果如图 8.4.17 和表 8.4.2 所示。对比不同温度下纳米催化剂的反应速率常数可知，所制备纳米粒子的催化性能随温度升高而增加，但是各催化剂的催化性能高低顺序并未改变。

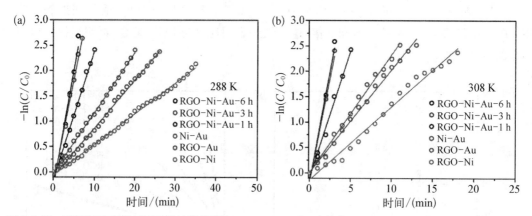

图 8.4.17　不同温度条件下，不同纳米粒子（0.3 mL，1 mg/mL）催化 $NaBH_4$（0.2 M）还原 4－NP（3 mL，0.1 mM）的－$ln(C/C_0)$ 对时间的拟合曲线（a）288 K 和（b）308 K

表 8.4.2　不同温度条件下，不同纳米粒子催化 $NaBH_4$ 还原 4－NP 反应的速率常数

样　品	288 K k_{app}/（min^{-1}）	298 K k_{app}/（min^{-1}）	308 K k_{app}/（min^{-1}）	E_a /kJ·mol^{-1}
RGO－Ni－Au－6 h	0.465	0.662	0.889	24.53
RGO－Ni－Au－3 h	0.428	0.622	0.854	26.11
RGO－Ni－Au－1 h	0.232	0.352	0.505	29.43
Ni－Au	0.103	0.169	0.233	30.84
RGO－Au	0.090	0.126	0.209	31.84
RGO－Ni	0.058	0.073	0.140	33.34

在不同温度下，所制备的纳米催化剂对于催化 $NaBH_4$ 还原 4－NP 反应的 $-\ln(C/C_0)$ 对时间的拟合曲线均呈现良好的线性关系（如图 8.4.16(b) 和图 8.4.18 所示）。因此根据阿伦尼乌斯（Arrhennius）式(8－1)计算反应的活化能：

$$\ln k = \ln A - \frac{E_a}{RT} \qquad (8-1)$$

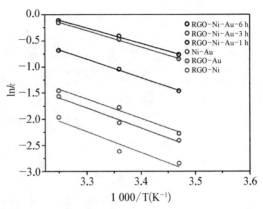

图 8.4.18　不同温度条件下所制备的纳米催化剂催化 $NaBH_4$ 还原 4－NP 反应的 $\ln k$ 对 1 000/T 拟合曲线

其中，k 即为前述的表观反应速率常数 k_{app}，A 为指前因子。以 $\ln k$ 对 1 000/T 进行拟合作图，由直线的斜率可得表观活化能 E_a，由截距可得指前因子 A。所制备纳米催化剂 RGO－Ni－Au－1 h，RGO－Ni－Au－3 h，RGO－Ni－Au－6 h、Ni－Au、RGO－Au 和 RGO－Ni 对应的反应活化能 E_a 分别为 24.53 kJ·mol^{-1}、26.11 kJ·mol^{-1}、29.43 kJ·mol^{-1}、30.84 kJ·mol^{-1}、31.84 kJ·mol^{-1} 和 33.34 kJ·mol^{-1}。其中 RGO－Ni－Au－6 h 催化时反应的活化能最低，与其具有最高催化活性相对应。

3）催化剂用量对催化性能的影响

在其他测试条件不变的情况下，我们通过改变催化剂的用量来探究催化剂的浓度对 $NaBH_4$ 还原 4－NP 反应的影响，其中所选用催化剂 RGO－Ni－Au－3 h 的用量分别为

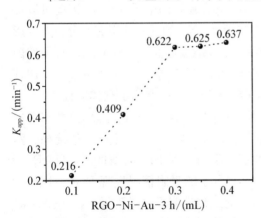

图 8.4.19　室温条件下，不同用量的 RGO－Ni－Au－3 h（1 mg/mL）催化 $NaBH_4$（0.2 M）还原 0.125 mM 4－NP 反应的 k_{app}（min^{-1}）值

0.1 mL、0.2 mL、0.3 mL、0.35 mL 和 0.4 mL。结果如图 8.4.19 所示，当催化剂的用量为 0.1～0.3 mL 时，反应的 k_{app}（min^{-1}）值明显增加，当用量为 0.3 mL 时增至 0.622 min^{-1}。当催化剂的用量超过 0.3 mL（0.35 mL 和 0.4 mL），反应的 k_{app}（min^{-1}）值仅有略微的增加，用量为 0.4 mL 时的 k_{app} 值为 0.637 min^{-1}，与用量 0.3 mL 时相比仅提高了 0.015，这说明催化剂的用量对于该实验条件下 $NaBH_4$ 还原 4－NP 的反应已经饱和，即使再进一步增加催化剂的用量，反应的 k_{app} 值也没有更多的提高。因此，我们认为在本章实验条件下，采用 0.3 mL 催化剂（1 mg/mL）这一优化值能够充分催化 $NaBH_4$ 还原 4－NP 的反应。

催化 $NaBH_4$ 还原 4－NP 反应的机理如图 8.4.20 所示。该反应的进行主要取决于电子由供体 BH_4^- 传递给受体 4－NP，这一过程明显受 $NaBH_4$ 水解速率的影响，如式(8－2)：

$$NaBH_4(s) + 2H_2O \longrightarrow 4H_2(g) + NaBO_2(aq) \qquad (8-2)$$

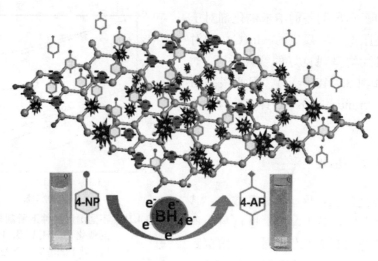

图 8.4.20　反应机理示意

曾有文献报道基于过渡金属的复合纳米粒子能够催化 $NaBH_4$ 的水解。此外,在水溶液的催化体系中,BH_4^- 和 $C_6H_4NO_3^-$ 离子首先吸附在催化剂的表面,催化剂一方面促进 $NaBH_4$ 的水解,另一方面将 BH_4^- 的电子传递给 $C_6H_4NO_3^-$ 离子同时发生氢化还原反应。因此,在催化 $NaBH_4$ 还原 4 - NP 的反应过程中,RGO - Ni - Au 复合纳米粒子主要是作为电子传递的桥梁。

基于以上的原理讨论,我们分析了催化活性增强的原因:从 RGO 载体分析① RGO 载体独特共轭 π 键电子结构使得催化剂 RGO - Ni - Au 具有较高的电子迁移率,因此可以加速催化过程中的电子传输,这一点对于提升 $NaBH_4$ 还原 4 - NP 的反应速率有十分重要的影响;② 与无载体的 Ni - Au 催化粒子相比,载体 RGO 不仅能够防止 Ni - Au 纳米粒子的团聚而提高其催化稳定性,同时提供了比表面积较大的反应平台(见图 8.4.13,BET $28.5\ m^2 g^{-1}$);③ 4 - NP 分子与载体 RGO 片层间的 π - π 堆积作用增加了载体表面 Ni - Au 纳米粒子周围 4 - NP 分子的浓度,这能够促进 4 - NP 分子与金属粒子之间的充分接触。然而,我们在不加入 $NaBH_4$ 的条件下,测试 RGO 对 4 - NP 分子的吸附情况发现 RGO 对于 4 - NP 并没有表现出明显的吸附行为(如图 8.4.21 所示)。因此,我们认为这一性能对于促进该电子诱导的氢化还原反应贡献较少。从 Ni - Au 复合纳米粒子角度分析① 该复合纳米粒子除了可以像载体 RGO 一样起到电子传输的作用,文献中还曾指出金属纳米粒子在氢化物电子传输的过程中具有储存电子的能力;② 基于无载体 Ni - Au 纳米粒子的催化活性优于 RGO 负载的单金属纳米粒子(RGO - Ni 和

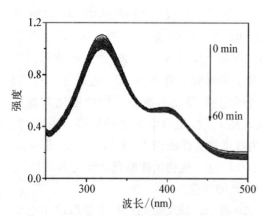

图 8.4.21　室温在无 $NaBH_4$ 的条件下,RGO
(0.3 mL,1 mg/mL)吸附 4 - NP
(3 mL,0.1 mM)的紫外吸收曲线

RGO‑Au），我们可以得出结论，RGO‑Ni‑Au 催化体系中金属镍和金之间强烈的协同作用对复合纳米粒子的催化活性起到了至关重要的作用。

为了与报道中结构相近的催化纳米粒子进行比较，反应速率常数按照催化剂的用量进行归一化，计算公式定义如下所示：

$$K = k_{app}/m \tag{8-3}$$

其中 k_{app} 为反应的表观速率常数（单位，min^{-1}），m 为催化剂的用量（单位，mg）。如表 8.4.3 所示，我们制备的催化剂催化 $NaBH_4$ 还原 4‑NP 反应的活性优于部分相关报道的最佳结果，但与个别 RGO 负载型的纳米催化剂和贵金属合金相比，我们制备的 RGO‑Ni‑Au 复合纳米粒子的催化性能仍有待提高。但需要强调的是，我们的合成方法省时经济耗能少且催化效率高，更加适合工业化大规模还原 4‑NP。

表 8.4.3　同类型催化剂催化 $NaBH_4$ 还原 4‑NP 反应的速率常数及催化活性参数比较

催化剂	结　　构	数量 /(mg)	k_{app} /(10^{-3} s^{-1})	K /($s^{-1}g^{-1}$)	再循环数
RGO‑Ni‑Au‑3 h	纳米复合材料	0.30	10.37	34.57	6
RGO‑Ni‑Au‑6 h	纳米复合材料	0.30	11.03	36.77	6
RGO‑$Ni_{25}Co_{75}$	纳米复合材料	6.00	93.22	15.53	5
RGO‑ZnNi	纳米复合材料	5.00	3.92	0.78	5
石墨烯支撑 PdAu	纳米复合材料	0.10	13.00	130	5
Au@Fe_3O_4‑G	纳米复合材料	0.05	16.15	328	5
RGO‑CuNi	纳米复合材料	5.00	14.83	2.97	5
$Ag_{50}Ni_{50}$/RGO	纳米复合材料	0.05	48.40	968	4
GO‑Fe_3O_4/Au	纳米复合材料	0.02	32.20	1 610	10
RGO/Ni	纳米复合材料	6.50	0.25	0.038	NA[a]
石墨烯/金	纳米复合材料	0.10	3.17	31.70	NA
Ni/SiO_2@Au	Hollow microspheres	4.00	10.0	2.50	8
AuNPs/SNTs	纳米复合材料	8.00	10.64	1.33	NA
Ni@Ag	纳米线	0.50	2.17	4.34	NA
Ni@Au	纳米线	8.00	1.20	0.15	NA
$Ag_{0.6}Ni_{0.4}$	5 fold twinned 合金	0.20	31.1	156	6

NA[a]，无法使用。

4）RGO‑Ni‑Au‑3 h 催化稳定性探究

为了进一步评估制备的复合纳米粒子的催化性能，我们对 RGO‑Ni‑Au‑3 h 催化 $NaBH_4$ 还原 4‑NP 反应的重复使用稳定性进行测试。每次催化结束后，用一个外加磁场回收复合纳米粒子，回收的固体利用无水乙醇进行超声清洗后放置在真空干燥箱中干燥

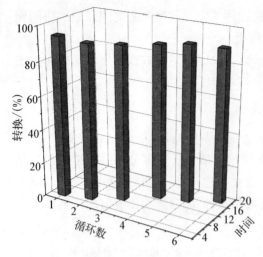

图 8.4.22 室温条件下,RGO-Ni-Au-3h催化 NaBH₄ 还原 4-NP 反应的重复使用稳定性测试

(30℃),得到的干燥固体用以下一个催化测试。结果如图 8.4.22 所示,经过 6 次循环使用后,RGO-Ni-Au-3 h 复合纳米粒子对 NaBH₄还原 4-NP 的反应仍具有良好的催化活性,催化转换率仍可达 90%。但是需要指出的是,完成催化的时间由第一次的 4.5 min 增至第 6 次的 18 min,这主要是由每次回收过程中不可避免的催化剂损失造成的。因此,在今后的工作中我们应该进一步改善纳米粒子催化剂的使用形式,在不影响催化性能的条件下可将粉末状态的催化剂制备成膜片、线状或者是空心的块体结构,这样的设计在理论上可降低多次回收使用过程中催化剂的损失。

5) 催化 NaBH₄ 降解有机染料

为了进一步探究 RGO-Ni-Au 对 NaBH₄诱导的反应的催化作用,我们对 RGO-Ni-Au-3 h 催化 NaBH₄ 降解染料的反应进行测

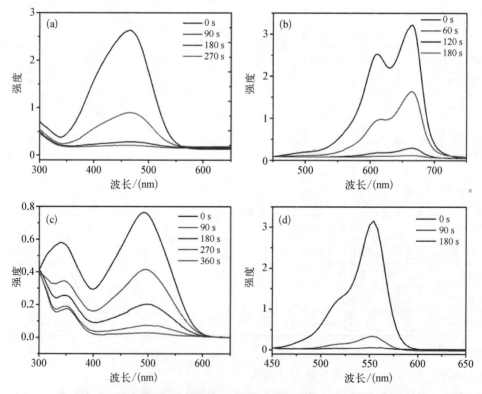

图 8.4.23 室温条件下 RGO-Ni-Au-3 h(0.3 mL,1 mg/mL)催化 NaBH₄ (0.4 mL,0.2 M)降解不同染料的紫外吸收曲线

(a) MO;(b) MB;(c) CR;(d) RhB。其中 MB 的浓度为 0.062 5 mM,RhB、CR 和 MO 的浓度分别为 0.125 mM

试。选用 MO、MB、CR 和 RhB 四种结构差别较大的代表性染料进行降解。其中 MB 的浓度为 0.062 5 mM,RhB、CR 和 MO 的浓度分别为 0.125 mM。催化结果如图 8.4.23 所示,加入 RGO‑Ni‑Au‑3 h 后,NaBH₄ 降解染料的反应立即开始进行并没有观察到存在明显的诱导期,而且在催化剂加入后的 1.5 min 内染料的特征吸收峰强度下降最为明显。RGO‑Ni‑Au‑3 h 复合纳米粒子催化 NaBH₄ 降解 MO、MB、CR 和 RhB 染料的时间分别为4.5 min、3 min、6 min 和 3 min,并且降解率高达 99%(见图 8.4.24),这表面在 RGO‑Ni‑Au‑3 h 作为催化剂的条件下,NaBH₄ 完全降解了这四种染料。综合催化效率和降解率分析,在该催化条件下(温度,各物质浓度),实际应用中可将催化降解的时间控制在 3 min,即可达到效果。需要指出的是 RGO‑Ni‑Au‑3 h 对于不同染料的催化降解效率不同是由于染料分子自身的结构、大小及电性差别造成的。因此,我们认为制备的 RGO‑Ni‑Au 复合纳米粒子

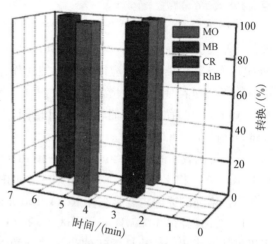

图 8.4.24　室温条件下 RGO‑Ni‑Au‑3 h (0.3 mL,1 mg/mL)催化 NaBH₄ (0.4 mL, 0.2 M)降解不同染料的降解率

对于 NaBH₄ 诱导的反应(还原和氧化)具有良好的催化性能。

8.4.6　小结

本章利用两步共还原方法制备了 RGO‑Ni‑Au 复合纳米粒子,并探究了不同实验条件对 RGO‑Ni‑Au 复合纳米粒子及组成的影响,通过 SEM、TEM、XRD、Raman、IR、VSM、BET 等测试技术研究了复合纳米粒子的微观结构及性能,同时探究 RGO‑Ni‑Au 复合纳米粒子对 NaBH₄ 还原 4‑NP 和降解染料两类反应的催化性能,并阐述了催化性能增强的机理,得到以下几点结论:

(1) 利用两步共还原方法制备 RGO‑Ni‑Au 负载型杂化结构纳米粒子催化剂。通过对纳米粒子制备条件的探究发现还原剂水合肼的用量对 RGO‑Ni 的形貌有明显影响,最优条件为水合肼用量 15 mL 时,RGO 表面的 Ni 纳米粒子分散均匀且粒径均一。与无载体的镍纳米粒子和 Ni‑Au 杂化结构纳米粒子相比,以 RGO 作为载体能够更好地稳定磁性(镍)或表面能高的粒子(金)同时减小纳米粒子的粒径。此外,负载于 RGO 表面的纳米粒子可作为隔层避免或减少 RGO 片层的堆叠,使得杂化结构纳米粒子即使以块体形式存在仍可保持三维层状导电网络结构。

(2) 随着与氯金酸反应时间的增长(1 h,3 h,6 h),RGO 表面复载的 Ni‑Au 杂化结构纳米粒子呈现出不同的结构。当反应时间为 1 h 时 Ni‑Au 杂化结构纳米粒子仍保持镍纳米球的刺状结构,当反应时间增至 3 h 时 Ni‑Au 杂化结构纳米粒子部分保持镍纳米球的刺状结构部分以表面光滑的 Ni@Au 核壳纳米球结构存在,当进一步延长反应时间时(6 h)

Ni-Au杂化结构纳米粒了以表面光滑的Ni@Au核壳纳米球结构存在于RGO表面。RGO-Ni-Au杂化结构纳米粒子中,Au纳米粒子不仅以Ni-Au结构存在同时还直接生长在RGO表面(RGO-Au),并且随着反应时间的增加,RGO表面的Au纳米粒子粒径变大。

(3) RGO-Ni-Au杂化结构纳米粒子中各组分对$NaBH_4$还原4-NP的反应均表现出催化性能,其催化能力大小顺序为RGO<Ni<Au。RGO-Ni-Au杂化结构纳米粒子对$NaBH_4$降解有机染料的反应同样具有催化作用。RGO-Ni-Au催化$NaBH_4$还原4-NP反应的效率随着金含量的增加而增大,其中RGO-Ni-Au-6 h催化效率略高于RGO-Ni-Au-3 h,二者的完成催化的时间相同(4.5 min),表观反应速率常数k_{app}值分别为0.662 min^{-1}和0.622 min^{-1}。

(4)与无载体的Ni-Au纳米粒子和RGO负载的单金属杂化结构纳米粒子(RGO-Ni和RGO-Au)相比,RGO-Ni-Au对于$NaBH_4$还原4-NP反应表现出优异的催化性能。催化活性增强的原因主要是载体RGO共轭π键的超高电子传导率及金属镍与金之间的协同作用。并且经过6次循环催化测试后,RGO-Ni-Au-3 h杂化结构纳米粒子的催化转化率仍可达90%以上,并且循环催化测试后的XRD和TEM测试表明,催化过程中RGO-Ni-Au-3 h纳米粒子的结构和组成均没有发生变化。

第9章　硫化镍纳米材料的制备及应用研究

9.1　硫化镍纳米材料

硫化镍是对镍的硫化物的统称，是非常重要的无机功能材料。镍的硫化物在自然界中多以镍硫矿的形式存在，如针硫镍矿（NiS）、方硫镍矿（NiS_2）、六方硫镍矿（Ni_3S_2）、辉镍矿（Ni_3S_4）及斜方硫镍矿（Ni_7S_6）等。作为一种过渡族金属硫化物，硫化镍受到广泛的关注，这是因为其特有的组分及结构特点以及许多潜在的应用，比如，镍硫化物可以应用为微波吸收材料，也可以用作催化剂或电池的电极材料，以及用作半导体应用中的转换增韧剂等。1962年 Kullerud 和 Yund 两位学者对 Ni–S 相图做了较系统的研究。硫化镍是一个复杂的二元体系，Ni–S 二元相图中包含 NiS、NiS_2、$Ni_{3\pm x}S_2$、Ni_3S_4、Ni_6S_5 和 Ni_7S_6 等相。其中亚稳态的 NiS 具有 α-β 相转变，相变温度在 $555\sim652$ K，在相转变过程中同时伴有体积变化，故常被用作钢化玻璃的增韧剂。尤其在 $8\sim12~\mu m$ 尺寸范围内非常明显，可由低温三方相（R3m）转变为高温六方相（P63/mmc）。NiS 在 260 K 附近发生金属到绝缘体，顺磁到反铁磁性的转变，同时伴有 4% 的体积变化；转变温度随着镍空位的增加而迅速降低，当空位量为 0.06 左右转变消失。NiS_2 具有面心立方结构，具有半导体性质。在高压下表现出金属到绝缘体的转变，并具有两个反铁磁转变，同时伴随着面心结构的有序化。Ni_3S_2 和 Ni_7S_6 在降温过程中也具有伴随体积变化的相转变，也可以做转换增韧剂。其中 α–Ni_3S_2 相属于三方晶格，在 $797\sim829$ K 之间转变为立方结构的 β–$Ni_{3\pm x}S_2$ 相，具体的相变温度由 Ni 的含量决定。值得注意的是，对于 Ni_3S_2，由于 Ni–Ni 键贯穿于整个结构，所以 Ni_3S_2 表现出金属特性。在磁性方面，Ni_3S_2 在室温下呈现出泡利顺磁特性，Ni_3S_4 具有铁磁特性。Ni_6S_5、Ni_7S_6、Ni_7S_6 和 Ni_9S_8 等在硫铁矿中比较常见，对它们的研究主要集中在晶体结构方面，其他性能的研究目前相对较少。

9.2　硫化镍纳米材料的制备

金属硫化物根据制备时硫源的不同主要分为三大类：无机、有机和生物硫源。其中，无机硫源主要有硫粉、硫脲、硫化钠和硫代硫酸钠等；有机硫源主要有巯基乙醇和巯基十二烷；生物硫源主要为 L-半胱氨酸。镍源主要有：镍粉、镍箔、泡沫镍和镍盐等。目前已有大量镍硫化物的制备应用等相关的文献报道,其制备方法比较多样,其中比较常见的一般分为以下几种。

1) 单质化合法

单质化合法通常是采用高温气相或者固相反应或者高能球磨的方式直接利用单质镍和硫粉在真空或保护气氛下反应(The simplest one is direct stoichiometric combination of constituent elements),为了得到单相的硫化物,反应过程通常伴随不断的研磨和重复的加热。镍和硫在高温固相下($450\sim750$ K)反应可生成 NiS、Ni_3S_2、Ni_6S_5、和 NiS_2 等。采用机械合金化方法也可将金属镍和硫粉直接化合,Kosmac 等人通过机械合金化方法用镍和硫粉制备出 Ni_3S_2 和 NiS 材料。(Kosmac et al. synthesized by mechanical alloying of nickel and sulfur powder)。Han 等以不同形状的金属镍与单质硫粉按摩尔比 1∶1 的量,通过机械球磨制备出了 NiS 材料。

2) 模板法

模板法可以通过利用模板本身的形状特点或者空间限制的不同而制备出不同形貌的硫化镍材料。张等以多孔氧化铝为模板经渗透、煅烧制得了 NiS_2 纳米管。Zhu 等人采用 SiO_2 纳米球为模板,首先制备出以 SiO_2 为核镍硅酸盐为壳的核壳结构,然后通过硫化最终制得均匀的 NiS 中空纳米球,并应用于超级电容器材料,表现出良好的性能。

3) 前驱物分解法

将镍的前驱体在高温下进行分解,制备镍的硫化物。如可将镍的连二硫酸盐或它们的氨基化合物在高温下分解可以得到硫化镍。而且由于有机金属前驱体在溶液中稳定性比较好,所以可将其分散在介质中进行反应。张等在无机溶剂前驱物热分解法制备了有机单分子层表面修饰 NiS 纳米微粒。但是金属有机化合物本身具有毒性并且结构复杂,反应不易控制,所以限制了此类方法的应用。

4) 辐射法

通过射线辐照镍和硫源的混合溶液,制备得到硫化镍。胡等人采用微波/溶胶—凝胶法,在 γ-射线的照射下,制备出空心球状的硫化镍。卞等人以 γ-射线辐照法,在不同温度下,制备出硫化镍非晶和微晶。

5) 脉冲激光诱导法

将镍置于含硫化物的溶液中,以激光诱导制备出硫化镍材料。Anischik 等报道了在含硫源溶液中用脉冲激光作用在镍基上制备出 NiS 和 Ni_3S_4 相。Lee 等人用脉冲激光销蚀法在 $Si(111)$ 基和 Al_2O_3 基表面沉淀得到六方 NiS 薄膜。

6) 电化学法

通过电化学手段,在基底材料上沉积制备镍硫化物材料。Chou 等人通过电位电化学沉积方法制备出 Ni_3S_2 纳米薄片,在超级电容器材料应用中表现出良好的性能。

7) 液相法

液相法是目前制备镍的硫化物最常用的方法,也被证明是合成各种形貌和物相的硫化镍最有效的方法。如亚稳态的 Ni_3S_4 可由 $NiCl_2$ 和 $Na_2S_2O_3$ 在水热反应中制得。Dong 等人采用水热法通过调控实验参数制备出具有不同形貌的 α-NiS、β-NiS 及 Ni_3S_4 相。Chi 等人采用液相法制备出 NiS、Ni_3S_2 纳米颗粒并应用于染料敏化电池电极中。Zhao 等人通过水热法制备了在玻璃基底上定向生长的单晶 NiS 纳米棒，应用于染料敏化太阳能电池电极中，取得了良好的性能。

9.3　硫化镍纳米材料在光催化产氢中的应用

9.3.1　引言

近几十年来，随着传统的煤炭、石油等不可再生能源的日益消耗，以及使用化石燃料所带来的环境污染问题日益加剧，开发和利用清洁新能源已成为我国乃至全球可持续发展战略的重要组成部分。由于氢气具有较高的质能比，且燃烧产物是水，对环境无污染，被视为一种理想的二次清洁能源载体。但是自然界中氢的存在较少，氢气需要通过含氢物质的加工转化而制得。目前使用最广泛的途径是重整水蒸气产氢。1972 年，日本学者发现了 Honda-Fujishima 效应，利用 TiO_2 半导体光催化分解水一步制得氢气，使太阳能转化为化学能成为可能。光催化分解水产氢被称为化学界的"圣杯"，水和太阳能皆是取之不尽的物质，利用光解水得到的氢能被利用后可再以水的形态回到大自然中（$H_2+1/2O_2=H_2O$），实现一个可持续发展和利用的循环。由此可见，太阳能光解水产氢具有非常重要的战略和现实意义。早期研究的较深入的多为宽带隙半导体，对占太阳光能量约 4% 的紫外波段响应良好，为了更好地利用在太阳光能量中占比较多的可见光（约 43%），近十几年来研究人员对可见光半导体催化材料进行了大量的研究。其中，CdS 光催化剂的带隙为 2.4 eV，导带电位为 0.87 eV vs THE，满足光分解水的条件，被认为是可见光催化分解水产氢的良好的半导体催化剂材料，然而，CdS 在没有进行任何修饰和改性时其光催化产氢的活性非常低，而且由于光腐蚀性，CdS 在长时间的光照下会发生光解现象，导致其活性下降。为了解决这些问题，研究者们采用了很多方法来改善 CdS 的光催化活性，如：① 将 CdS 与其他半导体复合；复合半导体由于存在能级交错，可以很容易将光生载流子从一个半导体转移到另一个半导体上，加速了光生载流子的分离，从而提高了光催化剂的产氢效率。② 采用不同的方法制备具有可控形貌尺寸与结构的 CdS；CdS 的催化活性与尺寸和形貌有密切的关系，通过对 CdS 的形貌尺寸及结构的调控制备，可以有效提高光生载流子的分离，提升 CdS 光催化剂的稳定性。③ 制备 CdS 固溶体催化剂；硫化物固溶体的能带结构可以通过固溶组分及含量进行调控，从而改善 CdS 的光催化活性。

除了上述方法，负载助催化剂对于提升 CdS 光催化产氢活性起到了重要的作用。助催化剂不仅可以有效地抑制光生电子与空穴的复合，还可以降低氢气产生的过电位。例如，铂、铑及钯等贵金属因具有非常好的助催化活性而被大量研究应用为光催化产氢的助催剂，然而其昂贵的价格及储量的稀有限制了其大规模工业应用的可能性。近年来，金属硫化物诸如 MoS_2、WS_2、AgS_2 等被发现具有较好的助催剂特性。同时，作为地壳储量丰富且成本更加低廉的硫化镍材料也有报道，例如，Zhang 等人报道了 CdS 在以 NiS 作为助催剂，乳酸为牺牲剂的条件下量子效率在 420 nm 达到 51.3％。Yin 等人报道了以 NiS_2 纳米颗粒作为助催化剂可以大大提高 g-C_3N_4 的光催化产氢活性。Zhu 等人报道了 $CNT@Ni_3S_2$ 作为助催化剂对 ErY 光催化产氢的改善。这些结果充分说明了硫化镍纳米材料作为助催化剂在光催化产氢中具有很大的现实利用价值及研究意义。

本章中，我们采用本课题组之前所报道过的具有表面分等级结构的一维镍纳米线作为前驱物材料，采用自牺牲模板法与光催化剂半导体复合，制备负载硫化镍为助催化剂的复合光催化剂材料，探讨其光催化产氢性能。

9.3.2 光催化产氢应用分析

1) 光催化剂产物的表征

图 9.3.1 为制备的 CdS 与 NS/CdS(R)复合光催化剂的 XRD 花样，可以看出，所制备的试样中 CdS 为立方相与六方相的混合相，其中 2θ 为 26.5°、30.6°、43.9°、52.0°的特征峰分别对应于 JCPDS 65-2887 立方相的(111)、(200)、(220)和(311)晶面。2θ 为 24.8°、26.5°、43.7°及 51.8°的特征峰对应于 JCPDS 41-1049 六方 CdS。当镍纳米线与 CdS 负载以后，从 NS/CdS(R)的衍射图谱中可以看出，复合催化剂为 CdS 与 Ni_3S_2 的混合物，这说明镍纳米线在与 CdS 的负载沉淀反应中全部转化为 Ni_3S_2 相。并且在所有的 NS/CdS(R)样品中，Ni_3S_2 皆为六方相结构(JCPDS 44-1418)，同时 XPS 图谱也进一步证实 Ni_3S_2 的形成。此外，从图中可以看出，随着 R 从 1/5 增加到 2，复合催化剂中 CdS 的晶相结构没有发生变化，仍然与纯 CdS 相同，这从侧面说明复合催化剂光催化活性的改变与 CdS 组分无关。另一方面，随着 R 的增加，Ni_3S_2 相的衍射峰强度增加，表明 Ni_3S_2 的结晶度提高，这说明在复合催化剂中 Ni_3S_2 所占的比例增加。

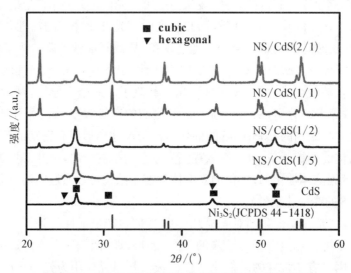

图 9.3.1 CdS 和 NS/CdS(R)光催化剂的 X-射线衍射

SEM 与 TEM 可以直观的观察光催化剂的表面形貌、晶粒尺寸及负载情况。图 9.3.2 为 CdS 和 NS/CdS(1/2)催化剂样品的 SEM 与 TEM 图。从图 9.3.2(a)可以看出纯 CdS 纳米颗粒呈现球状与棒状结构,长度与粒径尺寸分别在 $30\sim100$ nm 及 $30\sim50$ nm。当 CdS 负载助催化剂 Ni_3S_2 后,从图 9.3.2(b)中可见 CdS 纳米颗粒沉积在 Ni_3S_2 纳米线表面上。进一步通过图 9.3.2(c)的 TEM 照片可以看出,复合催化剂中 CdS 纳米颗粒尺寸在 $20\sim50$ nm,这说明负载助催化剂使得 CdS 晶粒尺寸变小。更重要的是,CdS 紧密地附着在 Ni_3S_2 纳米线表面,CdS 与 Ni_3S_2 之间这种紧密的接触有利于形成两相间的异质结结构。图 9.3.2(d)~(f)为 HRTEM 照片,图 9.3.2(e)中晶面间距为 0.34 nm,对应 CdS 的(002)晶面;图 9.3.2(f)中晶面间距为 0.41 nm,对应 Ni_3S_2 的(101)晶面。

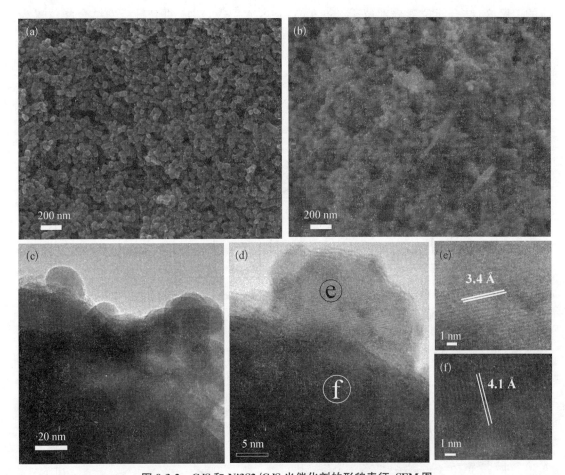

图 9.3.2　CdS 和 Ni3S2/CdS 光催化剂的形貌表征,SEM 图

(a) CdS;(b) NS/CdS(1/2);TEM 图(c) NS/CdS(1/2);HRTEM 图(d) NS/CdS(1/2);(e) CdS;(f) Ni₃S₂

　　X-射线光电子能谱分析可以通过与已知元素的原子或离子的不同壳层的电子结合能的比较来确定样品中原子或离子的组成和状态。通过对 NS/CdS(1/2)样品在光催化产氢反应后的 XPS 分析可以进一步确定其组分价态及状态变化,为该催化剂的反应活性组分及机理研究提供必要的佐证。

　　图 9.3.3 给出了 NS/CdS(1/2)光催化反应 5 h 后样品的 XPS 全谱及各元素的高分辨谱。从图 9.3.3(a)可以看出 NS/CdS(1/2)样品光催化反应后主要含有 Cd、S、Ni、O 四种元

素。图中的碳元素信号主要来自仪器本身的碳污染，C1s 的结合能实测为 285.4 eV（通常取 C1s 的基准结合能为 284.6 eV），表明样品存在一定的荷电效应，荷电位移约为 0.8 eV。图 9.3.3(b) 为 NS/CdS(1/2) 样品 CdS 中镉元素的 Cd3d 轨道的 XPS 高分辨图谱，Cd3d 在结合能位置为 411.7 eV 和 404.9 eV 处为两个轨道分裂峰 Cd3d$_{5/2}$ 和 Cd3d$_{3/2}$，两峰之间距离为 6.8 eV，与文献中报道的相同，证实了 Cd^{2+} 的存在，说明 NS/CdS(1/2) 光催化反应后 CdS 相仍然稳定存在。图 9.3.3(c) 为 NS/CdS(1/2) 样品 Ni$_3$S$_2$ 中镍元素的 Ni 2p 轨道的 XPS 高分辨图，利用 XPSpeak 分峰软件拟合可以分别得到 Ni 2p$_{3/2}$ 和 2p$_{1/2}$ 两个轨道分裂峰及其对应的卫星峰，结合能位置分别位于 855.9 eV 和 874.2 eV，相应的卫星峰的结合能位置为 861.5 eV 和 880.4 eV，与文献报道的 Ni$_3$S$_2$ 的峰间距离十分接近，卫星峰的存在表明光催化剂表面附着有镍的氧化物，可能是光催化反应中助催化剂的氧化所致。图 9.3.3(d) 为 S 元素的 S2p 轨道的 XPS 高分辨图，在结合能位置位于 161.3 eV 和 162.4 eV 处分别对应 S2p$_{3/2}$ 和 S2p$_{1/2}$，峰间距离为 1.1 eV，符合 S 在 CdS 和 Ni$_3$S$_2$ 中化合物形式的存在。这些结果间接证明了 NS/CdS(1/2) 光催化剂的稳定性。

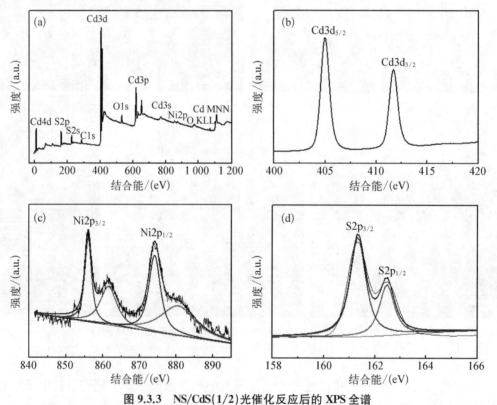

图 9.3.3　NS/CdS(1/2) 光催化反应后的 XPS 全谱

(a) 以及各元素的 XPS 高分辨谱；(b) Cd3d，(c) Ni2p，(d) S2p

众所周知，催化剂的结晶度和比表面积在半导体光催化中起着非常重要的作用。材料的结晶度越高，晶格缺陷越少，可以有效降低光生载流子的复合；另一方面，材料的比表面积越大，活性位点越多，材料的催化活性越好。纯 CdS 与负载助催化剂后的 NS/CdS(R) 样品的

结晶度已在图 9.3.1 中表征,所有的催化剂都具有高的结晶度。图 9.3.4 为 CdS 和 NS/CdS
(1/2)样品的等温吸附-脱附曲线及孔径分布。从中可以看出,CdS 和 NS/CdS(1/2)呈现出
类似的 IV 型等温线,在较高的相对压力范围之间(0.8～1.0)出现 H3 型滞后环,且在较高相
对压力时没有表现出任何吸附限制,表明材料具有介孔结构,并且负载过程没有破坏半导体
光催化剂的主体结构。CdS 负载助催化剂后比表面积从 26.6 下降到 23 m^2/g,孔体积从
0.29 cm^3/g 下降到 0.24 cm^3/g,所以可以推断出复合光催化剂光催化活性的改变得益于
Ni_3S_2 助催化剂的负载。

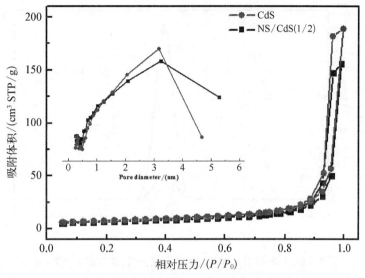

图 9.3.4　CdS 和 NS/CdS(1/2)样品的等温吸附-脱附曲线和孔径分布

图 9.3.5 为 CdS、Ni_3S_2 以及 NS/CdS(R)的紫外可见吸收光谱。可以看出,CdS 的吸收
边约为 520 nm,禁带宽度约为 2.4 eV。NS/CdS(R)的吸收边与 CdS 基本一致,表明在负载
Ni_3S_2 的过程中 CdS 的物相与带隙未发生改变,与 XRD 的结果相互印证。Ni_3S_2 本身为黑

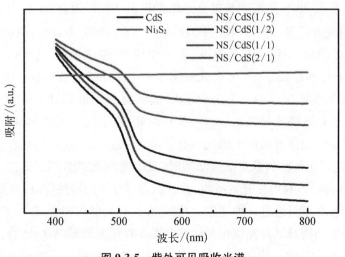

图 9.3.5　紫外可见吸收光谱

色,其吸光光谱为一条直线,随着 R 的增加,NS/CdS(R)样品颜色从灰绿变为蓝绿,其在可见光范围的吸收明显增强,由此可以推断为样品中 Ni_3S_2 含量增加所致。

图 9.3.6 为 CdS 与 NS/CdS(1/2)的荧光光谱,当用 370 nm 波长光激发时,二者都在 741 nm 处出现一个发射光谱。此发射光谱对应于半导体内电子空穴对的复合。从图中可见 CdS 的荧光强度远远大于 NS/CdS(1/2),说明 CdS 内电子空穴复合更多,而与助催剂 Ni_3S_2 负载后,电子空穴的复合降低,说明 Ni_3S_2 的负载可以有效抑制 CdS 半导体内电子空穴对的复合。这一结果与后面要研究的光催化分解水产氢活性一致。

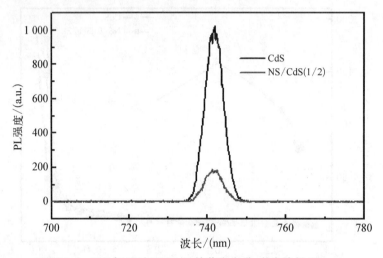

图 9.3.6 CdS 与 NS/CdS(1/2)的荧光光谱,激发波长 370 nm

2)光催化产氢结果分析

在可见光下,CdS、NS/CdS(1/5)、NS/CdS(1/2)、NS/CdS(1/1)、NS/CdS(2/1)与 1 wt.% Pt/CdS 对比的分解水产氢速率如图 9.3.7 所示。控制其他条件一致,当 Ni_3S_2 单独作为催化剂是没有氢气产生,表明 Ni_3S_2 对光催化产氢没有活性。从图中可以看到,纯 CdS 产氢速率非常低,负载 Ni_3S_2 后能明显提高 CdS 的产氢活性。随着 Ni_3S_2 含量的增加,复合光催化剂的产氢活性先升后降,其中产氢速率最高的为 NS/CdS(1/2),活性高达 311 $\mu mol \cdot h^{-1}$,催化活性是纯 CdS 的近 70 倍。并且测得 NS/CdS(1/2)催化剂在波长 400 nm 光照下的光解水产氢表观量子效率为 12.3%。复合光催化剂催化活性的提高得益于助催剂 Ni_3S_2 的存在。首先,在光催化制氢反应中,Ni_3S_2 对 CdS 起到有效的助催化作用。Ni_3S_2 的功函数 (5.11 eV)远远高于 CdS 的导带能级(3.49 eV),因此,光生电子可以迅速地从 CdS 转移到 Ni_3S_2,Ni_3S_2 容纳 CdS 受激发后产生的光生电子,并且提供质子还原的活性位点并降低产氢的过电位。然而,当 Ni_3S_2 的负载量继续增加时,复合光催化剂的产氢活性降低。因为过量的 Ni_3S_2 掺杂会影响 CdS 对可见光的吸收,并且覆盖半导体的活性位点,导致 CdS 光催化反应活性的降低,已有文献报道过这种现象。其次,在复合光催化剂中,CdS 紧紧附着在 Ni_3S_2 上,两者之间紧密的结构对复合光催化剂活性的提高有很大的影响,CdS 作为光催化产氢的活性物质而 Ni_3S_2 作为接收和传递光生电子的通道。这种紧密连接结构有利于电子在两相中快速转移,转移到 Ni_3S_2 上的电子将 H^+ 还原为 H,接着以 H_2 的形式迅速脱离反应体系,有效的抑制 CdS 中光生载流子的复合。这种紧密连接结构对于复合光催化剂的重要作用已经被证实,而且光生载流子的迅速转移也大大提高了 CdS 的光化学稳定性。实验中,一并制备了 1 wt.% Pt/CdS 样品作为对比,在相同测试条件下,NS/CdS(1/2)与 NS/CdS(1/1)的光催化活性都高于 1 wt.% Pt/CdS,并且 NS/CdS(1/2)的催化活性是 1 wt.% Pt/CdS 的 1.4 倍,这说明 Ni_3S_2 是一种良好的助催化剂,可以作为贵金属助催化剂的替代物。

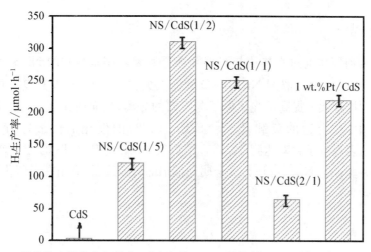

图 9.3.7 样品的光催化产氢速率,反应条件: 0.1 g 催化剂,30 Vol% 甲醇水溶液 100 mL

基于上述的实验结果,我们提出了一个可能的 Ni_3S_2/CdS 复合光催化剂的光催化产氢机理,示意图见图 9.3.8。在可见光照射下,Ni_3S_2/CdS 复合光催化剂内的 CdS 被激发,产生光生电子和光生空穴。光生电子有以下两种方式被消耗:一种是与空穴之间简单的复合,第二种是与质子之间发生化学反应的光催化产氢。所以,如果光生载流子的复合能够被有效抑制,催化剂的光催化反应活性就会大大提升。由于 Ni_3S_2 和 CdS 之间紧密的异质结构,并且 Ni_3S_2 具有比 CdS 导带更正的功函数值,因此光生电子可以大幅度地从 CdS 转移到 Ni_3S_2 上,有效降低了光生载流子的复合。而且,硫化镍助催化剂可以降低光催化产氢的超电

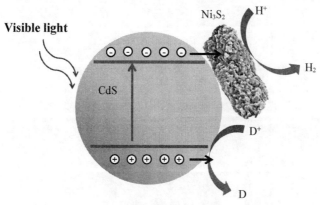

图 9.3.8 Ni_3S_2/CdS 复合催化剂的光催化产氢机理示意

势,H^+ 在 Ni_3S_2 上被还原为 II 原了,生成的 H 原子结合生成 H_2 从反应体系中逸出。而空穴被牺牲剂反应消耗掉。反应如以下方程式所示。

$$CdS + hv \longrightarrow CdS(e_{CB}^- + h_{CV}^+) \tag{9-1}$$

$$Ni_3S_2 + e^- + H^+ \longrightarrow HNi_3S_2 \tag{9-2}$$

$$HNi_3S_2 + e^- + H^+ \longrightarrow Ni_3S_2 + H_2 \tag{9-3}$$

9.3.3　小结

以镍线作为前驱体通过水热法与 CdS 纳米颗粒复合制备得到的 Ni_3S_2/CdS 复合光催化剂,其光催化活性因为助催剂 Ni_3S_2 的负载而大大提高。Ni_3S_2 本身良好的助催性及与 CdS 之间紧密的接触大大提高了光生电子与空穴的分离,从而使光催化产氢速率得到大幅度的提高。其中,在合适的负载量下,NS/CdS(1/2)的催化活性最好,产氢速率达到 $311\,\mu mol \cdot h^{-1}$,表观量子效率达到 12.3%,是负载 1 wt.% Pt/CdS 的产氢速率的 1.4 倍。这项工作提出并验证了 Ni_3S_2 可作为贵金属助催剂的替换选项,应用在光催化分解水产氢领域中有较好的效果。

参 考 文 献

［1］李国强,陈日耀,郑曦,等.化学制备一维无机纳米材料的几种方法［J］.化学通报,2006,69：w029.

［2］晋传贵,裴立宅,俞海云.一维无机纳米材料［M］.北京：冶金工业出版社,2007：1-17.

［3］刘吉平,廖莉玲.无机纳米材料［M］.北京：科学出版社,2003：104-120.

［4］Frenkel, J., Dorfman, J. Spontaneous and induced magnetization in ferromagnetic bodies ［J］. Nature. 1930, 126：274-275.

［5］Gong, W., Li, H., Zhao, Z., Chen, J. Ultrafine particles of Fe, Co and Ni ferromagnetic metals ［J］. J. Appl. Phys. 1991, 69：5119-5121.

［6］Kittel, C. Theory of the structure of ferromagnetic domains in films and small particles ［J］. Phys. Rev. 1946, 70：965-971.

［7］Bean, C. P., Livingston, J. D. Superparamagnetism ［J］. J. Appl. Phys. 1959, 30：120s-129s.

［8］Ziolo, R. F., Giannelis, E. P., Weinstein, B. A., O'Horo, M. P., Ganguly, B. N., Mehrotra, V., Russell, M. W., Huffman, D. R. Matrix-mediated synthesis of nanocrystalline gamma Fe_2O_3: a new optically transparent magnetic material ［J］. Science. 1992, 257：219-223.

［9］Deacon, D. A. G., Elias, L. R., Madey, J. M. J., Ramian, G. J., Schwettman, H. A., Smith, T. I. First operation of a free-electron laser ［J］. Phys. Rev. Lett. 1977, 38：892-894.

［10］Orzechowski, T. J., Anderson, B., Fawley, W. M., Prosnitz, D., Scharlemann, E. T., Yarema, S., Hopkins, D., Paul, A. C., Sessler, A. M., Wurtele, J. Microwave radiation from a high-gain free-electron laser amplifier ［J］. Phys. Rev. Lett. 1985, 54：889-892.

［11］Stoner, E. C., Wohlfarth, E. P. A mechanism of magnetic hysteresis in heterogenous alloys ［J］. Proc. Phys. Soc. 1948, A240, 599-642.

［12］Leslie-Pelecky, D. L., Rieke, R. D. Magnetic properties of nanostructured materials ［J］. Chem. Mater. 1996, 8：1770-1783.

［13］Li, X. G., Murai, T., Chiba, A., Takahashi, S. Particle features, oxidation behaviors and magnetic properties of ultrafine particles of Ni-Co alloy prepared by hydrogen plasma metal reaction ［J］. J. Appl. Phys. 1999, 86：1867-1873.

［14］Corner, W. D., Mundell, P. A. Properties of ferromagnetic micropowders ［J］. J. Magn. Magn. Mater. 1980, 20：148-157.

［15］Leeuwen, D. A., Ruitenbeek, J. M., de Jongh, L. J. Quenching of magnetic moments by ligand-metal interactions in nanosized magnetic metal clusters ［J］. Phys. Rev. Lett. 1994, 73：1432-1435.

［16］Coey, J. M. D. Nancollinear spin arrangement in ultrafine ferromagnetic crystallites ［J］. Phys. Rev. Lett. 1971, 27：1140-1142.

［17］Haneda, K., Morrish, A. H. Noncollinear magnetic structure of $CoFe_2O_4$ small particles ［J］. J. Appl.

Phys. 1988，63：4258－4260.

[18] Kodama，R. H.，Berkowitz，A. E.，McNiff，E. J.，Foner，S. Surface spin disorder in NiFe$_2$O$_4$ nanoparticles [J]. Phys. Rev. Lett. 1996，77：394－397.

[19] Lin，D.，Nunes，A. C.，Majkrzak，C. F.，Berkowitz，A. E. Polarized neutron study of the magnetization density distribution within a CoFe$_2$O$_4$ colloidal particle [J]. J. Magn. Magn. Mater. 1995，145：343－348.

[20] Haneda，K.，Kojima，H.，Morrish，A. H.，Picone，P. J.，Wakai，K. Noncollinearity as a size effect of CrO$_2$ small particles [J]. J. Appl. Phys. 1982，53：2686－2688.

[21] Chen. C.，Kitakami，O.，Shimada，Y. Particle size effects and surface anisotropy in Fe-based granular films [J]. J. Appl. Phys. 1998，84：2184－2188.

[22] 周苇，郭林.化学法制备金属镍纳米材料研究进展[J].化学通报，2006，69：w063.

[23] 张磊，葛洪良，钟敏.金属镍纳米材料研究进展[J].材料导报，2008，22：2－4.

[24] Chatterjee，A.，Chakravorty，D. Preparation of nickel nanoparticles by metalorganic route [J]. Appl. Phys. Lett. 1992，60：138－140.

[25] Chen，D. H.，He，X. R. Synthesis of nickel ferrite nanoparticles by sol-gel method [J]. Mater. Res. Bull. 2001，36：1369－1377.

[26] Tian，F.，Zhu，J.，Wei，D. Fabrication and Magnetism of Radial-easy-magnetized Ni Nanowire Arrays [J]. J. Phys. Chem. C. 2007，111：12669－12672.

[27] Wang，X. W.，Fei，G. T.，Xu，X. J.，Jin，Z.，Zhang，L. D. Size-dependent orientation growth of large-area ordered Ni nanowire arrays [J]. J. Phys. Chem. B. 2005，109：24326－24330.

[28] Li，X.，Wang，Y.，Song，G.，Peng，Z.，Yu，Y.，She，X.，Sun，J.，Li，J.，Li，P.，Wang，Z.，Duan，X. Fabrication and magnetic properties of Ni/Cu shell/core nanocable arrays [J]. J. Phys. Chem. C. 2010，114：6914－6916.

[29] Ning，M.，Zhu，H.，Jia，Y.，Niu，H.，Wu，M.，Chen，Q. Synthesis of hollow microspheres of nickel using spheres of metallic zinc as templates under mild conditions [J]. J. Mater. Sci. 2005，40：4411－4413.

[30] Zhou，W.，Zheng，K.，He，L.，Wang，R.，Guo，L.，Chen，C.，Han，Zhang，X.，Z. Ni/Ni$_3$C core-shell nanochains and its magnetic properties：one-step synthesis at low temperature [J]. Nano Lett. 2008，8：1147－1152.

[31] Wang，N.，Cao，X.，Kong，D.，Chen，W.，Guo，L.，Chen，C. Nickel chains assembled by hollow microspheres and their magnetic properties [J]. J. Phys. Chem. C. 2008，112：6613－6619.

[32] Chan，K. T.，Kan，J. J.，Doran，C.，Ouyang，L.，Smith，D. J.，Fullerton，E. E. Oriented growth of single-crystal Ni nanowires onto amorphous SiO$_2$[J]. Nano Lett. 2010，10：5070－5075.

[33] Bagkar，N.，Seo，K.，Yoon，H.，In，J.，Jo，Y.，Kim，B. Vertically aligned single-crystalline ferromagnetic Ni$_3$Co nanowires [J]. Chem. Mater. 2010，22：1831－1835.

[34] Ni，X.，Zhao，Q.，Zhang，D.，Zhang，X.，Zheng，H. Novel hierarchical nanostructures of nickel：self-assembly of hexagonal nanoplatelets [J]. J. Phys. Chem. C. 2007，111：601－605.

[35] Wang，C.，Han，X.，Xu，P.，Wang，J.，Du，Y.，Wang，X.，Qin，W.，Zhang，T. Controlled synthesis of hierarchical nickel and morphology-dependent electromagnetic properties [J]. J. Phys. Chem. C. 2010，114：3196－3203.

［36］Sarkar, S., Sinha, A. K., Pradhan, M., Basu, M., Negishi, Y., Pal, T. Redox transmetalation of prickly nickel nanowires for morphology controlled hierarchical synthesis of nickel/gold nanostructures for enhanced catalytic activity and SERS responsive functional material ［J］. J. Phys. Chem. C. 2011, 115: 1659 - 1673.

［37］Ye, J., Chen, Q. W., Qi, H. P., Tao, N. Formation of nickel dendritic crystals with peculiar orientations by magnetic-induced aggregation and limited diffusion ［J］. Cryst. Growth Des. 2008, 8: 2464 - 2468.

［38］Jiang, C., Zou, G., Zhang, W., Yu, W., Qian, Y. Aqueous solution route to flower-like microstructures of ferromagnetic nickel nanotips ［J］. Mater. Lett. 2006, 60: 2319 - 2321.

［39］Ni, X. M., Su, X. B., Yang, Z. P., Zheng, H. G. The preparation of nickel nanorods in water-in-oil microemulsion ［J］. J. Cryst. Growth. 2003, 252: 612 - 617.

［40］Chen, D. H., Wu, S. H. Synthesis of nickel nanoparticles in water-in-oil microemulsions ［J］. Chem. Mater. 2000, 12: 1354 - 1360.

［41］Chang, Z. Q., Liu, G., Zhang, Z. C. In situ coating of microreactor inner wall with nickel nano-particles prepared by γ - irradiation in magnetic field ［J］. Radiat. Phys. Chem. 2004, 69: 445 - 449.

［42］Hu, X., Yu, J. C. High-yield synthesis of nickel and nickel phosphide nanowires via microwave-assisted processes ［J］. Chem. Mater. 2008, 20: 6743 - 6749.

［43］Zhou, W., Lin, L. J., Zhao, D. Y., Guo, L. Synthesis of nickel bowl-like nanoparticles and their doing for inducing planar alignment of a nematic liquid crystal ［J］. J. Am. Chem. Soc. 2011, 133: 8389 -8391.

［44］郑东华.纳米镍和氧化镍粒子的制备研究及其性能表征[D].北京：北京化工大学,2004.

［45］Davis, S. C., Klabund, K. Unsupported small metal particles: preparation, reactivity, and characterization ［J］. J. Chem. Rev. 1982, 82: 153 - 208.

［46］Qiu, S., Zhou, Z., Dong, J., Chen, G. Synthesis of In-Sn alloy nanoparticles by a solution dispersion ［J］. J. Tribol. 2001, 123(3): 441 - 443.

［47］祁康成.六硼化镧场发射特性研究[D].成都：电子科技大学,2008.

［48］Gautam, U. K., Fang, X. S., Bando, Y., Zhan, J. H., Golberg, D. A novel core-shell heterostructure of branched ZnS nanotube — In nanowires: synthesis, structure and multiply enhanced field-emission properties ［J］. ACS Nano. 2008, 2: 1015 - 1021.

［49］Lin, M. C., Lu, P. S. Millimeter wave generator based on field emission cathode ［J］. J. Vac. Sci. Tech. B. 2007, 25: 636 - 639.

［50］Lin, M. C., Lu, P. S. Interaction mechanism of a terahertz wave generator using a field emission cathode ［J］. J. Vac. Sci. Tech. B. 2007, 25: 631 - 635.

［51］Ryskin, N. M., Surkov, N. N., Trubetskov, D. I., Jang, K. H., Han, S. T., So, J. K., Park, G. S. Theory of the microelectronic traveling wave klystron amplifier with field-emission cathode array ［J］. Phys. Plasmas. 2007, 14: 093106.

［52］Hua, L. Z., Ma, Y. P., Shang, X. F., Gu, Z. Q., Wang, M., Xu, Y. B. The application of single-walled carbon nanotubes in field emission display ［J］. Acta Phys. Sin.-Ch. Ed. 2007, 56: 6701 - 6704.

［53］Wei, L. Zhang, X. B., Zhu, Z. Y. Application of ZnO nanopins as field emitters in a field-emission-display device ［J］. J. Vac. Sci. Tech. B. 2007, 25: 608 - 610.

［54］Zhou，T. T.，She，J. C.，Chen，J. Fabrication and characterization of a field emission display prototype for indoor giant display application［J］. J. Vac. Sci. Tech. B. 2007，25：1569 - 1573.

［55］Xiao，L.，Qian，L.，Wei，Y. Conventional triode ionization gauge with carbon nanotube cold electron emitter［J］. J. Vac. Sci. Tech. A. 2008，26：1 - 4.

［56］Wu，Z. S.，Pei，S.，Ren，W.，Tang，D.，Gao，L.，Liu，B.，Li，F.，Liu，C.，Cheng，H. M. Field emission of single-layer graphene films prepared by electrophoretic deposition［J］. Adv. Mater. 2009，21：1756 - 1760.

［57］Yu，T.，Zhu，Y.，Xu，X.，Shen，Z.，Chen，P.，Lim，C. T.，Thong，J. T. L.，Sow，C. H. Controlled growth and field-emission properties of cobalt oxide nanowalls ［J］. Adv. Mater. 2005，17：1595 - 1599.

［58］Al-Tabbakh，A. A.，More，M. A.，Joag，D. S.，Mulla，I. S.，Pillai，V. K. The fowler-nordheim plot behavior and mechanism of field electron emission from ZnO tetrapod structures［J］. ACS Nano. 2010，4：5585 - 5590.

［59］Vila，L.，Vincent，P.，Pra，L. D.，Pirio，G.，minoux，E.，Gangloff，L.，Demoustier-Champagne，S.，Sarazin，N.，Ferain，E.，Legras，R.，Piraux，L.，Legagneux，P. Growth and field-emission properties of vertically aligned cobalt nanowire arrays［J］. Nano lett. 2004，4：521 - 524.

［60］Feizi，E.，Scott，K.，Baxendale，M.，Pal，C.，Ray，A. K.，Wang，W.，Pang，Y.，Hodgson，S. N. B. Synthesis and characterisation of nickel nanorods for cold cathode fluorescent lamps［J］. Mater. Chem. Phys. 2012，135：832 - 836.

［61］Hang，T.，Ling，H.，Hu，A.，Li，M. Growth mechanism and field emission properties of nickel nanocones array fabricated by one-step electrodeposition ［J］. J. Electrochem. Soc. 2010，157：D624 - D627.

［62］Lee，C. Y.，Lu，M. P.，Liao，K. F.，Lee，W. F.，Huang，C. T.，Chen，S. Y.，Chen，L. J. Free-Standing Single-Crystal NiSi$_2$ Nanowires with Excellent Electrical Transport and Field Emission Properties［J］. J. Phys. Chem. C. 2009，113：2286 - 2289.

［63］Kim，J.，Lee，E. S.，Han，C. S.，Kang，Y.，Kim，D.，Anderson，W. A. Observation of Ni silicide formations and field emission properties of Ni silicide nanowires［J］. Microelectron. Eng. 2008，85：1709 - 1712.

［64］Ren，Y.，Chim，W. K.，Chiam，S. Y.，Huang，J. Q.，Pi，C.，Pan，J. S. Formation of nickel oxide nanotubes with uniform wall thickness by low-temperature thermal oxidation through understanding the limiting effect of vacancy diffusion and the kirkendall phenomenon［J］. Adv. Funct. Mater. 2012，20：3336 - 3342.

［65］Wei，Z. P.，Arredondo，M.，Peng，H. Y.，Zhang，Z.，Guo，D. L.，Xing，G. Z.，Li，Y. F.，Wong，L. M.，Wang，S. J.，Valanoor，N.，Wu，T. A template and catalyst-free metal-etching-oxidation method to synthesize aligned oxide nanowire arrays：NiO as an example［J］. ACS Nano. 2010，4：4785 - 4791.

［66］Yang，Y.，Liu，L. F.，Guder，F.，Berger，A.，Scholz，R.，Albrecht，O.，Zacharias，M. Regulated oxidation of nickel in multisegmented nickel-platinum nanowires：an entry to wavy nanopeapods［J］. Angew. Chem. Int. Ed. 2011，50：10855 - 10858.

［67］He，L.，Liao，Z. M.，Wu，H. C.，Tian，X. X.，Xu，D. S.，Cross，G. L. W.，Duesberg，G. S.，

Shvets, I. V., Yu, D. P. Memory and threshold resistance switching in Ni/NiO core shell nanowires [J]. Nono Lett. 2011, 11: 4601 – 4606.

[68] Zhou, W., Yao, M., Guo, L., Li, Y. M., Li, J. H., Yang, S. H. Hydrazine-linked convergent self-assembly of sophisticated concave polyhedrons of β‐Ni(OH)₂ and NiO from nanoplate building blocks [J]. J. Am. Chem. Soc. 2009, 131: 2959 – 2964.

[69] Bai, L. Y., Yuan, F. L., Hu, P., Yan, S. K., Wang, X., Li, S. H. A facile route to sea urchin-like NiO architectures [J]. Mater. Lett. 2007, 61: 1698 – 1700.

[70] Wu, L. L., Wu, Y. S., Wei, H. Y., Shi, Y. C., Hu, C. X. Synthesis and characteristics of NiO nanowire by a solution method [J]. Mater. Lett. 2004, 58: 2700 – 2703.

[71] 肖君佳.氧化镍纳米材料的合成和性能研究[D].北京：北京化工大学,2011.

[72] Yu, M., Liu, J. H., Li, S. M. Preparation and characterization of highly ordered NiO nanowire arrays by sol-gel template method [J]. J. Univ. Sci. Technol. Beijing. 2006, 13: 169 – 173.

[73] Yang, Q., Sha, J., Ma, X. Y., Yang, D. R. Synthesis of NiO nanowires by a sol-gel process [J]. Mater. Lett. 2005, 59: 1967 – 1970.

[74] Palanisamy, P., Raichur, A. M. Synthesis of spherical NiO nanoparticles through a novel biosurfactant mediated emulsion technique [J]. Mater. Sci. Eng. C. 2009, 29: 199 – 204.

[75] Hana, D. Y., Yang, H. Y., Shen, C. B., Zhou, X., Wang, F. H. Synthesis and size control of NiO nanoparticles by water-in-oil microemulsion [J]. Powder Technol. 2004, 147: 113 – 116.

[76] Huang, Y., Huang, X. L., Lian, J. S., Xu, D., Wang, L. M., Zhang, X. B. Self-assembly of ultrathin porous NiO nanosheets/graphene hierarchical structure for high-capacity and high-rate lithium storage [J]. J. Mater. Chem. 2012, 22: 2844 – 2847.

[77] Wang, X., Yu, L. J., Hu, P., Yuan, F. L. Synthesis of single-crystalline hollow octahedral NiO [J]. Cryst. Growth Des. 2007, 7: 2415 – 2418.

[78] Bodker, F., Hansen, M. F., Bender Koch, C., Morup, S. Particle interaction effects in antiferromagnetic NiO nanoparticles [J]. J. Mag. Mag. Mater. 2000, 221: 32 – 36.

[79] Fahim, R. B., Abu-Shady, A. I. Surface area and pore structure of nickel oxide [J]. J. Catal. 1970, 17: 10 – 17.

[80] Richardson, J. T., Yiagas, D. I., Turk, B., Forster, K., Twingg, M. V. Origin of superparamagnetic in nickel oxide [J]. J. Appl. Phys. 1995, 70(11): 6977 – 6982.

[81] Zou, B., Wang, L., Lin, J. The electronic structures of NiO nanoparticles coated with stearates [J]. Sol. Stat. Commu. 1995, 94(10): 847 – 850.

[82] Tomczyk, P., Sato, H., Yamada, K., Nishina, T., Uchida, I. Oxide electrodes in molten carbonates Part 1. electrochemical behaviour of nickel in molten Li＋K and Na＋K carbonate eutectics [J]. J. Elect. Chem. 1995, 391(1 – 2): 125.

[83] Polzot, P., Laruelle, S., Grugeon, S., Dupont, L., Tarascon, J. M. Nano-sized transition-metal oxides as negative-electrode materials for lithium-ion batteries [J]. Natuer. 2000, 407: 496 – 499.

[84] Biju, V., Abdul Khadar, M. Analysis of AC electrical properties of nanocrystalline oxide [J]. Mater. Sci. Eng. 2001, A304 – 306: 814 – 817.

[85] Somorjai, G. A., Borodko, Y. G. Research in nanosciences-great opportunity for catalysis science [J]. Catal. Lett. 2001, 76(2): 1 – 5.

[86] Carnes, C. L., Klabunde, K. J. The catalytic methanol synthesis over nanoparticle metal oxide catalysts [J]. J. Molecu. Catal. A: Chem. 2003, 194: 227 – 236.

[87] Makhlouf, S. A., Parker, F. T., Spada, F. E., Berkowitz, A. E. Magnetic anomalies in NiO nanoparticles [J]. J. Appl. Phys. 1997, 81: 5561 – 5563.

[88] Biju, V., Abdul, K. M. Dc conductivity of consolidated nanoparticles of NiO [J]. Mater. Res. Bull. 2001, 36: 21 – 33.

[89] 吴莉莉.纳米碳管气敏传感器及随机共振检测系统的研究[D].杭州：浙江大学,2007.

[90] 何希才.传感器技术及应用[M].北京：北京航天航空大学出版社,2004: 1 – 89.

[91] 刘延霞.低维氧化锌功能材料的气敏、发光及场发射性质的研究[D].兰州：兰州大学,2006.

[92] 惠国华.基于随机共振和定向多壁纳米碳管气敏传感器阵列的 SF_6 气体检测系统的研究[D].杭州：浙江大学,2008.

[93] 刘锦淮,黄行九.纳米敏感材料与传感技术[M].北京：科学出版社,2011: 48 – 110.

[94] 漆奇.低维纳米金属氧化物半导体敏感特性的研究[D].长春：吉林大学,2009.

[95] 吴兴惠.敏感元器件及材料[M].北京：电子工业出版社,1991: 281 – 303.

[96] Hotovy, I., Huran, J., Spiess, L., Capkovic, R. Hascik, S. Preparation and characterization of NiO thin films for gas sensor applications [J]. Vac. 2000, 58: 300 – 307.

[97] Hotovy, I., Rehacek, V., Siciliano, P., Capone, S., Spiess, L. Sensing characteristics of NiO thin films as NO_2 gas sensor [J]. Thin Solid Films. 2002, 418: 9 – 15.

[98] Hotovy, I., Huran, J., Siciliano, P., Capone, S., Spiess, Rehacek, V. Enhancement of H_2 sensing properties of NiO-based thin films with a Pt surface modification [J]. Sens. Actuators B. 2004, 103: 300 – 311.

[99] Brilis, N., Foukaraki, C., Bourithis, E., Tsamakis, D., Giannoudakos, A., Kompitsas, M., Xenidou, T., Boudouvis, A. Development of NiO-based thin film structures as efficient H_2 gas sensors operating at room temperatures [J]. Thin Solid Films. 2007, 515: 8484 – 8489.

[100] Lee, C. Y., Chiang, C. M., Wang, Y. H., Ma, R. H. A self-heating gas sensor with integrated NiO thin-film for formaldehyde detection [J]. Sens. Actuators B. 2007, 122: 503 – 510.

[101] Wang, Z., Li, Z., Sun, J., Zhang, W., Wang, H., Zheng, W., Wang, C. Improved hydrogen monitoring properties based on p-NiO/n-SnO₂ heterojunction composite nanofibers [J]. J. Phys. Chem. C. 2010, 114: 6100 – 6105.

[102] Song, X., Gao, L., Mathur, S. Synthesis, characterization, and gas sensing properties of porous nickel oxide nanotubes [J]. J. Phys. Chem. C. 2011, 115: 21730 – 21735.

[103] Cho, N. G., Woo, H. S., Lee, J. H., Kim, Il. D. Thin-walled NiO tubes functionalized with catalytic Pt for highly selective C_2H_5OH sensors using electrospun fibers as a sacrificial template [J]. Chem. Comm. 2011, 47: 11300 – 11302.

[104] Wang, G. X., Park, J. S., Park, M. S., Gou, X. L. Synthesis and high gas sensitivity of tin oxide nanotubes [J]. Sens. Actuators B. 2008, 131: 313 – 317.

[105] Comini, E., Faglia, G., Sberveglieri, G., Pan, Z., Wang, Z. L. Stable and highly sensitive gas sensors based on semiconducting oxide nanobelts [J]. Appl. Phys. Lett. 2002, 81: 1869 – 1871.

[106] Law, M., Kind, H., Messer, B., Kin, F., Yang, P. D. Photochemical sensing of NO_2 with SnO_2 nanoribbon nanosensors at room temperature [J]. Angew. Chem. Int. Ed. 2002, 41: 2405 – 2408.

[107] Wan, Q., Li, Q. H., Wang T. H., He, X. L., Li, J. P., Lin, C. L. Fabrication and ethanol sensing characteristics of ZnO nanowires gas sensors [J]. Appl. Phys. Lett. 2004, 84: 3654.

[108] Hsueh, T. J., Hsu, C. L., Chang, S. J., Chen, I. C. Laterally grown ZnO nanowire ethanol gas sensors [J]. Sens. Actuators B. 2007, 126: 473-477.

[109] Heo, Y. W., Tien, L. C., Norton, D. P., Kang, B. S., Ren, F., Gila, B. P., Pearton, S. J. Electrical transport properties of single ZnO nanorods [J]. Appl. Phys. Lett. 2004, 85: 2002-2004.

[110] Rout, C. S., Krishna, S. H., Vivekchand, S. R. C., Govindaraj, A., Rao, C. N. R. Hydrogen and ethanol sensors based on ZnO nanorods, nanowires and nanotubes [J]. Chem. Phys. Lett. 2005, 418: 586-590.

[111] Law, J. B. K., Thong, J. T. L. Improving the NH_3 gas sensitivity of ZnO nanowires sensors by reducing the carrier concentration [J]. Nanotechnology. 2008, 19: 205502.

[112] Liao, L., Lu, H. B., Li, J. C., He, H., Wang, D. F., Fu, D. J., Liu, C. Size dependence of gas sensitivity of ZnO nanorods [J]. J. Chem. Phys. C. 2007, 111: 1900-1903.

[113] Zhang, N., Yu, K., Li, Q., Zhu, Z. Q., Wan, Q. Room-temperature high-sensitivity H_2S gas sensor based on dendritic ZnO nanostructures with macroscale in appearance [J]. J. Appl. Phys. 2008, 103: 104304.

[114] Ryu, K. M., Zhang, D. H., Zhou, C. W. High-performance metal oxide nanowires chemical sensors with integrated micromachined hotplates [J]. Appl. Phys. Lett. 2008, 92: 093111.

[115] Chu, X. F., Wang, C. H., Jiang, D. L., Zheng, C. M. Ethanol sensor based on indium oxide nanowires prepared by carbothermal reduction reaction [J]. Chem. Phys. Lett. 2004, 399: 461-464.

[116] Xu, J. Q., Chen, Y. P., Pan, Q. Y., Xiang, Q., Cheng, Z. X., Dong, X. W. A new route for preparing corundum-type In_2O_3 nanorods used as gas-sensing materials [J]. Nanotechnology. 2007, 18: 115615.

[117] Du, N., Zhang, H., Chen, B. D., Ma, X. Y., Liu, Z. H., Wu, J. B., Yang, D. R. Porous indium oxide nanotubes: layer-by-layer assembly on carbon-nanotube templates and application for room-temperature NH_3 gas sensors [J]. Adv. Mater. 2007, 19: 1641-1643.

[118] Gou, X., Wang, G., Kong, X., Wexler, D., Hovat, J., Park, J. Flutelike porous hematite nanorods and branched nanostructures: synthesis, characterization and application for gas-sensing [J]. Chem. Eur. J. 2008, 14: 5996-6002.

[119] Hu, X. L., Yu, J. C., Gong, J. M., Li, Q., Li, G. S. Alpha-Fe_2O_3 nanorings prepared by a microwave-assisted hydrothermal process and their sensing properties [J]. Adv. Mater. 2007, 19: 2324-2329.

[120] Hotovy, I., Huran, J., Spiess, L., Capkovic, R. Hascik, S. Preparation and characterization of NiO thin films for gas sensor applications [J]. Vac. 2000, 58: 300-307.

[121] Hotovy, I., Rehacek, V., Siciliano, P., Capone, S., Spiess, L. Sensing characteristics of NiO thin films as NO_2 gas sensor [J]. Thin Solid Films. 2002, 418: 9-15.

[122] Hotovy, I., Huran, J., Siciliano, P., Capone, S., Spiess, Rehacek, V. Enhancement of H_2 sensing properties of NiO-based thin films with a Pt surface modification [J]. Sens. Actuators B. 2004, 103: 300-311.

[123] Brilis, N., Foukaraki, C., Bourithis, E., Tsamakis, D., Giannoudakos, A., Kompitsas, M.,

173

Xenidou, T., Boudouvis, A. Development of NiO-based thin film structures as efficient H_2 gas sensors operating at room temperatures [J]. Thin Solid Fims. 2007, 515: 8484 – 8489.

[124] Lee, C. Y., Chiang, C. M., Wang, Y. H., Ma, R. H. A self-heating gas sensor with integrated NiO thin-film for formaldehyde detection [J]. Sens. Actuators B. 2007, 122: 503 – 510.

[125] Wang, Z., Li, Z., Sun, J., Zhang, W., Wang, H., Zheng, W., Wang, C. Improved hydrogen monitoring properties based on p-NiO/n-SnO_2 heterojunction composite nanofibers [J]. J. Phys. Chem. C. 2010, 114: 6100 – 6105.

[126] Song, X., Gao, L., Mathur, S. Synthesis, characterization, and gas sensing properties of porous nickel oxide nanotubes [J]. J. Phys. Chem. C. 2011, 115: 21730 – 21735.

[127] Cho, N. G., Woo, H. S., Lee, J. H., Kim, Il. D. Thin-walled NiO tubes functionalized with catalytic Pt for highly selective C_2H_5OH sensors using electrospun fibers as a sacrificial template [J]. Chem. Comm. 2011, 47: 11300 – 11302.

[128] Liu, B., Yang, H., Zhao, H., An, L., Zhang, L., Shi, R., Wang, L., Bao, L., Chen, Y. Synthesis and enhanced gas-sensing properties of ultralong NiO nanowires assembled with NiO nanocrystals [J]. Sens. Actuators B. 2011, 156: 251 – 256.

[129] J. B. Paries, Acta Crystallogr. Structure of hazelwoodite (Ni_3S_2) [J]. Acta Crystallographica — Section B: Structural Crystallography & Crystal Chemistry 1980, B36: 1179 – 1180.

[130] T. Kosmac, D. Maurice, and T. H. Courtney. Synthesis of Nickel Sulfides by Mechanical Alloying [J]. Journal of the American Ceramic Society 1993, 76: 2345 – 2352.

[131] S. He, C. Lu, G. S. Wang, J. W. Wang, H. Y. Guo and L. Guo. Synthesis and growth mechanism of white-fungus-like nickel sulfide microspheres, and their application in polymer composites with enhanced microwave-absorption properties [J]. Chem Plus Chem 2014, 79(4): 569 – 576.

[132] Y. I. Yermakov, A. N. Startsev, V. A. Burmistrov. Sulphide catalysts on silica as a support. i. effect of the preparation technique of (Ni, W)/SiO_2 and (Ni, Mo)/SiO_2 catalysts on their activity in thiophen hydrogenolysis [J]. Applied Catalysis 1984, 11: 1 – 13.

[133] K.-I. Tanaka, T. Okuhara. Regulation of intermediates on sulfided nickel and MoS_2 catalysts [J]. Catalysis Reviews-Science and Engineering 1977, 15: 249 – 292.

[134] W. J. J. Welters, G. Vorbeck, H. W. Zandbergen, J. W. Mdehaan, V. H. J. Mdebeer, R. A. Vansanten. HDS activity and characterization of zeolite-supported nickel sulfide catalysts [J]. Journal of Catalysis 1994, 150: 155 – 169.

[135] S. C. Han, K. W. Kim, H. J. Ahn, J. H. Ahn, J. Y. Lee. Charge-discharge mechanism of mechanically alloyed NiS used as a cathode in rechargeable lithium batteries [J]. Journal of Alloys and Compounds 2003, 361: 247 – 251.

[136] W. M. Kriven. Martensitic toughening of ceramics [J]. Materials Science and Engineering A 1990, 127: 249.

[137] G. Kullerud, R. A. Yund. The Ni – S system and related minerals [J]. Journal of Petrology 1962, 3: 126.

[138] 王丽丽.镍硫化物纳米材料的水热合成和表征[D].合肥：中国科学技术大学,2010.

[139] J. T. Sparks, T. Komoto. Metal-to-semiconductor transition in hexagonal NiS [J]. Reviews of Modern Physics 1968, 40: 752.

[140] A. Kasper, F. Bordeaux, L. Duffrene. Nickel sulphide: new results to optimise the heat soak test for thermally toughened building glasses [J]. Glass Sci Technol 2000, 73: 130 – 142.

[141] J. C. Rakotoniaina, R. Mokrani-Tamellin, J. R. Gavarri, G. Vacquier, A. Casalot, G. Calvarin. The thermochromic vanadium dioxide: I. role of stresses and substitution on switching properties [J]. Journal of Solid State Chemistry 1993, 103: 81 – 94.

[142] Y. Oussama, D. Patricia, B. Yves, R. Florence, C. Frédéric, K. Andreas, S. Francis. Phase transformations in nickel sulphide: microstructures and mechanisms [J]. Acta Materialia 2010, 58: 3367 – 3380.

[143] T. A. Bither, R. J. Bouchard, W. H. Cloud, P. C. Donohue, W. J. Siemons, Transition metal pyrite dichalcogenides. High-pressure synthesis and correlation of properties [J]. Inorganic Chemistry 1968, 7: 2208.

[144] M. E. Fleet. The crystal structure of $\alpha - Ni_7 S_6$ [J]. Acta Crystallographica — Section B: Structural Crystallography & Crystal Chemistry 1972, 28: 1237 – 1241.

[145] K. Kikuchi. Magnetic study of NiS_2 single crystals [J]. Journal of the Physical Society of Japan 1979, 47: 484 – 490.

[146] A. D. Vershinin, E. N. Selivanov, R. I. Gulyaeva, and N. I. Sel'menskikh. Thermal expansion of $Ni_3 S_2$ in $Ni_3 S_2 - Ni$ Alloys [J]. Inorganic Materials 2005, 41(8): 882 – 887.

[147] P. A. Metcalf, B. C. Mcrooker, M. McElfresh, Z. Kakol, J. M. Honig. Low-temperature electronic and Magnetic properties of single-crystal $Ni_3 S_2$ [J]. Physical Review B 1994, 50: 2055.

[148] A. Manthiram, Y. U. Jeong. Ambient temperature synthesis of spinel $Ni_3 S_4$: an itinerant electron ferrimagnet [J]. Journal of Solid State Chemistry 1999, 147: 679.

[149] T. Matsumura, K. Nakano, R. Kanno, A. Hirano, N. Imanishi, Y. Takeda. Nickel sulfides as a cathode for all-solid-state ceramic lithium batteries [J]. Journal of Power Sources 2007, 174: 632.

[150] I. Pfeiffer, Z. Metallkd. Untersuchungen uber den angriff von schwefel auf nickel und nickellegierungen [J]. Zeitschrift Fur Metallkundez 1958, 49: 267 – 275.

[151] 张琪.纳米材料硫化镍和硫化铋的制备研究[D].湘潭: 湘潭大学,2008.

[152] B. T. Zhu, Z. Wang, S. Ding, J. S. Chen and X. Lou. Hierarchical nickel sulfide hollow spheres for high performance supercapacitors [J]. RSC Advances 2011, 1: 397 – 400.

[153] 张春丽,张晟卯,卢春,等.无溶剂热分解单源前驱体法制备有机单分子层表面修饰 NiS 纳米微粒[J].无机化学学报,2006,22(3): 581 – 584.

[154] G. H. Singhal, R. I. Boto, L. D. Brown, et al. Formation of transition meta sulfides by the decomposition of their dithiolato complexes [J]. Journal of Solid State Chemistry 1994, 109: 166 – 171.

[155] Y. Hu, J. Chen, W. Chen, X. Li. Synthesis of nickel sulfide submicrometer-sized hollow spheres using a γ – irradiation route. Advanced Functional Materials 2004, 14(4): 383 – 386.

[156] 卞国柱,殷亚东,伏义路,等.γ-辐照法制硫化镍纳米非晶及其晶化[J].物理化学学报,2000(16): 55 – 59.

[157] V. M. Anischik, M. I. Markevich, F. A. Piskunov, V. A. Yanushkevich, Pulsed-laser-induced synthesis of nickel sulphides in sulphur-containing liquids [J]. Thin Solid Films 1995, 261: 183.

[158] H. Lee, M. Kanai, T. Kawai, S. Kawai, Growth of oriented NiS films on Si (111) and $Al_2 O_3$ (012)

substrate by pulsed laser ablation [J]. Japanese Journal of Applied Physics 1993, 32: 2100.

[159] S. W. Chou and J. Y. Lin. Cathodic deposition of flaky nickel sulfide nanostructure as an electroactive material for high-performance supercapacitors [J]. Journal of the Electrochemical Society 2013, 160 (4): D178 - D182.

[160] R. Coustal. Synthesis of nickel sulfide via hydrothermal microemulsion process: Nanosheet to nanoneedle [J]. The Journal of Chemical Physics 1958, 38: 277.

[161] Z. C. Wu, C. Pan, T. W. Li, G. J. Yang, et al. Formation of uniform flowerlike patterns of NiS by macrocycle polyamine assisted solution-phase route [J]. Crystal Growth & Design 2007, 7 (12): 2454 - 2459.

[162] H. B. Li, L. L. Chai, X. Q. Wang, et al. Hydrothermal growth and morphology modification of β - NiS three-dimensional flower like architectures [J]. Crystal Growth & Design, 2007, 7 (9): 1918 - 1922.

[163] L. L. Wang, Y. C. Zhu. Hydrothermal synthesis of NiS nanobelts and NiS_2 microspheres constructed of cuboids architectures [J]. Journal of Solid State Chemistry 2010, 183: 223 - 227.

[164] L. Z. Zhang, J. C. Yu, M. Mo, et al. A General Solution-Phase Approach to Oriented Nanostructured Films of Metal Chalcogenides on Metal Foils: The Case of Nickel Sulfide [J]. The Journal of the American Chemical Society 2004, 126: 8116 - 8117.

[165] W. Dong, L. An, X. Wang, B. Li, B. Chen, W. Tang, C. Li, G. Wang. Controlled synthesis and morphology evolution of nickel sulfide micro/nanostructure [J]. Journal of Alloys and Compounds 2011, 509: 2170 - 2175.

[166] W. S. Chi, J. W. Han, S. Yang, D. K. Roh, H. Lee and J. H. Kim. Employing electrostatic self-assembly of tailored nickel sulfide nanoparticles for quasi-solid-state dye-sensitized solar cells with Pt-free counter electrodes [J]. Chemical Communications 2012, 48: 9501 - 9503.

[167] W. Zhao, T. Lin, S. Sun, H. Bi, P. Chen, D. Wan and F. Huang. Oriented single-crystalline nickel sulfide nanorod arrays: "two-in-one" counter electrodes for dye-sensitized solar cells [J]. Journal of Materials Chemistry A 2013, 1: 194 - 198.

[168] A. Fujishima and K. Honda. Photolysis-decomposition of water at the surface of an irradiated semiconductor [J]. Nature 1972, 238: 37 - 38.

[169] 李曹龙. CdS - TiO_2 的形貌结构调控及其光解水产氢性能研究[D]. 上海：上海交通大学, 2011.

[170] J. A. Turner. A Realizable Renewable Energy Future [J]. Science 1999, 285: 687 - 689.

[171] S. U. M Khan, M. Al-Shahry, W. B. Ingler. Efficient photochemical water splitting by a chemically modified n-TiO_2[J]. Science 2002, 297: 2243 - 2244.

[172] M. Matsumura, S. Furukawa, Y. Saho and H. Tsubomura. Cadmium sulfide photocatalyzed hydrogen production from aqueous solutions of sulfite: effect of crystal structure and preparation method of the catalyst [J]. The Journal of Chemical Physics 1985, 89: 1327 - 1329.

[173] S. Y. Ryu, J. Choi, W. Balcerski, T. K. Lee and M. R. Hoffman. Photocatalytic Production of H_2 on Nanocomposite Catalysts [J]. Industrial & Engineering Chemistry Research 2007, 46: 7476 - 7488.

[174] Y. J. Zhang, W. Yan, Y. P. Wu. Synthesis of TiO_2 nanotubes coupled with CdS nanoparticles and production of hydrogen by photocatalytic water decomposition [J]. Materials Letters 2008, 62: 3846 - 3848.

[175] D. W. Jing and L. J. Guo. A novel method for the preparation of a highly stable and active CdS photocatalyst with a special surface nanostructure [J]. The Journal of Physical Chemistry B 2006, 110: 11139 – 11145.

[176] C. J. Xing, Y. J. Zhang, W. Yan, L. Guo. Band structure-controlled solid solution of $Cd_{1-x}Zn_xS$ photocatalyst for hydrogen production by water splitting [J]. International Journal of Hydrogen Energy 2006, 31: 2018 – 2024.

[177] Z. Li, X. Chen, W. Shangguan. Y. Su, Y. Liu, X. Dong, P. Sharma and Y. Zhang. Prickly Ni_3S_2 nanowires modified CdS nanoparticles for highly enhanced visible-light photocatalytic H_2 production [J]. International Journal of Hydrogen Energy http://dx.doi.org/10.1016/j.ijhydene.2016.12.047.

[178] J. Yang, D. Wang, H. Han, and C. Li. Roles of cocatalysts in photocatalysis and Photoelectrocatalysis [J]. Accounts of Chemical Research 2013, 46: 1900 – 1909.

[179] H. Yan, J. Yang, G. Ma, G. Wu, X. Zong, Z. Lei, J. Shi and C. Li. Visible-light-driven hydrogen production with extremely high quantum efficiency on Pt – PdS/CdS photocatalyst [J]. Journal of Catalysis 2009, 266: 165 – 168.

[180] X. Zong, G. Wu, H. Yan, G. Ma, J. Shi, F. Wen, L. Wang and C. Li. Photocatalytic H_2 evolution on MoS_2/CdS catalysts under visible light irradiation [J]. The Journal of Physical Chemistry C 2010, 114: 1963 – 1968.

[181] W. Zhang, Y. Wang, Z. Wang, Z. Zhong and R. Xu. Highly efficient and noble metal-free NiS/CdS photocatalysts for H_2 evolution from lactic acid sacrificial solution under visible light [J]. Chemical Communications 2010, 46: 7631 – 7633.

[182] L. Yin, Y. Yuan, S. Cao, Z. Zhang and C. Xue. Enhanced visible-light-driven photocatalytic hydrogen generation over $g-C_3N_4$ through loading the noble metal-free NiS_2 cocatalyst [J]. RSC Advance 2014, 4: 6127 – 6132.

[183] T. Zhu, H. B. Wu, Y. B. Wang, R. Xu, X. W. Lou. Formation of 1D hierarchical structures composed of Ni_3S_2 nanosheets on CNTs backbone for supercapacitors and photocatalytic H_2 production [J]. Advanced Energy Materials 2012, 2: 1497 – 1502.

[184] Z. Li, Y. Su, Y. Liu, J. Wang, H. Geng, P. Sharma and Y. Zhang. Controlled one-step synthesis of spiky polycrystalline nickel nanowires with enhanced magnetic properties [J]. Cryst Eng Comm 2014, 16: 8442 – 8448.

[185] J. Hou, C. Yang, Z. Wang, S. Jiao and H. Zhu. Hydrothermal synthesis of $CdS/CdLa_2S_4$ heterostructures for efficient visible-light-driven photocatalytic hydrogen production [J]. RSC Advance 2012, 2: 10330 – 10336.

[186] A. Yoshida, W. F. Shangguan. Photocatalytic hydrogen evolution from water on nanocomposites incorporating cadmium sulfide into the interlayer [J]. The Journal of Physical Chemistry B 2002, 106: 12227 – 12230.

[187] Y. Liao, K. Pan, Q. Pan, G. Wang, W. Zhou, H. Fu. In situ synthesis of a NiS/Ni_3S_2 nanorod composite array on Ni foil as a FTO-free counter electrode for dye-sensitized solar cells [J]. Nanoscale 2015, 7: 1623 – 1626.

[188] Q. Li, B. Guo, J. Yu, J. Ran, B. Zhang, H. Yan and J. R. Gong. Highly efficient visible-light driven photocatalytic hydrogen production of CdS-cluster-decorated grapheme nanosheets [J]. Journal of the

American Chemical Society 2011，133：10878 - 10884.

[189] J. Zhang，Q. Xu，Z. Feng，M. Li，C. Li. Importance of the relationship between surface phases and photocatalytic activity of TiO_2 [J]. Angewandte Chemie International Edition 2008，47（9）：1766 - 1769.

[190] J. Xu and X. Cao. Characterization and mechanism of MoS_2/CdS composite photocatalyst used for hydrogen production from water splitting under visible light [J]. Chemical Engineering Journal 2015，260：642 - 648.

索　引